高等职业教育系列教材

VR 全景图片拍摄与漫游

尹敬齐　袁　琴　唐偲祺　谢小璐　张雅睿　编著

机械工业出版社

本书内容以实用为主，够用为度，以项目为导向，以任务驱动模式组织教学，工学结合，精讲多练，注重提高学生的动手能力和创新能力。全书共分为4个项目，主要内容有手机拍摄制作VR全景图，用相机进行VR全景图的摄制，无人机、运动相机VR全景图与拼接，VR全景漫游。

本书既可作为高职高专、本科虚拟现实应用技术专业、数字媒体应用技术专业及计算机类相关专业的VR全景图片拍摄与漫游制作课程的教材，也可作为从事VR全景漫游及相关工作的技术人员的参考书。

本书配有微课视频，扫描二维码即可观看。另外，本书配有电子课件，需要的教师可登录机械工业出版社教育服务网（www.cmpedu.com）免费注册，审核通过后下载，或联系编辑索取（微信：13261377872，电话：010-88379739）。

图书在版编目（CIP）数据

VR全景图片拍摄与漫游 / 尹敬齐等编著 . —北京：机械工业出版社，2024.2

高等职业教育系列教材

ISBN 978-7-111-74781-9

Ⅰ . ① V… Ⅱ . ①尹… Ⅲ . ①全景摄影 – 摄影技术 – 高等职业教育 – 教材 Ⅳ . ① TB864

中国国家版本馆CIP数据核字（2024）第033880号

机械工业出版社（北京市百万庄大街22号　邮政编码100037）

策划编辑：王海霞　　责任编辑：王海霞　高凤春

责任校对：张慧敏　陈　越　　责任印制：李　昂

北京捷迅佳彩印刷有限公司印刷

2024年3月第1版第1次印刷

184mm×260mm · 13.75印张 · 339千字

标准书号：ISBN 978-7-111-74781-9

定价：59.00元

电话服务　　网络服务

客服电话：010-88361066　机　工　官　网：www.cmpbook.com

010-88379833　机　工　官　博：weibo.com/cmp1952

010-68326294　金　书　网：www.golden-book.com

　机工教育服务网：www.cmpedu.com

Preface

前言

随着数码摄影的普及，人们对影像质量的要求也越来越高，在追求清晰度的同时，也产生了对更宽广视角的需求。但是由于目前最先进的摄影设备也无法高精度还原人眼观看到的景物，所以全景接片技术应运而生。它突破了镜头单一取景的限制，通过旋转拍摄记录人眼观看到的所有景物，再通过拼接合成完整的全景空间，利用互联网技术生成虚拟现实（Virtual Reality,VR）全景漫游，使观看者能上下左右全方位观看场景，从而获取最真实的体验及最丰富的信息。

人们对于 VR 全景摄影的需求越来越旺盛，很多相关行业的公司也想通过这种新兴的技术拓展业务，也有很多摄影爱好者想要拍摄出不同于传统图片的全景佳作。但是摄影既是一门技术，又是一门艺术，更何况全景摄影相比普通摄影所需的方法和技巧更多，所以掌握全景摄影需要一定时间的学习与积累。

本书的编写以项目为引领，使得虚拟现实应用技术和数字媒体应用技术专业的学生及摄影爱好者能够快速掌握 VR 全景图片漫游的创作方法。本书不仅涵盖了 720 云平台，还包括编者在拍摄实践中的经验总结，可以带领学习者对 VR 全景摄影进行系统学习，少走弯路，是学习者入门的优选途径。

本书内容图文并茂，理论以“够用”为度，在知识链接部分精心设计了各种实例，任务实施部分均精心设计了示意图，将抽象、难以理解的内容形象化，深入浅出地进行讲解，降低了阅读难度，可以增加读者的阅读兴趣。

本书附有大量优秀案例，不仅有编者的实拍案例，还有 720 云平台上编者创作的作品，可以帮助读者在观看作品的同时，提升鉴赏水平，并为读者在学习之余提供一些视觉享受。

VR 全景摄影作为一种新兴的技术，目前与之相关的书籍及文章相对较少，而本书旨在从知识链接到任务实施、从硬件到软件、从技术到艺术，全面、详实地阐释 VR 全景摄影知识、技巧与经验。

为了配合本书教学，“学银在线”平台上建有完整的在线开放课程，内容丰富，实践性强，网址为 https://www.xueyinonline.com/detail/240426847。

本书由重庆建筑科技职业学院尹敬齐、重庆电子工程职业学院袁琴、重庆建筑科技职业学院唐偲祺、中鸾文化传媒（重庆）股份有限公司谢小璐和重庆电子工程职业学院张雅睿编著。720 云平台为本书的编写提供了帮助，在此表示感谢。

由于编者水平有限，本书难免有疏漏之处，恳请广大读者批评指正。

本着严谨、求实的写作态度，编者希望通过本书将读者引入 VR 全景漫游的新天地，也欢迎读者在 720 云社区分享交流。

编 者

目 录 Contents

项目 2 用相机进行 VR 全景图的摄制 ……………62

项目 3 无人机、运动相机 VR 全景图与拼接… 121

项目4 VR全景漫游 ………… 150

参考文献 ………… 213

绪论 VR全景图概述

概述导读

虚拟现实（Virtual Reality，VR）全景技术是目前全球范围内迅速发展并逐步流行的一种视觉新技术。它通过使用专业的相机捕捉整个场景的图像信息，利用拼接软件进行图片拼合，或者使用建模软件制作并渲染出完整空间的图片。通过720云生成的VR全景虚拟漫游，可以把二维的平面图模拟成三维空间，呈现给观看者。

VR全景漫游会给人们带来真实感和交互感。

这一切的发展并不是偶然的，而是人们对影像质量不断追求的结果。商业的应用需求加上互联网的免费特征，使得摄影技术的发展速度比以往任何时候都快，尤其是VR全景摄影的发展。

学习目标：了解VR全景图，了解全景和VR的关系，掌握全景漫游。

技能目标：能利用720云进行VR全景漫游。

素养目标：积极探索VR全景图的应用，用技术驱动创新。

思政目标：要求学生熟悉VR全景图基本知识，培养学生实事求是、严谨认真的科学精神。选用众多具有中国特色的VR全景图片漫游作品作为示例，宣扬爱国主义情怀，弘扬中国传统文化，帮助学生树立文化自信。

0.1 全景的起源和发展

相关概念如下。

全景摄影：是一种摄影方法，摄影是指使用某种专门设备进行影像记录的过程，而全景摄影是在摄影的基础上在水平面或竖直面上转动相机进行摄影的一种方式。

全景接片：是通过从左到右，或者从上到下分别采集若干张照片，再进行拼接而形成的矩形长画幅照片。

全景图：是一种图像类型的名称，这种图像可以包含VR全景图和全景接片、矩阵图等，例如使用手机相机中的全景模式拍摄出的照片通常就称为全景图。

VR全景图：是指可以360°观看的全景图，可以涵盖某个场景中的所有角度。其中，360°VR全景图、球形VR全景图等与VR全景图意义相同，只是叫法不同而已。

全景视频：是指可以360°观看的视频。

VR全景漫游：是指将一幅或多幅全景图片组合成一套内容，可以通过计算机、手机、VR眼镜等载体进行互动浏览，以达到漫游的效果。

全景这个词语其实早已融入人们的生活。以前，比普通图像更大更全的图像都可以称为全景。例如，在古代，画家就已经开始创作全景艺术作品，以其更广阔的画面带给观看者更强烈、更震撼的视觉冲击。

0.1.1 全景绘画

北宋画家张择端绘制的《清明上河图》如图 0-1 所示。画幅超过 5m 的《清明上河图》记录了北宋时期都城东京（今河南开封）的城市面貌和当时人们的生活状况。由此可见，早在北宋时期就有画家希望通过一幅作品来展示信息量丰富的景象，把整个都城形形色色的生活都融入一幅画里，这算是最早的全景图之一了。

图 0-1 《清明上河图》(部分)

随着摄影技术的发展，现在创作一幅全景图比以前容易得多。通过对本书项目的学习，就可以通过手机、相机和无人机轻松记录一幅生动的全景画面。

0.1.2 全景摄影

早在 1860 年，就有一位意大利籍战地摄影师菲利斯·比托（Felice Beato）把他的相机架在北京的南城墙上，将古老都城的风貌收入镜头之中。每拍完一张照片，他就会调整相机的镜头方向，就这样，他拍下了多张照片，完全依靠肉眼的观察和判断来保证影像的连续，最后呈现在人们眼前的照片为 6 张照片组成的“全景接片”。

随着胶片时代的到来，全景接片技术向前迈了一步，全景接片的实现相对容易了。现在我们经常会听到“剪辑师”这一职业，在胶片时代，他们的工作主要是对电影胶片进行物理裁剪、排列和组合。他们在剪辑电影胶片时，会利用剪辑台将需要的镜头从胶片中选择出来，然后使用剪刀将胶片剪开，使其变成可以随意组合的素材片段，再根据自己想要讲述的故事，利用接片工具把每个镜头拼接起来，最后在剪辑台上观看效果，满意后再将其粘合。

当时全景照片的后期拼接方法也一样，先将拍摄得到的底片进行冲洗，再通过相似比对进行后期加工，对照片进行重合拼接，然后在剪辑台上观看效果，满意后将其粘合，最后洗印照片。胶片拼接主要针对被拼接的两张照片中需要拼接重叠的画面扭曲变形不严重的情况，在镜头严重畸变的情况下（如使用鱼眼镜头拍摄的图像），画面是无法准确拼合的，所以往往都是对使用长焦镜头拍摄的照片进行拼接。这就是在数码相机普及之前全景照片的生产方式。

0.2 VR 全景图

VR 全景图并非普通的图片，它包含了 360° 的影像内容，记录了完整的空间。它不仅仅是一张大幅图片这么简单，那么何为 VR 全景图呢?

0.2.1 何为 VR 全景图

首先通过数码相机把完整的空间环境一览无余地捕捉、记录下来，形成图像信息，再使用拼接软件进行图片拼合，将视角范围达到 360° 的内容全部展现在一个二维平面上，这样就形成了 VR 全景图。图 0-2 所示就是一张 VR 全景图。

图 0-2　VR 全景图片

随着数字影像技术和互联网技术的快速发展，现在人们已经能够用一个专用的 VR 全景播放软件在计算机或移动设备中显示 VR 全景图，并可以调整观看的方向，也可以在一个窗口中浏览真实场景，将平面照片变为 360°VR 全景漫游进行浏览。如果戴上 VR 头显（虚拟现实头盔式显示设备），还可以把二维的平面图模拟成三维空间，使观看者感到自己就处在这个环境当中。观看者通过交互操作可自由浏览，从而体验 VR 世界，如图 0-3 所示。

图 0-3　戴 VR 头显

0.2.2 VR 全景摄影的由来

数码摄影时代的到来，彻底打开了全景摄影这扇大门，人们现在可以通过后期软件拼接出一张大画幅的全景图。早期的全景接片需要在暗房中对胶片进行手工操作，时间成本和经济成本都很高。在数码时代，制作一张大画幅全景接片可以很轻松，同时，图像编辑软件让数字影像的重塑和编辑变得十分容易。

VR 全景摄影也是由数码全景接片转化升级而来的。所谓的“接片”就是利用相机镜头有限的视角范围，对超出镜头视角范围的实际场景进行连续拍摄，将想要表现的场景全部拍摄下来，然后把拍摄的画面依次拼接在一起，形成一张照片。例如手机相机中常用的全景模式这一功能，其实就是在拍摄接片图像，移动手机记录更加广阔的画面时，手机会自动进行拼接处理。这样就取得了宽画幅的接片图像。宽幅照片是 VR 全景的一部分，如果将空间中 360° 范围的内容都记录下来，就形成了 VR 全景图。这里主要对 VR 全景图的拍摄和制作方法进行讲解。学会 VR 全景摄影后，全景接片的方法也会随之掌握。全景接片的使用场景十分广泛，如拍长河拱桥、风光大片等。

0.2.3 全景照片的分类

全景照片可以分为单张平面图片、宽幅接片、柱形全景图、VR 全景图四类。

1. 单张平面图片

单张平面图片是指水平视角小于 100° 的接片图像，如图 0-4 所示。使用标准镜头拍摄的图片属于单张平面图片。在拍摄宽阔的大场景时，通常会使用广角镜头，照片的 4 个角一般会暗，当然有的摄影师会利用 4 个角偏暗的“影晕”来突出主体。但如果想避免这种情况，就需要拍摄第 2 类全景照片——“宽幅接片”。

图 0-4 单张平面图片

2. 宽幅接片

宽幅接片是指水平视角大于 100°、小于 360° 的接片图像。之所以将水平视角定为大于 100°、小于 360°，是因为目前的主流镜头厂商所推出的超广角镜头，除了鱼眼镜头之外，水平视角大都在 100° 以下，拍摄者需要通过接片的方式来形成超宽幅的图像。这种方式一般用于风光摄影，是使用频率较高的一种接片方式。图 0-5 展现的就是使用 70cm 的镜头获得的宽幅接片。

图 0-5 宽幅接片

3. 柱形全景图

柱形全景图，即水平（垂直）视角等于 360°、垂直（水平）视角小于 180° 的接片图像。如图 0-6 所示，可以看到，图像是左、右两边相连的柱形图。柱形全景图一般用于拍摄人像合影。多人合影需要人物先围成圆形，再转动相机拍摄一圈来记录全部影像，最后通过后期拼接制作成合影。

图 0-6　柱形全景图

4. VR 全景图

VR 全景图即水平视角等于 360°、垂直视角等于 180° 的接片图像，如图 0-7 所示。这种图像有多种叫法，如 360°VR 全景图、球形 VR 全景图、三维 VR 全景图等。VR 全景图的用途十分广泛，如室内建筑摄影、风光摄影、航拍等。

图 0-7　VR 全景图

此处对网络流行名词进行特别解释。目前还有 720° 全景图这种叫法，由于 720 云这个品牌的出现导致了这种叫法的出现。其实 720 云品牌的含义为 360° 服务和 360° 全景的云端漫游工具。通过前面的分类可以知道，水平视角或垂直视角最大为 360°，是无法达到 720° 的。所以 720° 全景图这种叫法不是这里所提倡的。

0.3　全景和 VR 的关系

2016 年被很多媒体称为“VR 元年”。随着 VR 技术的发展，不少行业纷纷涉足 VR 领域，与 VR 相关的创业公司也越来越多，VR 领域受到了媒体的广泛关注，这其中就包括大众所熟知的 VR 全景领域。当前的 VR 全景领域又包括全景视频和 VR 全景图。

有人说全景就是 VR，也有人说 VR 全景不是 VR。其实 VR 全景内容是 VR 产业的一种初级形态和重要组成部分，属于广义的 VR。它是最容易被广泛接受并传播的一种影像方式，并且是影像产业中相当重要的一个组成部分。VR 技术配合终端显示设备，如图 0-8 所示，能够给受众带来沉浸感，可以把受众带进一个虚拟空间里。这种技术的发展会让我们获取信息的方式变得更加丰富。

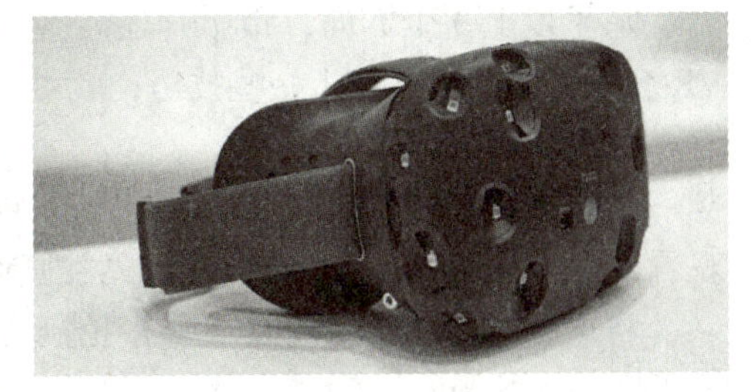

图 0-8　VR 头显

0.3.1 虚拟现实场景分类

虚拟现实场景主要分为两类：一类是虚拟的场景，类似于游戏场景或虚拟建模制作的场景；另一类就是通过数码相机采集的真实场景。

1. 虚拟的场景

虚拟的场景是先通过软件制作出来，再呈现给受众的场景。例如《头号玩家》这部电影，如图 0-9 所示，讲述了 2045 年一个男孩凭着对虚拟游戏的深入剖析，历尽磨难，成功通关游戏的故事。男主角戴上 VR 终端显示设备就仿佛置身于现实世界，一切都显得十分真实，并且场景交互性非常强。

2. 真实的场景

真实的场景往往是通过实拍的方式将现实世界先记录下来，再呈现给受众的。VR 技术能够给受众带来沉浸感，使受众进入一个虚拟的真实空间，例如淘宝开发的 Buy+ 虚拟购物平台。淘宝 Buy+ 虚拟购物平台主要服务于线上购物，里面有虚拟场景也有真实场景。用户首先在一个虚拟的场景中选择不同的地区，如图 0-10 所示，而后切换到真实 VR 全景的场景中来模拟购物的真实感。

图 0-9 《头号玩家》

图 0-10 虚拟购物

0.3.2 VR 全景摄影的特点

从“小孔成像”到第一台相机的诞生，从“达盖尔摄影法”再到“VR 全景摄影”，摄影技术突飞猛进，但是摄影师对相机的追求变化并不大，主要围绕着以下 3 个较重要的方向：

1）通过更大的画幅记录更大的场景画面，直至将所有可见画面都记录下来。

2）通过优质硬件获取拥有更高清晰度和更大像素的画面。

3）通过更好的感光材料使记录的图像拥有更大的光影动态范围。

除了以上 3 个方向，摄影师还希望相机更加轻便等，但主要的方向只有这 3 个。通过 VR 全景摄影的方法加上一些技巧，就可以以现有的硬件设备实现很好的效果。VR 全景摄影有 3 个重要特点。

特点 1：VR 全景摄影技术可以记录更大的场景画面。在通过播放器观看 VR 全景图时，观看者可以与画面进行交互，犹如站在画面内，可以从任意方向观看任何想看到的画面。

特点 2：VR 全景摄影的大像素拍摄技术可以使画面拥有更高的清晰度，甚至达到亿万像素级别。

特点 3： VR 全景摄影技术加上包围曝光合成技巧可以捕获现实生活中的大部分光线，从而记录更加丰富的色彩和光线，拍摄出更接近人眼看到的实际场景的影像，记录光线的范围非常大。图 0-11 所示为 VR 全景漫游作品中通过包围曝光合成的一个场景。这张图片对光线的记录十分丰富，可以看到远处云彩的细节，扫描二维码就可以通过移动端设备进行 VR 全景图的观看。

图 0-11　VR 全景图

0.3.3　VR 全景播放器

了解清楚 VR 全景图的由来和发展以及相应的特点后，再看一下自己拍摄的图片，它们往往只展示了一个角度的影像，而我们看到的 VR 全景图展示的是全方位的空间。如何才能创作出这样的作品呢？想必你已经迫不及待地想要了解了吧！

先从将 VR 全景图转换成 VR 全景漫游开始学习，通过了解如何生成 VR 全景漫游，会更容易理解 VR 全景图的拍摄与制作方法，想要将 VR 全景图转换成 VR 全景漫游，可通过拖动观看的方式来实现。我们需要通过专用的 VR 全景播放器来播放 VR 全景图，目前有不需要联网就可以直接观看的 VR 播放器软件，如 PTGui 查看器、Pano2VR 等；也有线上的 VR 全景播放器，如 720 云 VR 全景播放器（即 720 云）。但是多数 VR 全景播放器没有对制作好的 VR 全景图进行深入加工和编辑的功能。本书主要讲解具备 VR 全景漫游编辑功能的 720 云 VR 全景播放器的使用方法，它不仅可以对 VR 全景图进行漫游编辑，还可以进行线上的分享、存储和展示，从而生成一个 HTML5（H5）格式的网页，这个网页可以应用到不同的行业中。

0.4　VR 全景漫游

作为一个 H5 漫游作品，VR 全景漫游具备多端覆盖、低门槛浏览的优点，可以应用到不同的场景中，例如浏览世界各地的风景、参观著名建筑、选酒店、择校看环境、选车看内饰、云旅游等，如图 0-12 所示。

图 0-12　酒店

0.4.1　景区 VR 全景展示

龚滩古镇是我国历史文化名镇、重庆市第一历史文化名镇、国家 AAAA 级旅游景区、乌江画廊核心景区和璀璨明珠，是重庆著名旅游胜地，如图 0-13 所示。

图 0-13　龚滩古镇

古镇位于重庆市酉阳县西部，与贵州省铜仁隔江相邻，被誉为建筑艺术上的奇葩。景区主要包括龚滩、乌江山峡百里画廊、阿蓬江大峡谷、其他特色景点。

古镇坐落于乌江与阿蓬江交汇处，是一座历史古镇。古镇现存长约 3km 的石板街、150 余堵别具一格的封火墙、200 多个古朴幽静的四合院、50 多座形态各异的吊脚楼，独具地方特色，是国内保存完好且颇具规模的明清建筑群。专家学者考察后指出，龚滩古镇可与世界文化遗产丽江古镇媲美。

龚滩古镇曾经是重庆市 20 个首批受保护的历史文化名镇之首的古镇，因其独特的山水环境而闻名。古镇居于乌江天险的中段，山、水、建筑融为一体，历史上因水陆的物资转运而发展，后因水运的衰落而失去繁荣的基础条件。

0.4.2　校园 VR 全景展示

在学校的宣传介绍中，有了校园 VR 全景展示，人们就可以随时随地参观优美的校园，这能吸引更多的学生报考该学校。学校可以制作“校园风光”等主题的 VR 全景图，并将其发布到网络上进行宣传；也可以将线上 VR 全景图作为智慧校园平台进行应用，展示学校风光等。

例如，重建 VR 全景漫游（见图 0-14）是由编者在 720 云官网上打造的线上全景浏览作品，旨在练习全景漫游作品的制作，进行全方位的校园 VR 全景展示，在全网真实展现校园的良好办学环境，广泛传播院校的优质品牌形象，提升院校的社会知名度与关注度。

图 0-14　重建 VR 全景漫游

0.4.3　漫游制作工具

随着科技的发展和人们欣赏水平的日益提高，VR 全景技术快速迭代，从《清明上河图》的全景绘画到 VR 全景摄影，再到 VR 全景漫游，内容的呈现形式在改变，人们对获取信息的方法更便捷、内容更全面的向往却没有变。接下来将介绍 VR 全景漫游是如何生成的。

1）首先使用浏览器访问 720 云官方网站，可以看到图 0-15 所示的页面（由于相应的网站在不断更新，看到的样式与图 0-15 可能不一致，但基本操作步骤相同，理解后操作即可）。

图 0-15　720 云官方网站

2）在网站单击“注册”按钮，打开“账户注册”对话框，如图 0-16 所示，输入手机号码和验证码，单击“发送验证码”按钮，手机接收到验证码，输入验证码，设置密码，单击“注册”按钮，即可完成注册，如图 0-17 所示。

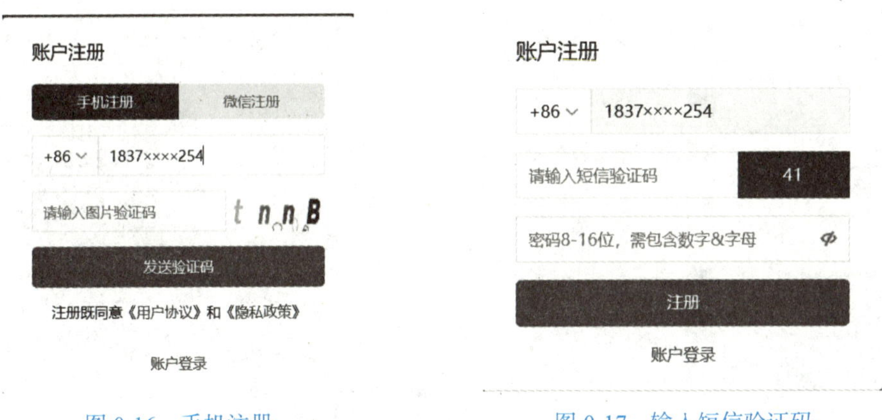

图 0-16　手机注册　　　　图 0-17　输入短信验证码

3）单击“注册 / 登录”按钮，弹出“账户登录”对话框，输入手机号、账户密码，单击“登录”按钮，即可登录，如图 0-18 所示。

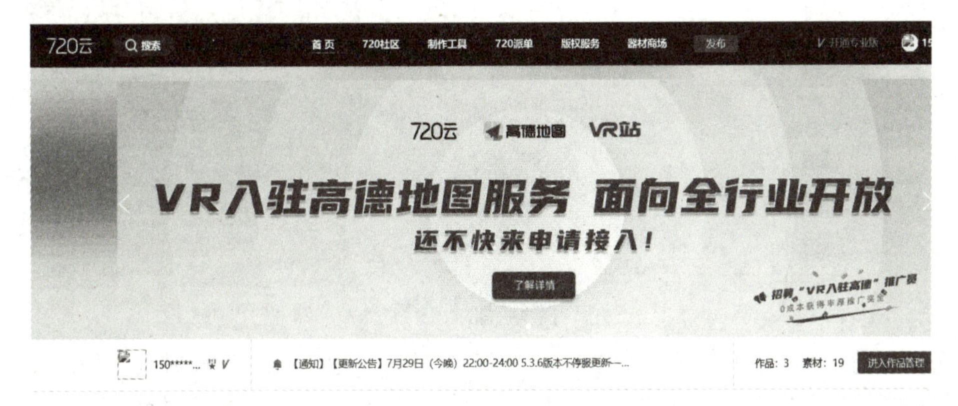

图 0-18　登录

4）执行菜单命令“发布”→“全景漫游”，打开“720 云管理中心”窗口，单击“从本地文件添加”按钮，弹出“版权保护提醒”对话框，单击“上传并打水印”按钮，弹出“打开”对话框，选择要导入的文件，单击“打开”按钮，开始导入文件，如图 0-19 所示。

图 0-19　导入文件

5）导入完毕，单击“预览”按钮，即可预览，重复操作，导入全部素材。执行菜单命令“素材库”，即可看到上传的全景图，如图 0-20 所示。

图 0-20　素材库

6）执行菜单命令“发布”→“全景漫游”→“从素材库添加”，打开“全景素材库”窗口，如图 0-21 所示。

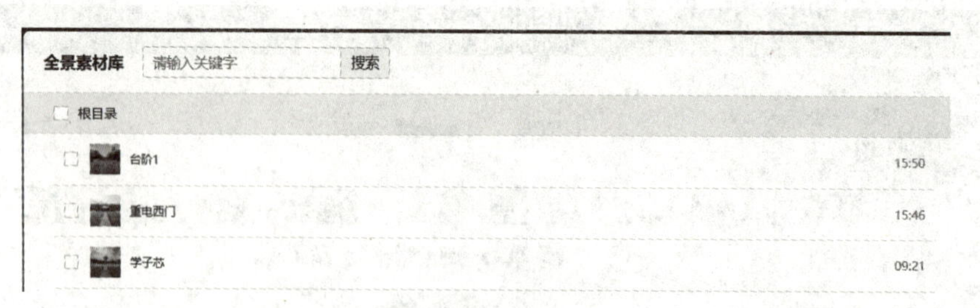

图 0-21　添加素材

7）选择前三个全景图，单击“确定”按钮，“作品标题”为“重电院”，“作品分类”为“高校”，“高校名称”为“重庆电子工程职业学院”，“推荐标签”为“广场”，单击“发布作品”按钮，如图 0-22 所示。

图 0-22　发布作品

8）打开“发布成功”窗口，单击“前往编辑作品”按钮（见图 0-23），打开编辑窗口，如图 0-24 所示。

发布成功

前往编辑作品

继续发布作品

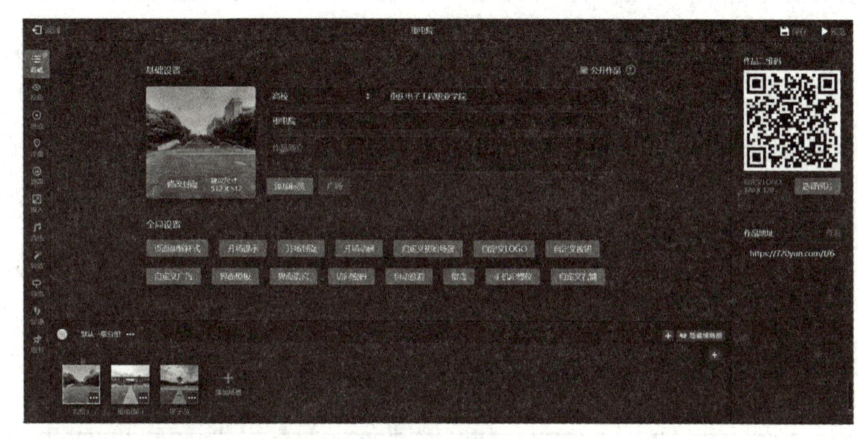

图 0-23　前往编辑作品　　　　图 0-24　编辑窗口

9）单击“返回”按钮，回到“作品管理”→“全景漫游”窗口，可以看到自己刚才上传并发布的作品集合页，如图 0-25 所示。

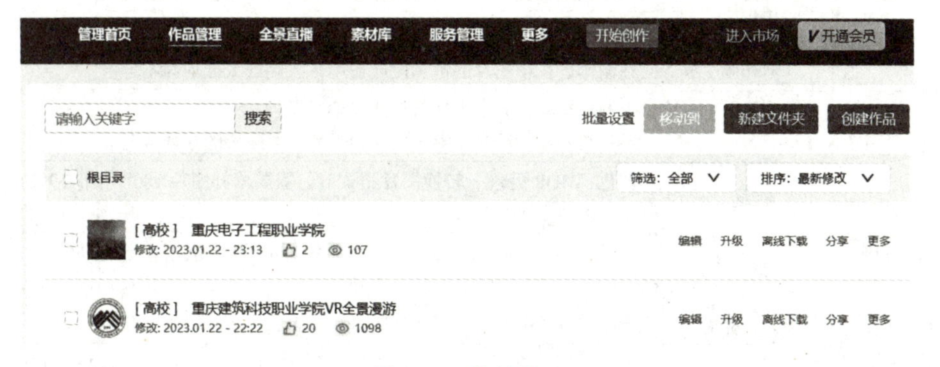

图 0-25　作品管理

10）单击“分享”按钮，打开“分享”对话框。作品相关内容如图 0-26 所示。扫描图 0-26 中二维码即可打开作品并分享给好友。

图 0-26　分享

当你了解了 720 云 VR 全景播放器 VR 全景漫游的使用方法后，会更容易理解 VR 全景的拍摄与制作方法。

0.5 VR 全景图的品质标准

VR 全景图虽不需要使用四边构图，但仍然属于摄影创作范畴。点位布置、机位选择、时间选择、光线运用等维度仍需要创作思维的支撑。

每一张 VR 全景图的采集都应有明确的主题，这些主题主要通过点位布置和对光的使用手法来表现。摄影师对点位的布置和选择、光照的运用、周围环境的控制、场地的必要清理和调整、相关人员和运动物体的躲避指导等都是必要的。

后期质检是使 VR 全景图真正输出为可用产品的重要环节，质检须对每一个细节进行详细的把控和多维度的考量，通过缺陷级别定义来确定哪些是商业拍摄中不能接受的质量问题。

VR 全景制作品质标准如表 0-1 所示。

表 0-1　VR 全景制作品质标准

参数		具体说明
色彩细则	白平衡	无偏色现象，在此特指后期白平衡处理
	曝光	准确的曝光，应该能很好地表现物体细节和质感
	对比度	明暗反差合适，准确的对比度能使画面看起来立体和富有层次感
	清晰度	保证图片轮廓清晰和颗粒感适中，避免颗粒感过强或图片模糊
	饱和度	在制作过程中图片的饱和度应适中，太高或太低均为不合格
后期拼接细则	补地、脚架	无补地缺陷，即未出现脚架或脚架影子 不存在明显的反光投射（例如镜子等）对脚架的穿帮情况
	接缝	调色、HDR 处理、转换图片格式时，需要修补图片 180°（两端）处出现的接缝（一条明显的线）
	错位	图片放大到 100% 时，每张图片 ≥ 2mm 的错位不能超过 1 个；每张图片 <2mm 的错位不能超过 3 个
	补天、补尖	指制作过程中天空可能出现明显的旋涡状形态，需要修补
	重影、残影	需要与原片进行对比，原片完好，成片出现重影则需要修改；如原片就有重影（近似于主影的拖影）、无法修改，则需要标注

（续）

参数		具体说明
其他	三轴	2 ：1 成图在 0°、180°、90°、−90° 处垂直方向不得出现倾斜，以全景方式查看时图片不得有明显倾斜感
	隐私、保密	需要对敏感信息进行处理 个人隐私保护是指图片内容中没有未通过本人授权的肖像信息、私人文字信息、私家车牌照信息，以及私有企业或团体未授权对外公布的相关信息等 对国家法律法规禁止公开的内容（如军事信息、雷达信号）等应保密
尺寸规格	画面比例：2∶1，格式：JPEG	
图片尺寸	大于 12000 × 6000 像素	
图片分辨率	每英寸 300 像素	
图片大小	50MB 以内	

0.6 拍摄视点选择

VR 全景摄影，顾名思义即利用了 VR 全景技术的摄影，因此 VR 全景摄影也讲究取景点，在 VR 全景摄影当中也就是拍摄视点的选择，这相当于平面摄影的构图。取景点的选择主要是从平面摄影的艺术表现出发，再加上动态的类似于视频的艺术表现。掌握基本的拍摄技术后，会有更大的创作 VR 全景作品的空间。

VR 全景图传递的空间感适用于一个视觉法则：近大远小，因此，从 VR 全景摄影的构图上来说，x、y 轴上的相机位置，z 轴上的相机高低，决定了 VR 全景图的取景内容。室内 VR 全景拍摄，以人眼观看高度作为常用拍摄高度，这也是空间体验感在大部分时候想传递给观看者的体验高度，至于离什么物体近一些，是否处于空间的中间，可以在拍摄中慢慢体会。以人眼正常视角浏览 VR 全景图时，因为只观看显示设备这一局部面积的影像，所以常用"让人眼前一亮"这一说法来形容 VR 全景图的取景点位产生的空间变化给人们带来的不同观看体验。同时，表现一个空间的传统拍摄方式是平面摄影。一个空间的完美表现从摄影的角度上来说，存在两种取景情况：适合进行平面取景，或受限于只能用一张平面图展示空间时，一般从空间某一边的某一角落来取景，因为这样一张平面图能取到的空间信息才足够多；而在进行 VR 全景取景时，因为 VR 全景漫游在浏览中可以分步骤从任意角度观看，所以取景一般会在一个空间的相对"中间"的位置，遇到特殊情况可以根据一个空间的重点做出相应的调整。

【思考与练习】

1. 什么是 VR 全景图？
2. VR 全景图的特点是什么？
3. 怎样在 720 云网站中注册？
4. VR 场景主要分为哪几类？

项目 1 手机拍摄制作 VR 全景图

项目导读

制作一张实景的 VR 全景图，其实并不是特别复杂，之前说到的《清明上河图》就是一张全景绘画作品。在日常生活中也会见到一些 VR 全景图，例如常见的世界地图就是一张展开的 VR 全景图。VR 全景图简单来说就是对空间进行完整记录后拼接而成的一张图片。当然拼接也需要通过专用的软件来完成。

学习目标：了解手机 VR 全景图拍摄设备，掌握设备的安装及调试，掌握手机 VR 全景图片的拍摄，掌握手机 VR 图片的拼接。

技能目标：能利用手机和计算机拍摄并拼接 VR 全景图。

素养目标：具备正确的学习态度、敢于担当，本着对未来职业的长远规划，虚心学习，勇敢面对；养成高效的拍摄拼接好习惯。

思政目标：通过用手机创作 VR 全景图片，把看似简单的手机拍照做到一定的专业水准，培养学生的匠心精神。选用具有中国特色的 VR 全景作品，宣扬爱国主义情怀，弘扬中国传统文化，帮助学生树立文化自信。

当今中国最鲜明的时代主题，就是实现“两个一百年”奋斗目标、实现中华民族伟大复兴的中国梦。青年大学生要树立远大理想信念，正确认识世界和中国发展大势，正确认识中国特色，正确认识时代责任和历史使命，掌握扎实学识，培养创新精神，提升实践能力，自觉承担起建设社会主义强国的历史使命，在实现中国梦的生动实践中放飞青春梦想。

任务 1.1 拍摄 VR 全景图

【任务描述】

制作 VR 全景图需要先使用拍摄设备捕捉整个场景的图像信息，即使用拍摄设备进行旋转拍摄取景，以手机、720 云全景云台、手机夹座、三脚架和无线手机遥控器等为设备，进行安装、调试和拍摄，得到一组 VR 全景图片。

【任务要求】

- 掌握摄影相关知识。
- 了解透视与视差。
- 了解图片的拼接原理与接片技术。
- 掌握拍摄设备的安装。
- 掌握设备的调试。
- 掌握手机照片参数的设置。
- 掌握 VR 全景图片的拍摄。

【知识链接】

说起 VR 全景拍摄，很多人会觉得所需设备门槛非常高，需要专业的单反相机、鱼眼镜头、无人机、节点云台等。接下来将讲解在没有专业设备的情况下，如何使用手机进行拍摄，揭晓 VR 全景图的拍摄过程。

VR 全景摄影涉及图片的清晰度、分辨率，相机和镜头的拍摄范围，镜头视差和透视关系，畸变等问题，以及普通平面图接片的类别及方法。

1.1.1　摄影相关知识

通常，标准的 VR 全景图是一张画面比例为 2∶1 的图像，其实质就是等距圆柱投影所得到的展开图像。等距圆柱投影是指将球体上的各个点投影到圆柱体侧面上的一种投影方式，投影完之后再展开就得到一张长宽比为 2∶1 的矩形图像。一个球体展开成平面的步骤如图 1-1 所示。VR 全景图也是静态图像，它和普通照片的基本原理是相同的，只是图像的上下两端会被拉伸。将投影方式改为直线投影，或者使用全景播放器播放全景图就可以看到正常无变形的画面。

图 1-1　球体的展开

VR 全景摄影也是摄影技术的一个门类，学习 VR 全景摄影之前，首先需要对摄影这门技术的基本术语和原理进行学习。摄影技术所涉及的知识点非常多，本项目对摄影涉及的重要知识进行了梳理和讲解。在学习摄影的过程中，还需要多思考如何将摄影技术应用在 VR 全景摄影中，这样的 VR 全景作品才会更加出彩。

1. 基础概念

摄影又称摄影术，就是人们通过相机把反射在景物上的光线通过镜头投射在感光元件上感光而形成影像的过程。相机成像的原理和景物在人眼视网膜上成像的原理相同，人通过眼睛看景物会在视网膜上形成影像，摄影是通过相机使光线在感光材料（胶片）上形成潜影，从而记录下被摄物的过程。

被摄物发出的光线被相机镜头汇聚，由摄影者调整镜头和曝光等参数，使其在感光材料平面产生清晰的影像，相机便可以记录下想要的内容。

理解了这个基本原理，就可以开始了解影响影像的因素有哪些了，通过调整这些因素，获得自己想要的画面是一个摄影师的基本技能，下一步才是随心创作。

如果想要拍摄出一个优秀的摄影作品，还需要对摄影相关的参数和基本概念有一个清楚的认识，例如相机的成像原理、光圈、快门速度、感光度等。

2. 图像分辨率

自从摄影技术出现以后，人们一直在追求创造一个与人眼相媲美，甚至超过人眼的相机来记录更大、更清晰的图像。那么相机的分辨率和像素是什么呢?

首先需要了解像素，像素是组成图像的最基本元素，而分辨率是指图像中存储的信息量，是用于度量图像内数据量多少的一个参数。通常表示成 ppi（ Pixel Per Inch，每英寸像素数）和 dpi（Dots Per Inch，每英寸点数）。ppi 和 dpi 常会出现混用现象。从技术角度说，“像素”（P）只存在于计算机显示领域，而“点”（D）只出现于打印或印刷领域，请注意分辨。

图 1-2 像素图

日常提到的 300ppi 就是每英寸上有 300 个像素点。如图 1-2 所示的圆脸的大小在 100% 缩放的情况下与本书的正文文字一样大，但是放大后就可以看到整齐排列的像素点。在分辨率低的情况下适当放大图片就可以看到像素点，在稍大一些的屏幕上观看分辨率比较低的图片，会感到图片模糊。为了保证每英寸的画面上拥有更多的像素点，在做大幅的喷绘时，要求图片分辨率要高。

可见，图像分辨率决定了图像输出的质量，另外，图像分辨率和图像尺寸（高和宽）的值一起决定了图像文件的大小。图像的分辨率越高，尺寸越大，图像文件占用的磁盘空间就越大。如果保持图像尺寸不变，将图像分辨率提高 1 倍，则其文件大小增大为原来的 4 倍。

常说相机最大有多少像素，就是指相机中 CCD（Charge-coupled Device，电荷耦合器件）或 CMOS（Complementary Metal Oxide Semiconductor，互补金属氧化物半导体）感光元件芯片上最大像素点的多少。相机感光元件（CCD/CMOS）为相机中间的感光装置，如图 1-3 所示，其密集排列的像素点越多，拍摄出的图像分辨率就越高。感光元件放大后得到的示意图（并非真实放大拍摄），如图 1-4 所示，数码相机的最大分辨率也是由感光元件的生产工艺决定的。就同类数码相机而言，最高像素数量越多，通常相机的档次越高。

图 1-3 CCD/CMOS

图 1-4 感光元件

例如，2400 万像素的微单相机所记录的最大图像尺寸为 6000 × 4000 像素，通常按照 350dpi 的印刷标准，最大可输出 20in × 13.3in（对角线为 24in）画布的图像（当然也可以通过 PS 处理降低 dpi，从而获得更大尺寸画布的图像），所以如果想要获得更大并且清晰的图片可以使用相机感光元件更大的数码相机。

人眼就好比一台像素高达 5 亿的“超级相机”，目前使用的相机所能记录的图像像素值距离人眼的像素值还差很多。

3. 镜头视角

众所周知，使用长焦镜头拍摄出来的照片画面范围会比较小，而使用广角镜头拍摄出来的照片画面范围会比较大。从拍摄物体的左右边缘作引向视点的两根直线所形成的夹角就是镜头视角，这是以成像画幅的尺寸定义的视角，如图 1-5a 所示。除此之外，视角还可以以镜头可视范围定义，即镜头中心点到成像平面对角线两端所形成的夹角也是视角，如图 1-5b 所示。一般以镜头可视范围来定义镜头视角。

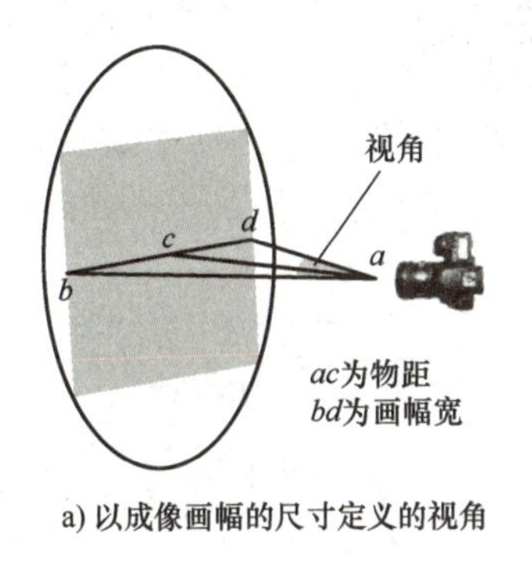

a) 以成像画幅的尺寸定义的视角

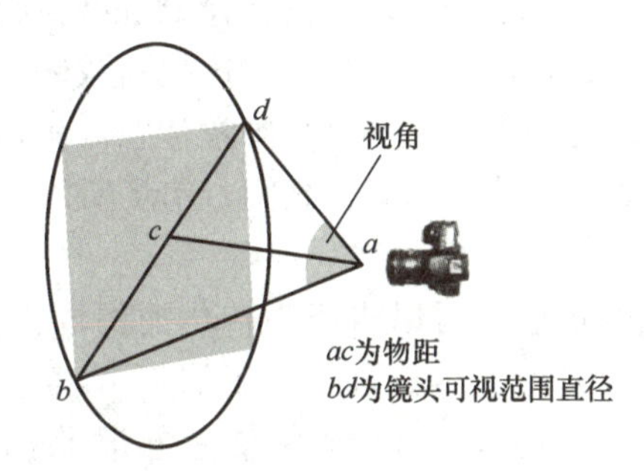

b) 以镜头可视范围定义的视角

图 1-5　镜头视角

视场角（FOV）是指镜头所能覆盖的范围大小。有很多摄影师疑惑：我明明用了广角镜头却拍摄不出大场景效果的图像，这是怎么回事呢？这就需要弄懂摄影中的像场和视角等概念了。

4. 相机的画幅

从镜头视角和视野之间的关系可以看出，视角实际上是镜头的开口角度，视野是镜头在相应距离内可以拍摄的物体的范围，因为镜头是圆形的，所以镜头的视野也是圆形的。

但人们看到的照片显然是矩形的，为什么说视野是矩形的？这是拍摄时存在像场的缘故，像场即在镜头视野范围内可清晰成像的区域。

为了符合人们的视觉习惯，相机的感光元件是矩形的，如图 1-6 所示。为了保证拍摄出来的照片是矩形的，就不能让感光元件的最大幅面超过镜头像场的范围，这样拍摄出来的照片才是清晰的。

图 1-6　相机的感光元件

换句话说，我们看到的照片只是镜头像场区域的一部分。不同相机的传感器是不同的，一些广角镜头不能捕获大型场景的影像，可能是因为这些相机不是全画幅相机。以前的相机是用胶片作为感光元件进行图像记录，但现在是用电子感光元件进行图像记录。就像胶片有很多尺寸一样，数码时代不同的相机画幅代表了不同尺寸的感光元件（包括 CCD 和 CMOS）。感光元件的面积越大，捕捉到的光越多，摄影性能就越好。自诞生以来，数码相机一直有多种尺寸的传感器，不同的传感器有不同的名称，例如全画幅、APS-C 画幅、M4/3 画幅、1in 等，图 1-7 所示为它们所对应的尺寸大小。

图 1-7　传感器尺寸

画幅是对相机中感光元件大小的一种称呼，人们通常称拥有全画幅感光元件的相机为全画幅相机，画幅为感光元件大小的单位。全画幅相机的感光元件尺寸为 36mm × 24mm。全画幅是针对传统的 35mm 胶卷的尺寸（也可以称为 35mm 画幅，如图 1-7 所示，其对角线尺寸为 43.4mm）来说的。

为什么要制造不同大小的传感器呢？在胶片行业还未衰落，还需要讨论使用胶片相机好还是数码相机好的时代，想要快速提高数码相机的市场占有率，必须要降低成本。当时传感器的成本十分高昂，尤其是全画幅传感器，各个厂商开始将传感器做小，以达到降低成本的目的，于是介于成本和画幅之间，市场所能接受的平衡点的产物诞生了——APS-C 画幅传感器的数码相机。

全画幅传感器可以将镜头转化的像场完整地记录下来，但是 APS-C 画幅传感器只可以记录像场的一部分，就像是对全画幅传感器记录的影像进行剪裁后所获得的画面。APS-C 画幅覆盖的像场更小，如图 1-8 所示。

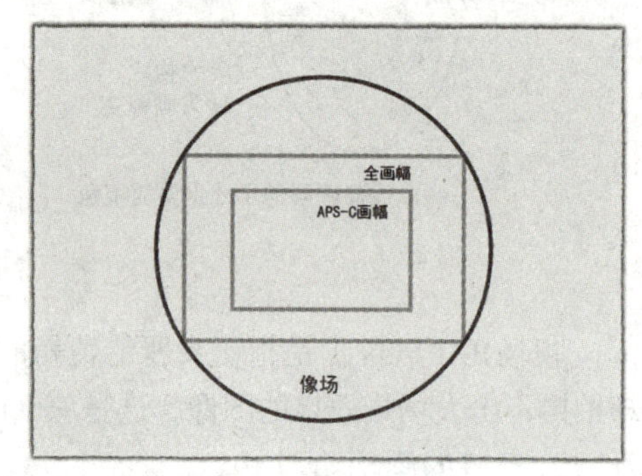

图 1-8　画幅比较

VR 全景摄影可将小画幅照片“变”成大画幅照片。

在镜头焦距、拍摄距离和传感器密度相同的情况下，相机所能记录的场景大小由传感器的尺寸所决定。传感器的尺寸越大，所能记录的场景就越大，画幅就越大，照片输出尺寸就越大，成像表现自然就更好。但是像飞思、哈苏、宾得等公司的顶级全画幅相机价格都高达 20 万元左右，普通消费者根本难以负担。一般对于初学者而言，销量比较大的单反、微单相机往往是 APS-C 画幅相机和全画幅相机，它们在售价与性能上有着不错的平衡，但是很多商业摄影都需要大画幅出图，这时就可以通过数码接片来解决此类问题。使用 APS-C 画幅相机，通过中长焦镜头为一个场景拍摄多组照片再进行后期拼接，就可以将一张照片的像素值提升至上亿。至于拍摄方法，会在任务实施中进行详细讲解。这里的拍摄方法与 VR 全景的拍摄方法同理，这样就可以使手上的小画幅照片“变身”为大画幅照片，从而为你的创作空间打开一扇窗。

5. 镜头焦距

镜头焦距是指镜头光学后主点到焦点的距离，是镜头的重要性能指标。

前面提到视场角是指镜头所能覆盖的范围大小，镜头的焦距是镜头另一个非常重要的指标，它决定了该镜头拍摄的被摄物在传感器上所形成的影像大小。假设以相同的距离面对同一被摄物进行拍摄，那么镜头的焦距越长，则被摄物在传感器上所形成的影像就越大。

镜头焦距的长短决定了成像大小、视场角大小和景深，以及画面的透视强弱。根据不同的用途，相机镜头的焦距差别很大，有短到几毫米的镜头，例如 10mm 焦距的镜头，可用于风光摄影等；也有几百毫米长的镜头，例如 200mm 焦距的镜头，可用于鸟类摄影等。根据焦距和拍摄范围，镜头可分为鱼眼镜头、广角镜头、标准镜头和长焦镜头等。

在同一位置用不同焦距的镜头拍摄景物并进行对比，如图 1-9 所示，可以看到 24mm 焦距的镜头视野宽广，取景范围大，容纳的景物多；105mm 焦距的镜头视野窄，取景范围小，容纳的景物少。

a）24mm

b）35mm

c）50mm

d）70mm

e）85mm

f）105mm

图 1-9　同一位置不同焦距的镜头拍摄景物

总的来说，焦距数值越小，焦距越短，视野越宽广，取景范围就越大，反之亦然。

6. 画幅的等效焦距

目前有很多不同类型的相机画幅，这里有一个问题需要特别注意，如果使用 APS-C 画幅相机，安装的镜头上标注的焦距其实不是真实的焦距。通过对画幅的理解可以知道，APS-C 画幅传感器只可以记录像场的一部分，就像是对全画幅传感器记录的影像进行剪裁后所获得的画面，所以 APS-C 画幅传感器的取景范围变小了，这会导致画面被放大，这时就需要计算出等效焦距。那等效焦距怎么计算呢？

将不同尺寸的感光元件上成像的视角转化为全画幅相机上同样的成像视角所对应的镜头焦距，这之后的焦距就是等效焦距。全画幅传感器的焦距转换系数是 1.0，可以理解为全画幅相机上的镜头实际焦距是多少，等效焦距就是多少。

APS-C 画幅传感器相机的焦距转换系数与品牌有关，通常尼康、索尼、富士公司相机的焦距转换系数是 1.5，佳能公司相机的焦距转换系数为 1.6，实际焦距乘以 1.5 或者 1.6 就是这些相机镜头的等效焦距，相当于画面放大了 1.5 倍或 1.6 倍。

不同画幅相机的等效焦距计算方法为：实际焦距 × 对应的焦距转换系数。

例如，18 ~ 55mm 焦距的镜头，如果搭配一个 APS-C 画幅相机，虽然它的广角端实际焦距是 18mm，但转化为等效焦距就是 27mm，所以只要记住使用的相机机身的焦距转换系数，然后乘以实际焦距，就能知道这个镜头放在自己的相机机身上的等效焦距到底是多少了。充分了解这一点，在后期利用拼接软件进行拼接处理的时候按照等效焦距进行填写，才可以成功识别并拼接。

27mm 的等效焦距视角只能算是广角。对于等效焦距要记住：只要机身不是全画幅的，就有焦距转换系数，就要考虑等效焦距。这也就是用广角镜头拍不出大场景效果图像的原因。

1.1.2 视差概念

相机视点就犹如画中的观察点，我们可以通过这样的透视方法拍摄长卷、长条壁画等。如果不移动观察点，就很难将一个长条的画作清晰、完整地记录下来。使用透视方式对壁画进行拍摄，拍摄出的图像一般在相邻两个方向的交接位置会有脱离现实的感觉（往往还伴随着拼接的交错）。

1. 视差

这里的视差是视点误差的意思，VR 全景摄影的视差问题是非常值得注意的，所以这里介绍的概念需要认真理解。如果能理解视差概念，就会知道为什么 VR 全景摄影有错位产生了，这样才可以完美地拼接出一张 VR 全景图。

人眼之所以能形成立体的视觉，主要是因为左、右眼看到的不同画面所构成的视差。视差指的是在有两个以上的、前后有一定距离的垂直物体的场景中，如果观察位置发生位移，所观察图像中的物体也会发生位移的现象。例如，人有两只眼，它们之间大约相隔 65mm，当观看一个物体，两眼视轴辐合在这个物体上时，物体的影像将落在两眼视网膜的对应点上。这时如果将两眼视网膜重叠起来，它们的视像重合在一起，即会看到单一、清晰的物体。但人类的左眼和右眼看到的图像是不一样的，大脑会将左右眼看到的不同图像进行合成，从而形成立体视觉，如图 1-10 所示，并可以辨别图像的深度信息，所以人眼可以看到三维世界。

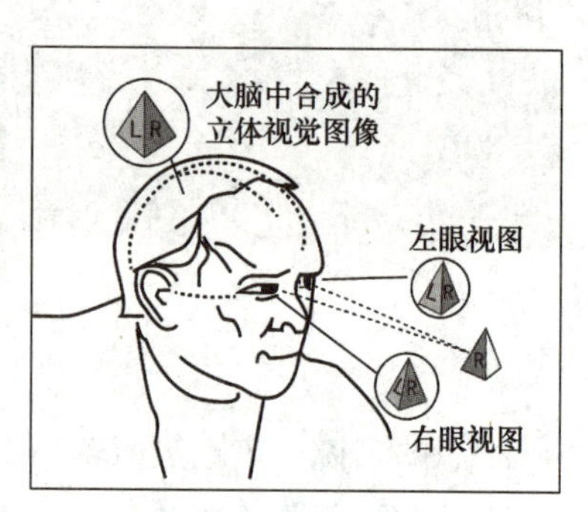

图 1-10　双眼的视差产生立体视觉示意图

现在很多 3D 技术就是通过视差的概念来模拟立体效果的。计算机想要模拟人类视觉，只需要利用两台相机拍摄出左、右眼两个视角的图像，再将两个不同的画面分别给左眼和右眼观看，这样就可以把二维的图像转变成三维的了。

如果将右手伸出一根手指，闭上左眼，睁开右眼，让手指和远处墙角的竖线重合，三点一线，这时候手指不动，闭上右眼，睁开左眼，会发现手指与远处墙角的竖线不重合了，墙角的竖线往左偏移了一段距离。同理，如果把头横过来，手指也横置，与墙角的横边重合，双眼交替睁开也会导致之前的三点一线发生位移，这就是视差导致的结果。在这个实验当中，人眼所在的这个观察位置称为视点。当前景和后景的位置没有发生变化时，视点的位置如果发生变化，所看到的景象也是不一样的。

前面说到 3D 技术是利用视差的概念来模拟立体效果的，但是 VR 全景摄影就是要尽可能地减少视差的存在，才可以将两个相邻的画面更好地拼接起来。要保证相邻的每两个画面没有位移，就需要使镜头围绕一个圆心旋转来记录画面。如何才能使镜头围绕着一个圆心旋转记录画面呢？这时需要了解镜头最小视差点的概念。

2. 镜头最小视差点

镜头最小视差点又称镜头节点，拍摄 VR 全景图时需要让镜头围绕一个圆心旋转并进行拍摄，但是在拍摄的过程中，随便找一个圆心是不行的，必须让相机围绕镜头节点旋转，这样才可以拍摄出没有错位的 VR 全景图素材。

镜头节点是指相机镜头的光学中心，光线穿过此点不会发生折射。在镜头的光轴中有一对特殊的点，即折射点 P、Q，如图 1-11 所示，前方的点（P 点）一般称为“物方节点”，后方的点（Q 点）一般称为“像方节点”。在拍摄时，从镜头前方物方节点射入的光线会以相同的方向从像方节点射出，不会发生折射。这里所说的节点不是真正意义上的一个中心点，一般是从 P、Q 两点中间选择一个对视差影响最小的点。

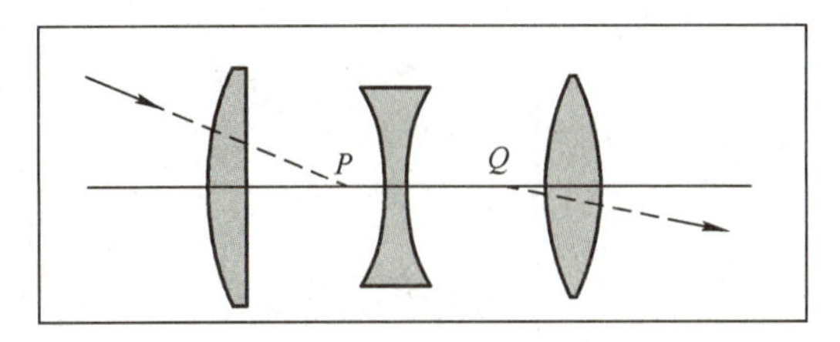

图 1-11　折射点

拍摄时，通过镜头节点的光线在成像面上不会产生折射，镜头转动时被摄物（远、近物体）也就不会发生位移，因此要拍摄出完美的 VR 全景照片就要把镜头节点作为旋转中心，这样拍摄的多张照片中的物体都不会发生位移，从而可以完美地合成一张 VR 全景图。

单张照片拍摄不涉及视差问题，而数码接片或 VR 全景摄影是通过多幅画面拍摄组合而成的，如果相机发生位移，就会出现视差，导致拍摄的图像中物体发生位移，进一步导致后期的拼接过程无法配准对齐或者拼接不严谨，从而影响照片的拼接质量。

图 1-12 所示的红点位置是 8~15mm 镜头大概的节点位置，在拍摄 VR 全景图时，需要精准地找到这个镜头节点，围绕这个点旋转并进行拍摄，这样才可以避免出现视差。对定焦镜头来说只有一个固定的镜头节点，而对于变焦镜头来讲，则可以有很多镜头节点，因为在改变焦距时，镜头节点随着镜头的机械变化会影响光线的折射。后面会讲解如何找到变焦镜头在不同焦距下的镜头节点，以及如何让相机准确地围绕着镜头节点旋转。

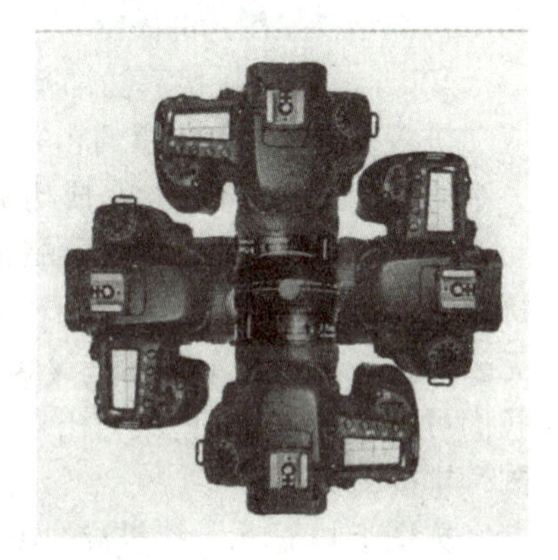
图 1-12　相机上的节点位置

1.1.3　图片拼接原理

刚才讲到要围绕镜头节点旋转并进行拍摄，才可以将相邻的两张图片进行拼接。通常使用软件通过算法进行拼接，主要原理是计算出相邻两张图片的位置关系，将其融合成为一张图片。目前主流的拼接软件有 Photoshop、PTGui。拼接软件主要使用的拼接算法有两种，分别是基于区域特征拼接算法和基于光流特征拼接算法，这里主要介绍前者。

1. 基于区域特征拼接算法

基于区域特征拼接算法是最为传统和应用最普遍的算法之一。基于区域特征拼接算法从待拼接图像的灰度值出发，对待配准图像中的一块区域与参考图像中的相同尺寸的区域，使用最小二乘法或者其他数学方法计算其灰度值的差异，据此来判断符合拼接图像重叠区域的相似程度，由此得到待拼接图像重叠区域的范围和位置，从而实现图像拼接。

基于区域特征拼接算法是根据像素信息导出图像特征，然后以图像特征作为标准来搜索和匹配图像重叠部分相应特征区域的拼接算法。这种拼接算法具有比较好的稳定性。基于区域特征拼接算法有两个操作步骤：先提取特征，再对特征进行匹配。

例如，如图 1-13 所示，每对图片（图片 1 和图片 2）之间都有 25% 的重叠。首先，从两个图像中提取具有明显灰度变化的点、线和区域；再将两个图像的特征集中，利用匹配算法尽可能将具有对应关系的特征位置对齐；最后将对齐的图像进行融合。

图 1-13 上下、左右图片有重叠

2. 成功拼接图片的关键

VR 全景图的拼接算法都基于两个画面的相关性，将相关性作为拼接的参考元素才可以成功拼接，所以我们拍摄的相邻两张图片必须要有足够的，能提供给计算机识别和计算位置关系的重叠画面样本，这是成功拼接图片的必要条件。

在 VR 全景图中，所拍摄的相邻两个画面的图片至少要保证有 25% 的重叠才可以有效地拼接，在 25% 的重叠中要保证有足够多的有特征的画面。如果相邻画面都为相同的纯色（如无云的蓝天、纯白色的墙壁等），就很难计算出相邻画面的位置关系，导致无法成功拼接。我们可以通过制造一些同时出现在两个画面中的特征，或者记录更大面积的重叠画面来保证图片拼接成功。

如图 1-14 所示，待拼接的图片素材共有 5 张，这里就有 5 个重叠区域，红色区域是相互重叠的内容，这样图片 1 和图片 2 就可以通过拼接软件进行拼接处理。这 5 张图片素材两两重叠就可以拼接出水平视角为 360° 的影像，如果中间有 1 张图片缺失，就会导致整个图片无法完整拼接，所以相邻图片之间的相互重叠是必需的。

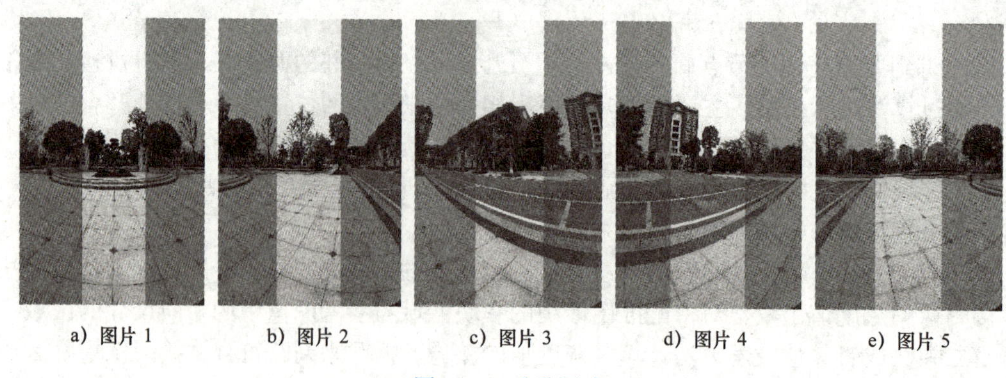

a）图片 1　b）图片 2　c）图片 3　d）图片 4　e）图片 5

图 1-14 重叠图片

1.1.4 接片技术

接片是指将实际场景从左到右（或从右到左，或从上到下）分解成多个片段，使用相机有限的画幅对每个片段有规律地进行采集取景，完成所有拍摄后，在后期制作中将各个片段无缝拼接在一起。通过这种方式得到的是具有超大面幅的高像素图像，这种方式特别适合拍摄大型场景。拍摄素材时使用的镜头焦距越长，拼接时用到的照片张数越多，获得的图像尺寸越大，细节表现就越好。但是对于 VR 全景图而言，对细节的需求并非必要。一般场景可以用鱼眼镜头拍摄，而特殊场景，例如具有丰富细节和有保留价值的场景，则可以使用焦距较长的镜头来拍摄。

普通的单幅摄影不存在视差问题，而接片和 VR 全景摄影的视差则是一个关键问题。随着现代数码接片技术的发展，后期拼接软件已经可以在一定程度上缝合拍摄时有视差的源图像。因而可以将接片按照不同的视差分为两类，分别是固定机位单视点接片和移动机位多视点接片，这里主要介绍固定机位单视点接片。

1. 固定机位单视点接片

固定机位单视点接片即无视差或最小视差的数码接片。其特点是拍摄源图像时，以镜头节点为相机的旋转中心，进行水平和垂直方向的旋转拍摄，这样可以保证在任何场景下拍摄的照片都容易拼接且接片质量高，可以达到很好的效果。

球形接片拍摄（VR 全景图）：对着景物将其影像信息全部记录下来，从而拼接成 VR 全景图，如图 1-15 所示。

图 1-15　VR 全景图

2. 透视带来镜头畸变

镜头畸变实际上是光学透镜固有的透视失真的总称，也就是透视原因造成的失真，通常是沿着透镜半径方向分布的畸变。出现镜头畸变的原因是光线在远离透镜中心的地方比靠近中心的地方更加弯曲，这种畸变在使用普通或廉价镜头拍摄的画面中表现得更加明显，这种失真对于照片的成像质量是非常不利的。

镜头畸变主要包括枕形畸变和桶形畸变两种，如图 1-16 所示。成像仪光轴中心的畸变为 0，沿着镜头半径向边缘移动，畸变会越来越严重。使用鱼眼镜头拍摄的画面会出现非常严重的透视畸变，这种镜头会有意地保留影像的桶形畸变，用以夸大其变形效果，拍出的画面除了中心部位以外，其他部分的直线都会变成弯曲的弧线。

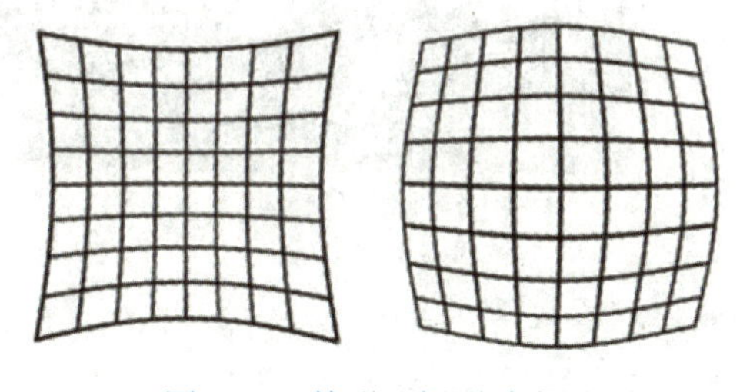

图 1-16　枕形、桶形畸变图

如何避免画面变形呢？

（1）选择优质的镜头进行取景　控制畸变对使用广角镜头拍摄来说很重要。如果想拍摄出横平竖直的建筑，可以使镜头的取景范围尽量大，镜头的中心靠近物体中心，再让相机后背（屏幕）与物体尽量平行，这样可以较好地解决透视带来的畸变问题。为了解决透视带来的畸变问题，镜头厂商制作了一种“移轴镜头”，它可以将相机固定，通过上下或左右移动镜头前半部分，被摄物的正面与位于固定位置的胶片可以保持平行。这是消除透视带来的畸变比较好的办法，也是建筑摄影师总是使用机背与视线平行的方法取景的原因；但是它也有相应的弊端，例如拍摄的效率会变低，有时候画面视野不够，无法将被摄物收全。

（2）通过软件矫正镜头畸变　对于使用鱼眼镜头拍摄的画面，可以通过软件将枕形畸变的图像或者桶形畸变的图像调整为人眼观看到的效果。注意在使用鱼眼镜头拍摄时需要尽量扩大取景范围。例如我们通过 PTGui 软件矫正使用鱼眼镜头拍摄的图像（见图 1-17），将画面矫正为直线镜头的效果（见图 1-18），画面四周会被拉伸，通过裁切保留中间畸变最小的位置（见图 1-19），这样图像就与人眼观察的效果一致了。

图 1-17　鱼眼镜头拍摄的图像

图 1-18　直线镜头的效果

图 1-19　裁切后效果

微课

1.1.5　拍摄设备的选择

使用手机拍摄 VR 全景图片，需要有以下 4 种主要设备：

1）记录画面的设备。一部具备拍照功能的手机，任意品牌均可，但照相机的分辨率越高，VR 全景图片的分辨率就越高，如图 1-20 所示。

2）720 云全景云台。例如 720 云专业版全景云台，如图 1-21 所示。720 云全景云台的结构如图 1-22 所示。

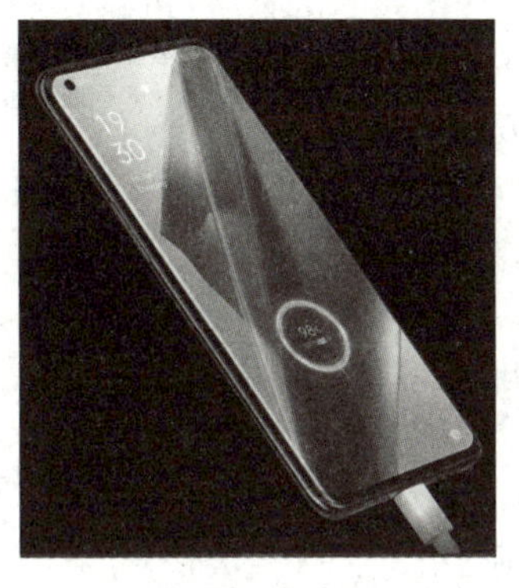

图 1-20　手机

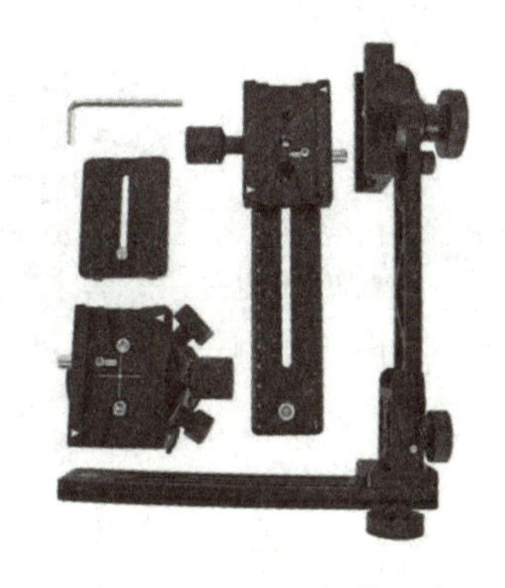

图 1-21　720 云全景云台

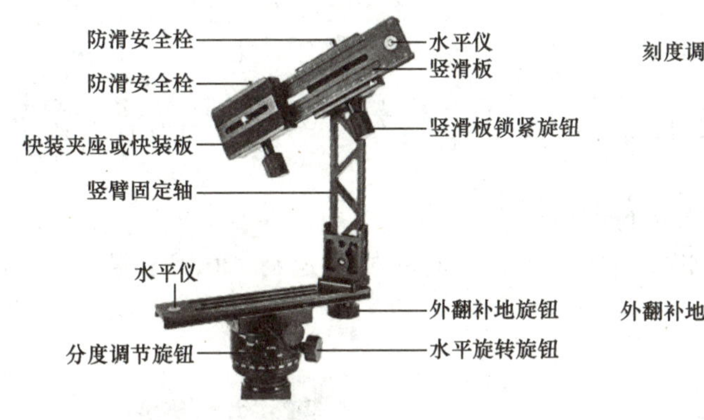

图 1-22　720 云全景云台结构

3）支架。三脚架、手机夹座等可以立在地面上的支架均可，如图 1-23 所示。

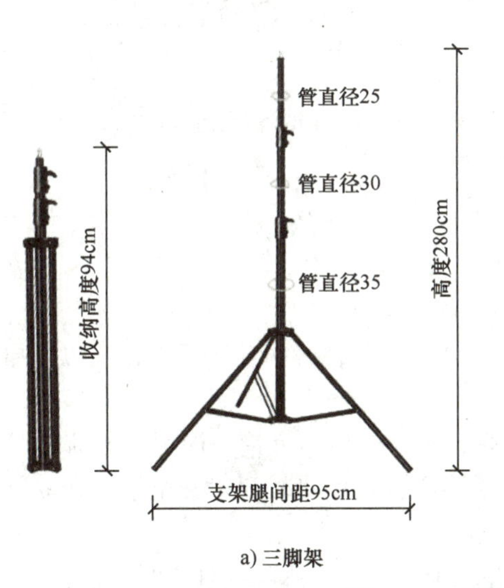

a) 三脚架　　b) 手机夹座

图 1-23　三脚架、手机夹座

4）无线手机遥控器。蓝牙遥控器、控制手机的线控耳机等均可（主要为了方便拍摄，非必备品），如图 1-24 所示。

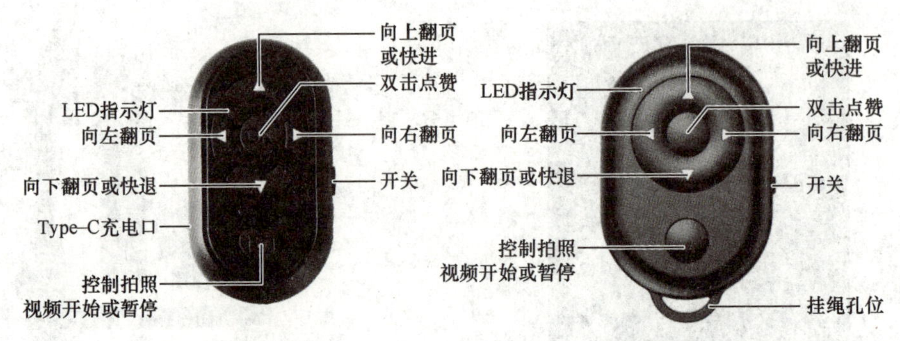

图 1-24　蓝牙遥控器

微单相机与手机的拍摄方法大致是一样的，项目 2 会详细讲解使用微单相机拍摄 VR 全景图的方法。

1.1.6　实例 1　设备安装与设置

接下来对手机和全景云台的安装进行讲解。

首先组装 720 云全景云台，如图 1-25 所示；再将手机固定到 720 云全景云台上，如图 1-26 所示。

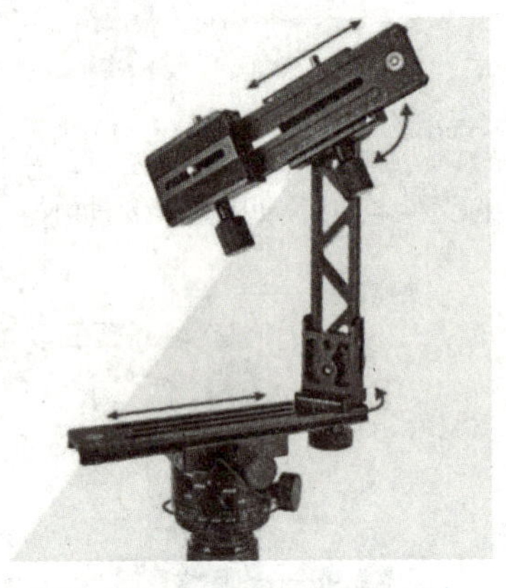

图 1-25　安装 720 云全景云台

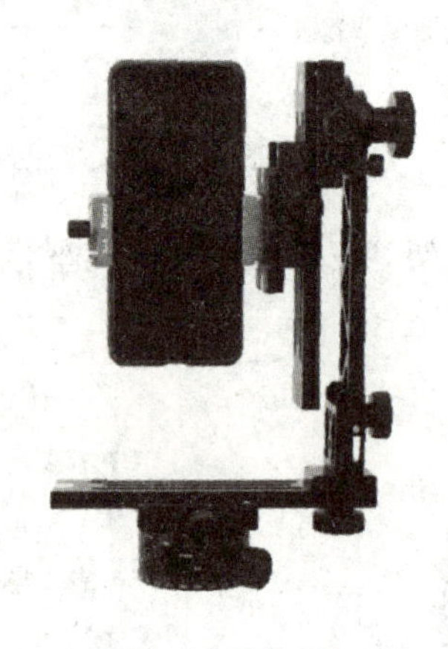

图 1-26　固定手机

1. 设备的安装

按照图 1-27 所示安装手机的目的就是在拍摄 VR 全景图片时让手机的镜头以主摄像头为圆心进行旋转。

1）确定手机的主摄像头。打开相机应用后，用手遮住一个镜头即可判断哪个是主摄像头，遮住该摄像头后，屏幕变黑，即为主摄像头。摄像头的横轴要对准全景云台立臂上方旋转轴的位置，如图 1-27 所示。

2）摄像头的竖轴要对准 720 云全景云台的一体水平板与脚架连接轴的位置，参考红色箭头位置进行安装，如图 1-27 所示。

3）如果是其他类型的手机，只需要移动一体水平板，调整立臂的位置即可，如图 1-28 所示。

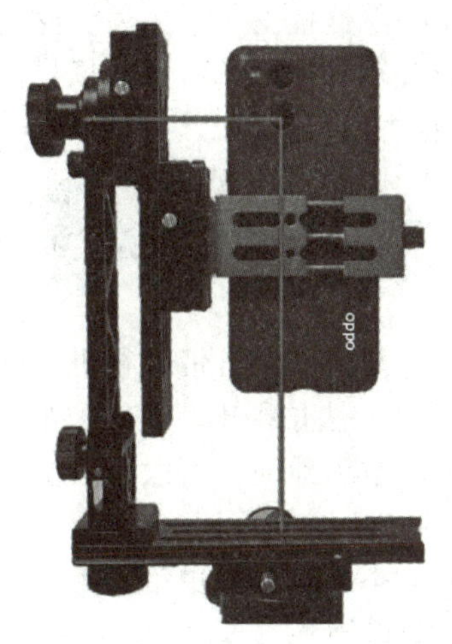

图 1-27　移动全景云台及手机

图 1-28　苹果手机位置

2. 手机的设置

具体操作步骤如下：

1）打开手机上的相机，设置手机照片选项的“分辨率”为“5000 万像素”，“拍摄角度”为“超广角”，设置 HDR（高动态范围成像，用来实现比普通数字图像技术更大曝光动态范围，即更大的明暗差别的一组技术）为 AUTO，打开 AI 场景增强（通过摄像头进光，对被摄物光线场景进行人工智能分析计算后，自动匹配拍照模式的功能），如图 1-29 所示。

2）单击右上角的“三点”⋮按钮，将“画面比例”设置为 4∶3，如图 1-30 所示。

3）单击“设置”按钮，打开“设置”对话框，开启网格线和水平仪，如图 1-31 所示。

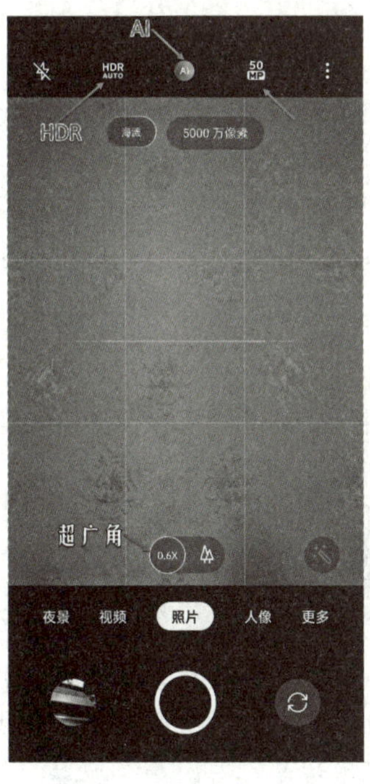

图 1-29　手机参数设置 1

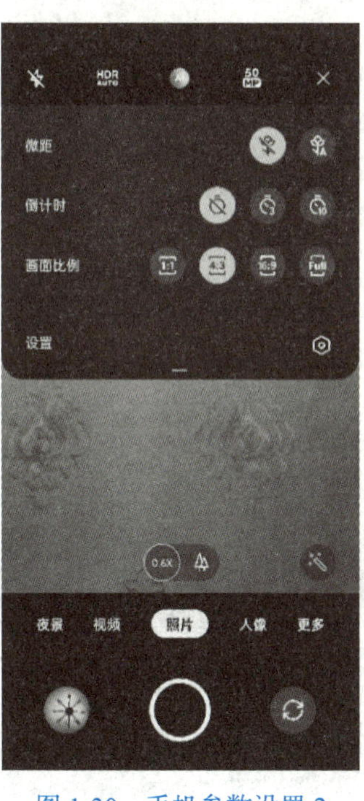

图 1-30　手机参数设置 2

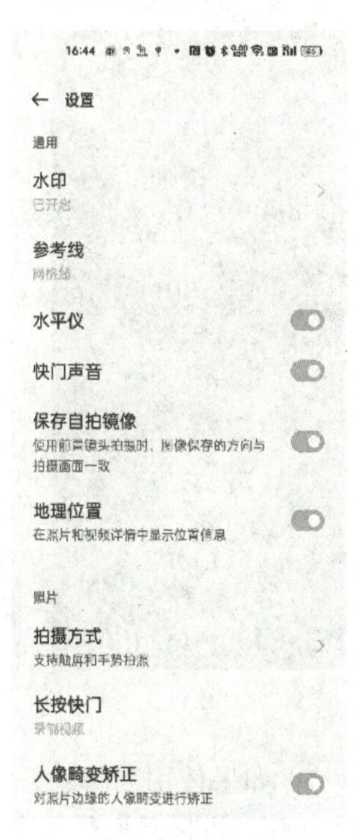

图 1-31　手机参数设置 3

使用这种方式安装手机就是为了避免视差，可测试一下这样安装手机后，左右旋转手机或者上下旋转手机时是否都是将主摄像头作为圆心进行旋转的。将所看到的场景按前后、左右、上下的顺序有计划地拍摄下来就是 VR 全景图的拍摄方法。

1.1.7 实例 2 VR 全景图的拍摄

微课

在使用手机拍摄 VR 全景图时需要注意一个问题。打开手机上自带的相机，可以看到手机上通常有个全景功能，如图 1-32 所示，这个全景功能是无法拍摄出我们需要的 VR 全景图的。它拍出的全景图是宽幅接片全景图，无法完整记录天空和地面，所以无法拼接成真正意义上的 VR 全景图。

在取景的时候，把当下眼睛所能够看到的景象围绕一个视点全部记录下来，就可以拼接成一张完整的 VR 全景图。

在拍摄之前，要对手机进行曝光锁定设置，这是为了保证拍摄的每一张照片明暗度都是一致的，这样拼接出来的照片才没有违和感。

1）选择曝光点时，为了方便后期处理，前期拍摄要做到“宁欠勿曝”。这个时候可以选择整个环境中偏亮的地方，例如户外等。以 OPPO 手机为例，长按屏幕，屏幕上方会显示自动曝光锁定和自动对焦锁定，使用安卓系统的手机可以手动调整锁定参数。

2）拍摄的时候拍摄者要站在手机后面，防止将自己拍入画面中。

3）拍摄的时候可以用手机的蓝牙遥控器控制。打开手机蓝牙，连接蓝牙遥控器，如图 1-33 所示，这样可以提高拍摄效率，也可以防止手机抖动导致画面模糊。

图 1-32 手机拍摄全景图

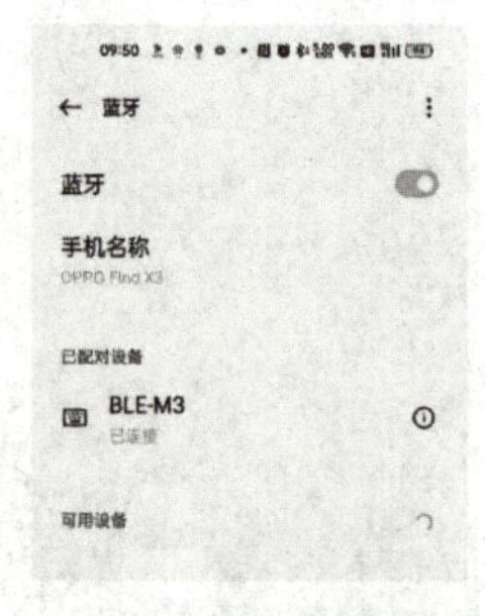

图 1-33 蓝牙连接

4）如果使用三脚架，三脚架尽量不要张得太开，应稍微集中一些，这样拍摄的面积就会大一些，拼接起来更方便。

5）先确定拍摄设备取景范围的大小，通过保证每相邻两张素材至少有 25% 的重叠来确定拍摄素材的数量，通过反复试拍，手机一圈拍摄 5 张就能保证相邻画面重叠 25%。

6）选定拍摄地点，如白公馆。白公馆位于重庆沙坪坝区歌乐山，是一处后人缅怀英烈的革命遗迹。用手机在 0° 位置拍摄第一张，然后顺时针旋转 72°，拍摄第二张，以此类推，每旋转 72° 拍摄 1 张，360° 水平共拍摄 5 张，如图 1-34 所示。

图 1-34　水平位置拍摄 5 张

7）调节 720 云全景云台的竖滑板，使之上仰 45°，在 0° 位置拍摄第一张，顺时针旋转 72° 拍摄第二张，然后每旋转 72°，拍摄 1 张，360° 上仰共拍摄 5 张，如图 1-35 所示。

图 1-35　上仰 45° 拍摄 5 张

8）调节 720 云全景云台的竖滑板，使之下俯 45°，在 0° 位置拍摄第一张，顺时针旋转 72° 拍摄第二张，然后每旋转 72°，拍摄 1 张，360° 下俯共拍摄 5 张，如图 1-36 所示。

图 1-36　下俯 45° 拍摄 5 张

9）翻转 720 云全景云台的竖滑板为 90°，手机屏幕垂直向上拍摄第一张照片。再将 720 云全景云台的水平滑板旋转 90°，拍摄第二张照片（第一张照片拍摄时手机呈南北朝向放置，第二张照片拍摄时手机呈东西朝向放置），如图 1-37 所示。

10）将720云全景云台竖滑板垂直向下90°，并在三脚架轴心处地面上做一个记号；将720云全景云台竖臂外翻，水平移动三脚架，使镜头中心对准原三脚架轴心，拍摄地面一张；垂直移动三脚架，使镜头中心对准原三脚架轴心，再拍摄地面一张（第一张照片拍摄时手机呈南北朝向放置，第二张照片拍摄时手机呈东西朝向放置），这样就完成了全部的拍摄，如图1-38所示。

图1-37 补天拍摄两张

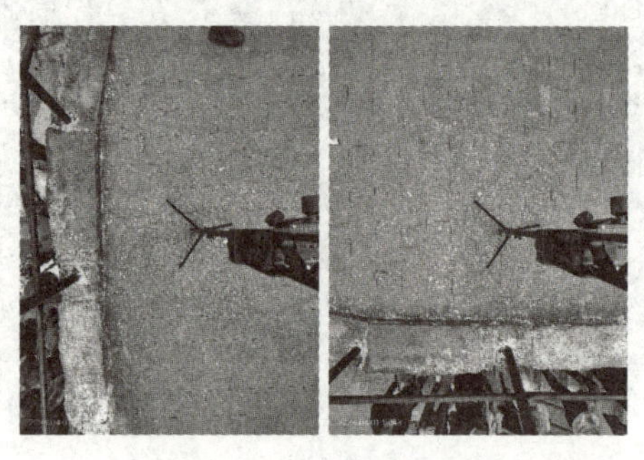
图1-38 补地拍摄两张

VR全景图需要拍摄19张素材图，在拍摄的画面下方有手机旋转方位与之对应。通过图1-34～图1-38所示可以看出，手机是从中（水平）、上（仰拍）和下（俯拍）3个方向共旋转3圈进行拍摄的。

【任务实施】

实训1 小场景的拍摄

小场景是范围较小的场景，如室内、小广场等，用OPPO Find X3手机拍摄小场景VR全景图的具体操作步骤如下：

1）将手机放在720云全景云台上，手机主摄像头的横轴对准720云全景云台立臂上方旋转轴的中心位置，竖轴要对准720云全景云台一体水平板与脚架连接轴的位置，如图1-27所示。

2）打开手机上的相机，设置相机为“照片”，“分辨率”为“5000万像素”，“画面比例”为“4∶3”，“拍摄角度”为“超广角”，如图1-29和图1-30所示。

3）单击“设置”按钮，打开“设置”对话框，开启网格线和水平仪，如图1-31所示。

4）开启AI场景增强，将HDR设置为AUTO。

5）为保证每相邻两张素材至少有25%的重叠来确定拍摄素材的数量，本手机为旋转72°，就可保证相邻两张素材有25%的重叠，镜头广角越大，旋转角度越大，拍摄张数越少，工作效率越高。

6）先将手机平行放置，0°拍摄1张，然后顺时针每转动72°拍摄1张照片。将720云全景云台的分度台定位旋钮拧紧后，每转动60°，720云全景云台就会给出一个到达60°的触感反馈，再顺时针旋转12°，仔细看一下转盘的度数，拍摄1张，手机转动一圈合计拍摄5张照片，如图1-39所示。

7）将720云全景云台的竖滑板向上仰45°，0°拍摄1张，然后每转动72°拍摄1张照片，手机转动一圈合计仰拍5张照片，如图1-40所示。

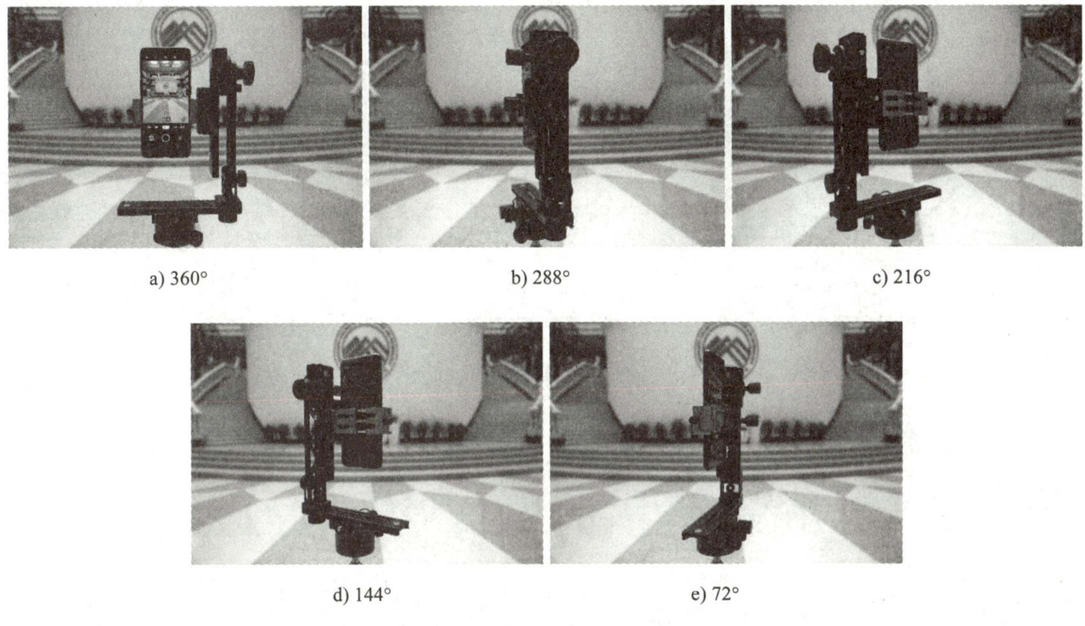

a) 360°　b) 288°　c) 216°

d) 144°　e) 72°

图 1-39 平行拍摄的角度（一）

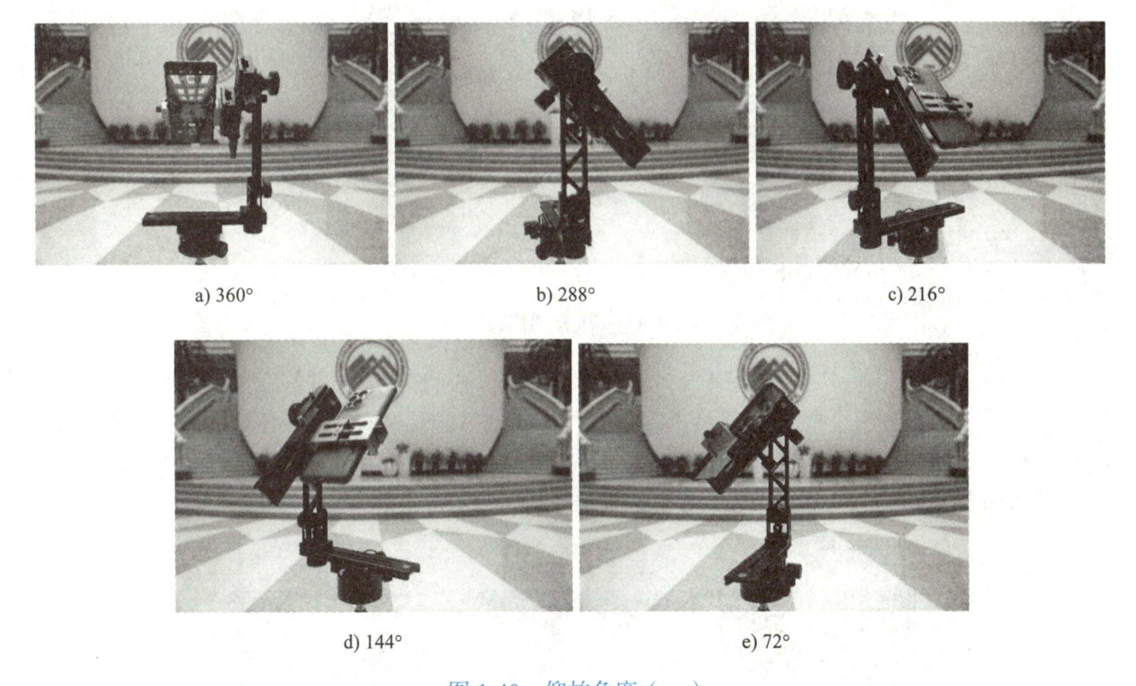

a) 360°　b) 288°　c) 216°

d) 144°　e) 72°

图 1-40 仰拍角度（一）

8）将 720 云全景云台的竖滑板向下调 45°，0° 拍摄 1 张，然后每转动 72° 拍摄 1 张照片，手机转动一圈合计俯拍 5 张照片，如图 1-41 所示。

9）补天拍摄（备用）。翻转 720 云全景云台的竖滑板为 90°，手机屏幕垂直向下拍摄 1 张照片，手机旋转 90° 再拍摄 1 张照片（第一张照片拍摄时手机呈南北朝向放置，第二张照片拍摄时手机呈东西朝向放置），如图 1-42 所示。

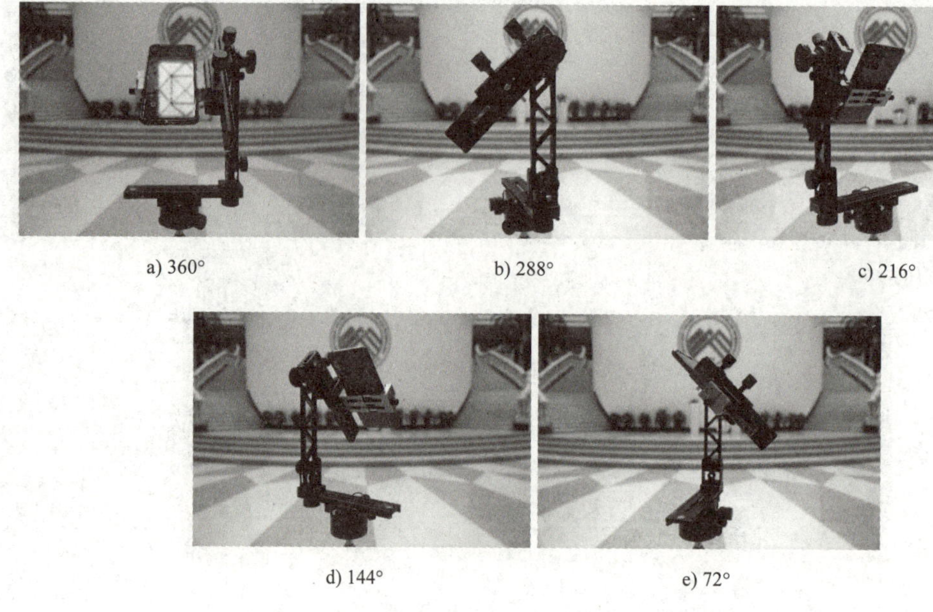
a) 360°　b) 288°　c) 216°
d) 144°　e) 72°

图 1-41　俯拍角度（一）

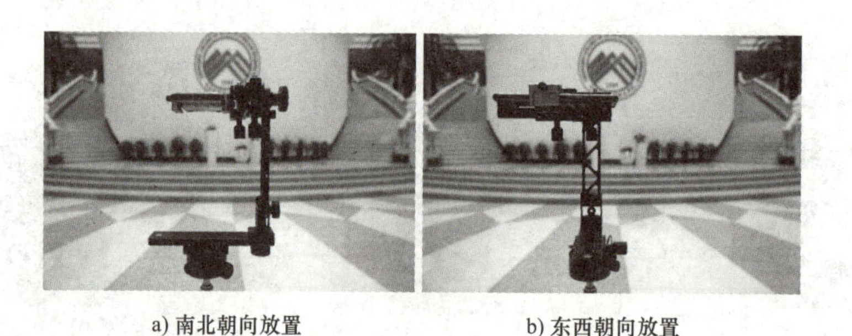
a) 南北朝向放置　b) 东西朝向放置

图 1-42　补天拍摄（一）

10）补地拍摄。将 720 云全景云台竖滑板垂直向下旋转 90°，并在三脚架轴心处地面上做一个记号；将 720 云全景云台竖臂外翻，水平移动三脚架，使镜头中心对准原三脚架轴心，拍摄地面 1 张；垂直移动三脚架，使镜头中心对准原三脚架轴心，再拍摄地面 1 张（第一张照片拍摄时手机呈南北朝向放置，第二张照片拍摄时手机呈东西朝向放置），这样就完成了全部的拍摄，如图 1-43 所示。

a) 南北朝向放置　b) 东西朝向放置

图 1-43　补地拍摄（一）

实训 2　大场景的拍摄

大场景是指范围较大的场景，如在足球场、大广场中心拍摄等，有时用超广角拍摄 5 张图片，无法拼接成 VR 全景图片。这时可以增加拍摄张数，比如 6 张，这样会更容易拼接出 VR 全景图片。用 OPPO Find X3 手机拍摄大场景 VR 全景图片的具体操作步骤如下：

1）打开手机上的相机，设置相机为“照片”，“分辨率”为“5000 万像素”，“画面比例”为“4∶3”，“拍摄角度”为“超广角”。

2）让手机镜头以主摄像头为圆心进行旋转，将手机旋转至与地面垂直的状态，调节竖滑板，移动 720 云全景云台的快装夹座、快装板和手机，横轴对准 720 云全景云台立臂上方旋转轴的位置。

3）移动 720 云全景云台的一体水平板，竖轴对准 720 云全景云台一体水平板与脚架连接轴的位置，如图 1-27 所示。

4）先将手机平行放置，0° 拍摄 1 张，然后顺时针每转动 60° 拍摄 1 张照片。将 720 云全景云台的分度台的定位旋钮拧紧后，在每转动 60° 的时候，720 云全景云台会给出一个达到 60° 的触感反馈，再仔细看一下转盘的度数，拍摄 1 张，手机转动一圈合计拍摄 6 张照片，如图 1-44 所示。

a) 360°　b) 300°　c) 240°

d) 180°　e) 120°　f) 60°

图 1-44　平行拍摄的角度（二）

5）将 720 云全景云台的竖滑板向上仰 45°，0° 拍摄 1 张，然后顺时针每转动 60° 拍摄 1 张照片，手机转动一圈合计仰拍 6 张照片，如图 1-45 所示。

6）将 720 云全景云台的竖滑板向下调 45°，0° 拍摄 1 张，然后顺时针每转动 60° 拍摄 1 张照片，手机转动一圈合计俯拍 6 张照片，如图 1-46 所示。

a) 360°　b) 300°　c) 240°

d) 180°　e) 120°　f) 60°

图 1-45　仰拍角度（二）

a) 360°　b) 300°　c) 240°

d) 180°　e) 120°　f) 60°

图 1-46　俯拍角度（二）

7）补天拍摄（备用）。翻转 720 云全景云台的竖滑板为 90°，手机垂直向下拍摄 1 张照片，手机旋转 90° 再拍摄 1 张照片（第一张照片拍摄时手机呈南北朝向放置，第二张照片拍摄时手机呈东西朝向放置），如图 1-47 所示。

8）补地拍摄。将 720 云全景云台竖滑板垂直向下 90°，并在三脚架轴心处地面上做一个记号；将 720 云全景云台竖臂外翻，水平移动三脚架，使镜头对准原三脚架轴心，拍摄地面 1 张；垂直移动三脚架，使镜头对准原三脚架轴心，再拍摄地面 1 张（第一张照片拍摄时手机呈南北朝向放置，第二张照片拍摄时手机呈东西朝向放置），这样就完成了全部的拍摄，如图 1-48 所示。

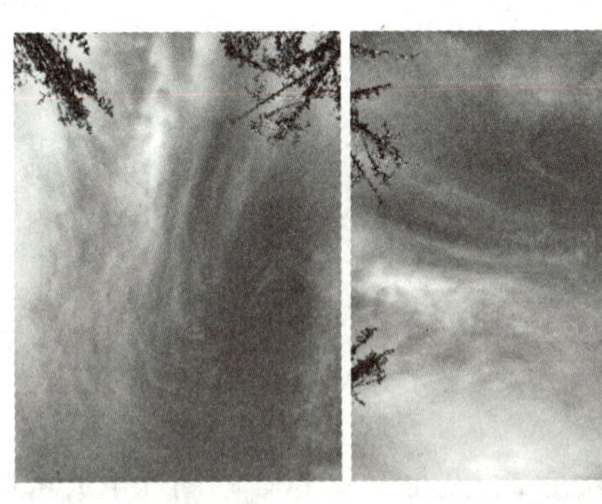

a) 南北朝向放置　b) 东西朝向放置

图 1-47　补天拍摄（二）

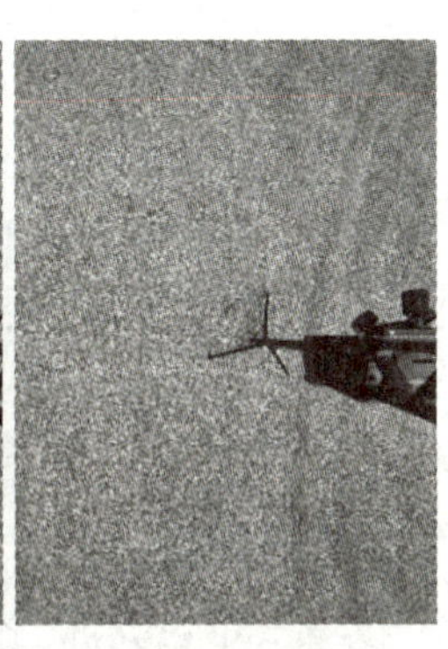

a) 南北朝向放置　b) 东西朝向放置

图 1-48　补地拍摄（二）

手机型号不同，镜头的取景范围会有一些区别。可以加装手机配件来扩大取景范围，例如加装广角镜头、鱼眼镜头等，这样拍摄 VR 全景图时所需要的素材数量就会少很多。

VR 全景图的前期素材拍摄完毕，就可以用这些拍摄好的素材去拼接 VR 全景图片了，拼接好一个完整的 VR 全景图片后，就可以通过 720 云平台进行分享。

【任务拓展】

请用手机拍摄三张重庆渣滓洞 VR 全景图片。

【思考与练习】

1. 什么是图像的分辨率？
2. 什么是相机的画幅？常用的画幅有哪些？
3. 什么是画幅的等效焦距？
4. 成功拼接图片的关键是什么？
5. 什么是镜头的最小视差？什么是镜头节点？
6. 什么是接片？
7. 用手机拍摄 VR 全景图片需要哪些设备？
8. 怎样解决视差问题？
9. VR 全景图片拼接要点是什么？
10. 怎样确定多摄像头手机的主摄像头？
11. 怎样设置手机摄像头的参数？
12. 怎样在 720 云全景云台上安装手机？

任务 1.2 全景图的拼接

【任务描述】

要进行 VR 全景图片的拼接，就需要一种拼接软件，这个拼接软件就是专业、大众化的 PTGui。

根据自己的创意拍摄全景图片，为拼接做好素材准备，使用拼接软件导入素材、对齐对象和创建全景，输出 jpg 格式文件，即可导入 720 云网站进行观看。

【任务要求】

- 掌握 PTGui VR 全景图片的拼接。
- 掌握使用 Photoshop 软件进行细节调整和 VR 全景图片压缩。
- 了解 VR 全景图拼接原理。
- 掌握 PTGui 软件的使用方法。
- 掌握 PTGui 软件拼接方法。

【知识链接】

读者一定会发现上传的图片尺寸比例均为 2∶1（长是 2，宽是 1），这样的图片生成可以拖动的 VR 全景图，为什么会是比例为 2∶1 的图片，而不是正方形的图或者圆形的图？

通常标准的 VR 全景图是一张长宽比为 2∶1 的图片，其背后的原因就是拍摄 VR 全景图时使用的是等距圆柱的投影方式。等距圆柱投影是一种将球体上的各个点投影到圆柱体侧面上的投影方式，投影完之后再展开就得到了一张长宽比为 2:1 的长方形图片，如图 1-49 所示。

图 1-49 等距圆柱投影

为了方便理解，首先了解后期拼接方法，在了解后期拼接方法的过程中会发现很多奥秘。初次接触 VR 全景摄影的摄影师有可能会制作失败。当然，本项目是为了使大家快速上手而设立的。读者跟着本项目的节奏进行学习，可以快速学会 VR 全景摄影。

1.2.1 Photoshop 简介

Photoshop 如图 1-50 所示（以下简称“PS”），是由 Adobe Systems 开发和发行的图像处理软件。PS 是专业的图像处理工具之一，处理由像素构成的数字图像都会用到 PS，涉及平面设计、广告摄影、影像创意、网页制作、后期修饰、视觉创意、界面设计等多个领域。2022 版 PS 更新了与图片拼接相关的功能，很多摄影师都在使用这个功能进行接片，但目前 PS 无法完整地进行 VR 全景图的拼接。

想深入掌握摄影这门技艺，对 PS 工具的学习是必不可少的，由于 PS 涉及的功能太多，这里将主要针对 VR 全景图后期处理所涉及的相关功能进行讲解，例如错位的调整、补天和补地的细节调整、蒙版调色、瑕疵处理等。

图 1-50 Photoshop 界面

1.2.2 PTGui

PTGui 是一款很好用的图像拼接软件，是荷兰 New House Internet Services B.V. 公司研发的产品。PTGui 是目前 VR 全景摄影师最常用的图像拼接软件之一。该软件支持 Windows 系统和 Mac 系统，目前正式版 PTGui 有两个版本：PTGui（普通版）和 PTGui Pro（增强版）。这两个版本的软件对应的功能会有一些差异，其中 PTGui Pro 有 HDR 拼接、蒙版、视点校正、渐晕、曝光、白平衡校正等功能。

PTGui 是一款功能强大的 VR 全景图拼接软件，该软件名称的 5 个字母取自 Panorama Tools Graphical User Interface 首字母。从 1996 年公司成立至 2022 年，它已经升级到 PTGui 12 版了。

全景图片的拼接，就是导入拍摄的素材，使用拼接软件进行图片的对齐，最后输出全景图片。

PTGui 是从原始图片的输入到 VR 全景图的输出，包括输入原始图片、参数设置、控制点的采集和优化、粘贴 VR 全景图、输出完成 VR 全景图等流程。相对其他 VR 全景图处理软件来说，PTGui 可以进行很细致的操控，例如手动定位，矫正变形，调整画面水平、垂直、中心点等，非常方便。

PTGui 可以处理大部分问题，在其他 VR 全景图处理软件不能正确拼接照片的情况下，PTGui 可以实现非常完美的效果。

PTGui 软件中最重要的功能就是对相应的图片进行拼接处理。在图片拼接的过程中，它会智能化地对图片进行对齐、校准，并且会对相邻两张图片的接缝进行融合，使其更加自然。通过 PTGui 拼接出的图片还可以生成并输出多种类型的全景图观看效果，例如直线、柱面、全帧鱼眼、立体投影、墨卡托投影、等效透视、球面（360° × 180° 等效圆柱）、小行星 300° 立体投影等。

PTGui 这款软件的几个优点如下：

1）合成快速。PTGui 拼接速度很快，它使用了 OpenCL GPU 加速。在适当的硬件基础上，PTGui 30s 内就可以缝合出 10 亿像素的 VR 全景图。

2）自动化强。只需将图片导入 PTGui 中，就会自动计算出图片是通过怎样的关系进行重叠的。PTGui 可以缝合多行图片并支持各种镜头拍摄出的图片相互拼接。

3）容错率高。PTGui 拼接能力比较强大和稳定，即使在视差较大的情况下也可以合成 VR 全景图的基本样貌。

从 2001 年 7 月 PTGui 1 上线开始，到 2022 年 3 月 PTGui Pro 12 的发布，这个软件已经经历了 20 多年的迭代。这里会对 PTGui Pro 12 的基础功能进行讲解。虽然软件在不断地升级，但其基础原理和功能逻辑都是相同的，只要了解了其原理和操作方式，不管什么版本都可以应对自如。

PTGui Pro 12进阶模式的工作窗口分为工程助理、创建全景图等 13 个选项卡，如图 1-51 所示。常用的 10 个功能如下：

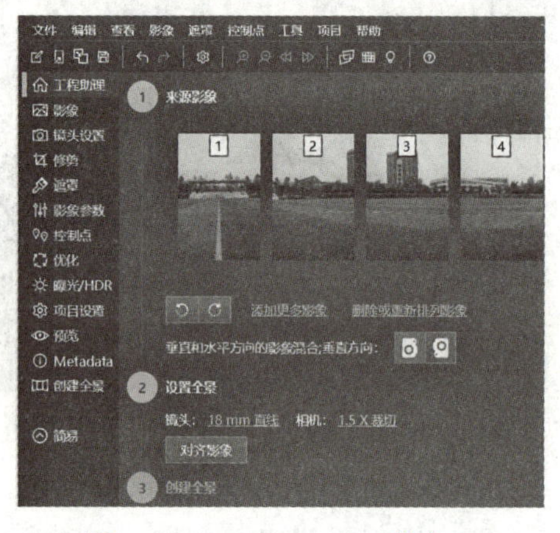

图 1-51 PTGui Pro12 工作窗口

1）拼接器功能：自动和手动以及批量拼接图片。

2）细节查看器功能：在图片拼接的过程中可进行实时预览和调整。

3）智能识别相片参数功能：支持不同参数镜头拍摄图片的识别与导入以及手动输入。

4）位置优化功能：通过控制点控制和优化相邻图片的位置关系。

5）遮罩功能：保留和消除图片的元素。

6）数值变换功能：对图片的水平或垂直状态进行调整。

7）视差优化功能：对视差的优化和对图片的畸变矫正。

8）曝光调整功能：对整体的曝光和单独图片的曝光调整、曝光融合及白平衡调整。

9）投影功能：支持输出多种投影效果。

10）创建输出功能：多种格式和类型的 VR 全景图片输出。

VR 全景图的制作流程很简单。只要前期严格按照要求进行拍摄，后期仅仅需要不到 1min 的时间就可以制作出一张没有错位的 VR 全景图。但是如果前期不注意拍摄的规范性，后期想要拼接出一张完美的 VR 全景图是很困难的，甚至有时候还会产生无法拼接等难以弥补的问题。那时就只能重新拍摄，但是有些场景只有一次拍摄机会，例如婚礼现场、比赛活动等。

拍摄好 VR 全景图素材后，后期拼接只需要简单的 3 步，如下：

1）加载图片：将拍摄好的素材导入（加载）PTGui 中，如图 1-52 所示。

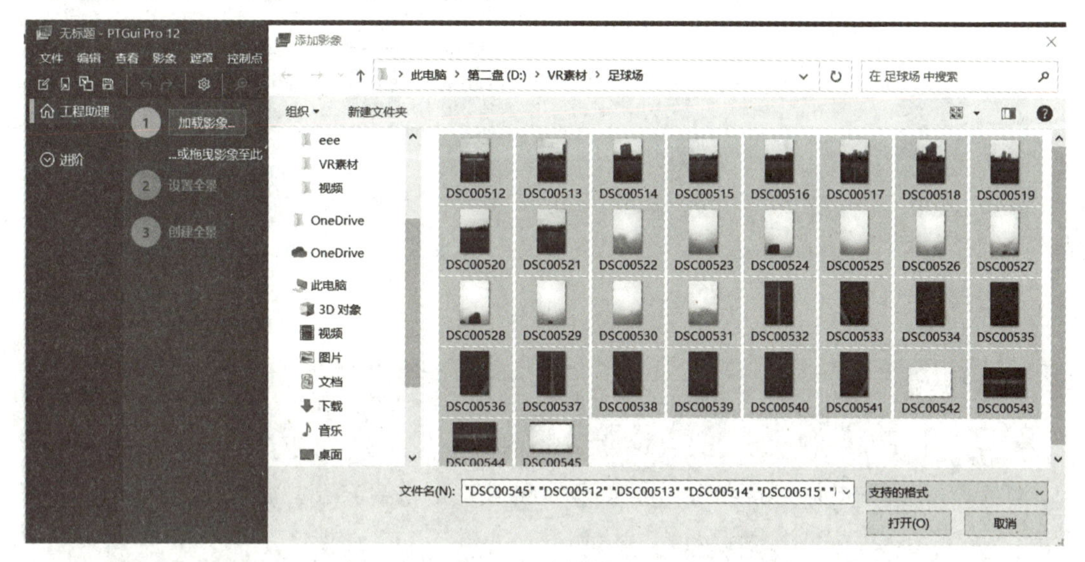

图 1-52　加载图片

2）对齐影像：弹出进度条，等待拼接和对齐。

3）创建全景图：设置合适的尺寸即可创建 VR 全景图。

这个流程看似简单，但是想要保证其间不出任何意外，就需要提前对软件进行设置并充分了解软件中的每个功能在这个流程中的作用。

1.2.3　实例 1　准备拼接素材

VR 全景图是通过普通的平面图拼接而成的，可以使用前面拍摄好的素材来练手。

具体操作步骤如下：

1）先分别将 4 种拼接前的素材从手机下载到计算机的“VR 素材”文件夹中，在“VR 素材”文件夹中找到相应内容，如图 1-53 所示。

2）打开“北门内”文件夹，可以看到其中包含的 19 张素材照片，如图 1-54 所示。

3）将这些素材照片紧密排列起来得到如图 1-55 所示的图片，可以很直观地看到一个 VR 全景图的雏形。接下来要做的就是把这些图片拼接起来，最终得到一个完整的 VR 全景图。

4）采集拼接 VR 全景图所需的素材时对拍摄设备没有太多要求，为了方便，先对用手机拍摄的素材进行拼接，再对使用微单、单反相机拍摄的素材进行拼接。

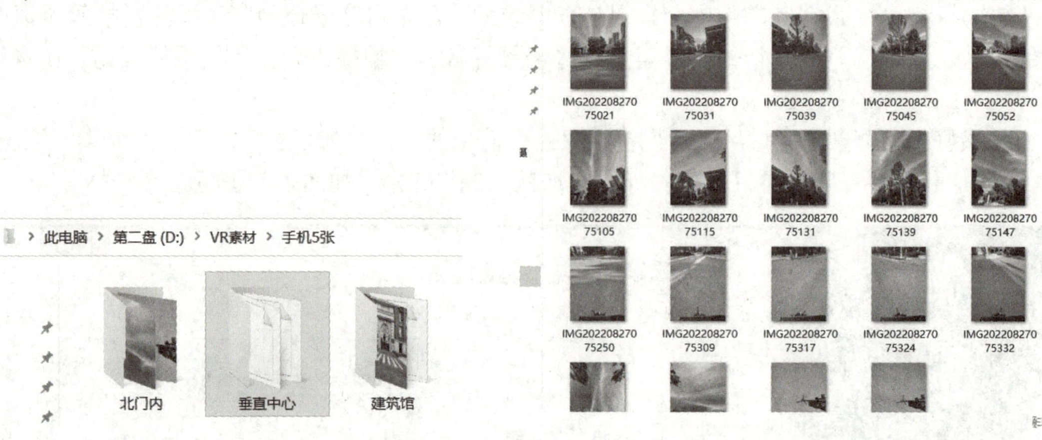

图 1-53　素材文件夹

图 1-54　手机 VR 全景图片素材

图 1-55　全景图

1.2.4　实例 2　PTGui 安装

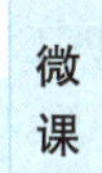

通过官网下载 PTGui，目前的版本是 PTGui 12.0 以上，本项目主要使用 12 版本的 PTGui 进行后期拼接操作，读者可以根据自己的情况选择合适的软件版本进行拼接操作。

PTGui 的具体安装步骤如下：

通过官网下载 PTGui Pro 12 进行拼接操作，这个版本的软件是 2021 年 11 月发布的，目前已是中文版。

1）安装软件。关闭杀毒软件，双击 PTGui Pro 12 x64 Setup.exe，打开 Select Destination Location 对话框，单击 Next 按钮。

2）打开 Select Additional Tasks 对话框，勾选 Create a desktop shortcut，如图 1-56 所示，单击 Next 按钮。

3）打开 Ready to Install 对话框，如图 1-57 所示，单击 Install 按钮。

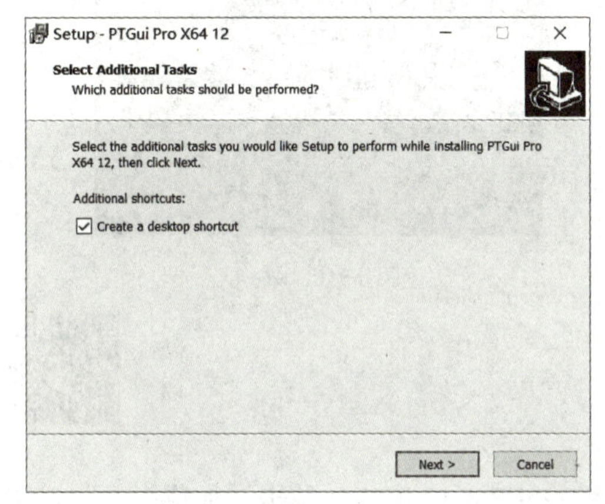

图 1-56　Setup-PTGui Pro X64 12

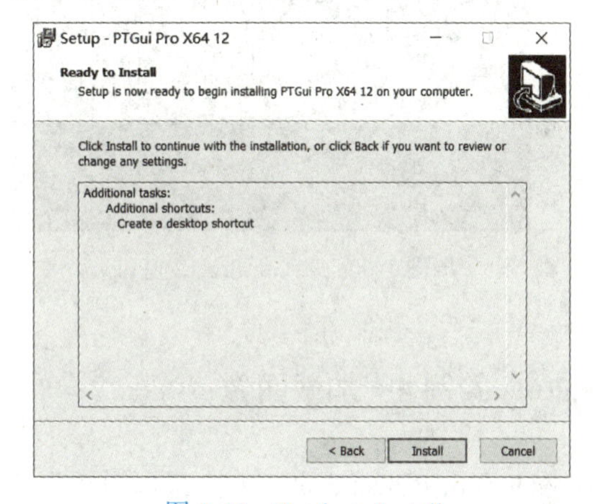

图 1-57　Ready to Install

4）打开 Installing 对话框，如图 1-58 所示。开始安装，安装完毕后打开 Completing the PTGui Pro X64 12 Setup Wizard 对话框，如图 1-59 所示，取消 Launch PTGui Pro X64 12 的勾选，单击 Finish 按钮。

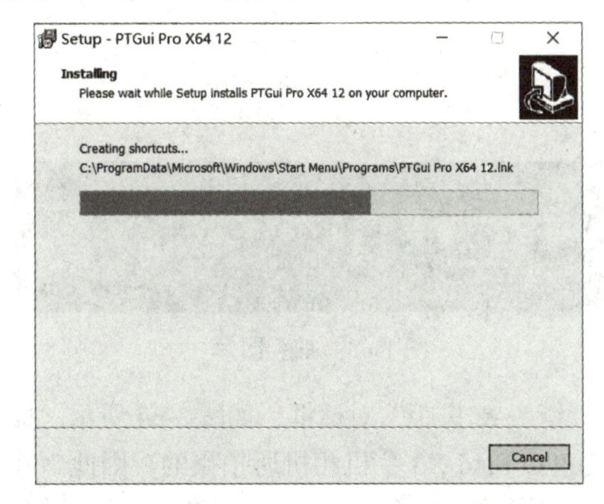

图 1-58　Installing

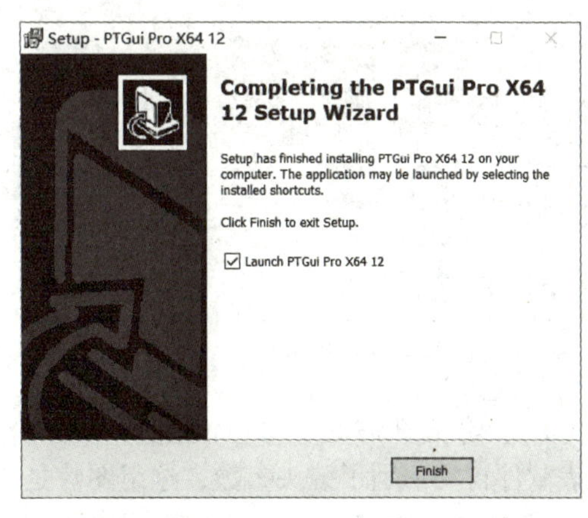

图 1-59　完成安装导向

5）将 PTGui Fix64.key 复制到 C:\Program Files（x86）\PTGui 文件夹，替换原来的文件，完成安装。

微课

1.2.5 实例 3 PTGui 的设置

为了保证拼接的高效和准确，首先要对软件进行简单的设置。

1）双击 PTGui Pro X64 12 桌面图标，打开 PTGui Pro 12 窗口，如图 1-60 所示，单击快捷方式栏中的设置图标，打开“选项”窗口。

2）切换到“控制点生成器”选项卡，将“最多生成 ××× 个影像控制点”中文本框里的数字由 25 改为 150，如图 1-61 所示。设置完毕单击“是”按钮，保存设置，这样的设置会让拼接更加准确。

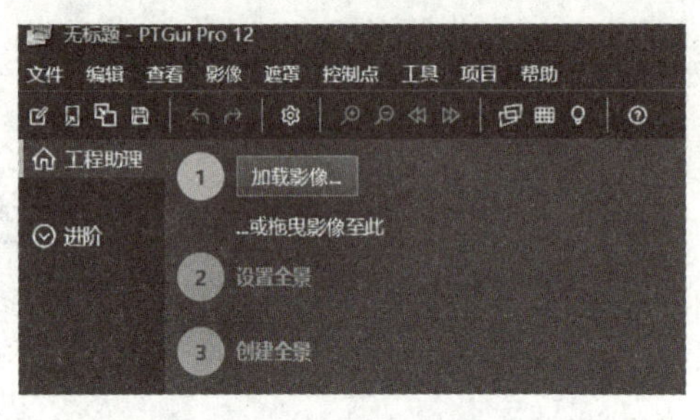

图 1-60 PTGui Pro 12 窗口

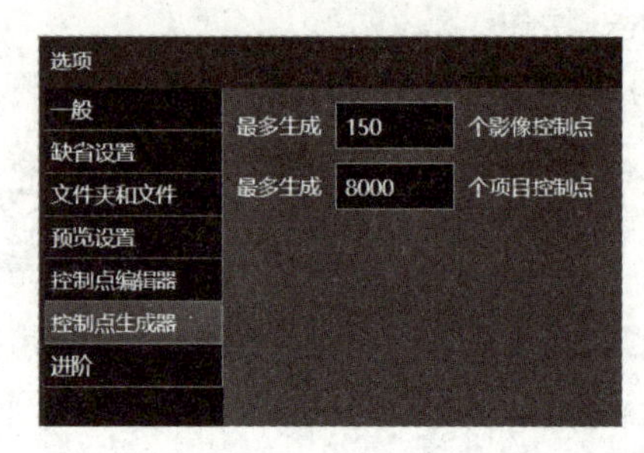

图 1-61 选项

微课

1.2.6 实例 4 加载图像

1）双击 PTGui Pro X64 12 桌面图标，打开 PTGui Pro 12 窗口，单击“加载影像”按钮，打开“添加影像”对话框，选择“放眼世界”文件夹中除了补天外的全部图片，如图 1-62 所示。将图片加载到 PTGui 软件中，如图 1-63 所示。

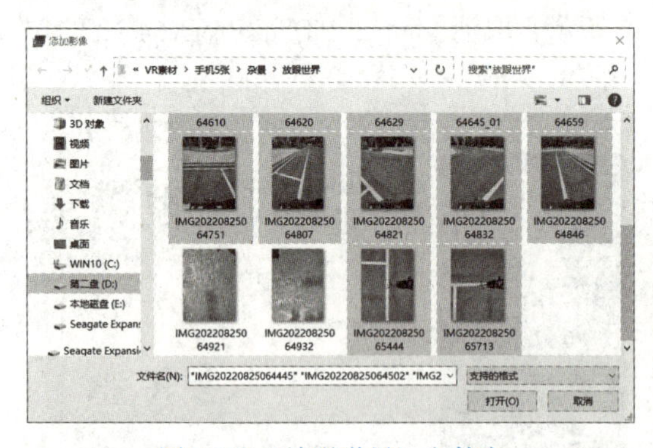

图 1-62 “放眼世界”文件夹

图 1-63 加载图片

2）单击镜头后的“3.5mm 直线”按钮，打开“镜头 & 焦距”对话框，如图 1-64 所示。即代表软件自动识别了镜头参数，这组图片是使用 OPPO Find X3 手机相机所拍摄的，因此，在“焦距”中选择“3.5mm”，在“镜头类型”中选择“普通镜头（不是鱼眼）”，单击“是”按钮。

镜头&焦距
EXIF镜头：OPPO Find X3上的Lens @3.5mm
镜头数据库：
焦距：3.5 mm
镜头类别：普通镜头（不是鱼眼）
始终将此数据用于OPPO Find X3上的Lens @3.5mm
是　取消

图 1-64　“镜头 & 焦距”对话框

1.2.7　实例 5　对准图像

1）双击 PTGui Pro X64 12 桌面图标，打开 PTGui Pro 12 窗口，单击“加载影像”按钮，打开“添加影像”对话框，选择“宇文亭”文件夹中除了补天外的全部图片，加载到 PTGui 软件中，如图 1-65 所示。

2）单击“对齐影像”按钮，之后会弹出“请稍候”对话框，如图 1-66 所示。

图 1-65　加载图片

图 1-66　“请稍候”对话框

3）打开“全景编辑”窗口，可以检查一下画面是否有问题，如图 1-67 所示。如果有问题，单击“关闭”按钮。

4）再次单击“对齐影像”按钮，之后会弹出“请稍候”对话框，打开“全景编辑”窗口，再检查一下画面是否有问题，如图 1-68 所示，没有问题。

图 1-67　有些地方没有拼接好

图 1-68　拼接正确

5）由于曝光过度，可将指针移动到右上角的三角形上，从弹出的快捷菜单中单击“设置”，左边的小三角形，展开“曝光”选项，将其值设置为 −0.3，如图 1-69 所示，单击“关闭”按钮。

图 1-69　曝光设置为 −0.3

6）回到“工程助理”窗口，打开“预览”选项卡，如图 1-70 所示。单击“预览”按钮，从弹出的快捷菜单中选择“在 PTGui 查看器中打开”选项，弹出“请稍候”对话框，随着进度条加载完毕，就可将合成好的图片通过播放器打开查看，如图 1-71 所示。

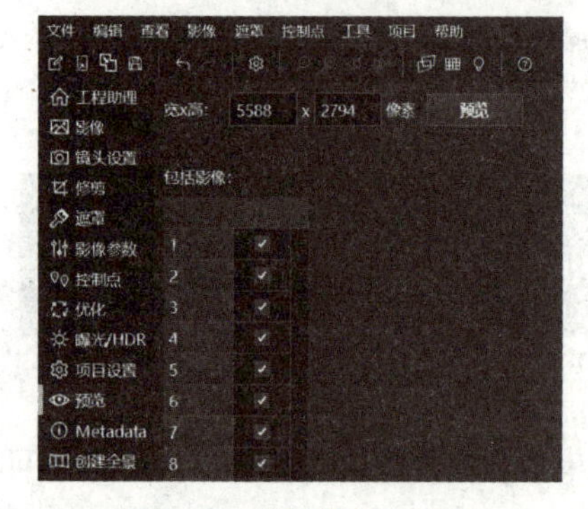

图 1-70　“预览”选项卡

图 1-71　全景图片

1.2.8　实例 6　遮罩的应用

遮罩功能主要依靠三色画笔工具实现：红色画笔代表强制擦除；绿色画笔代表强制显示；白色画笔可以理解成橡皮擦。

1）双击桌面上的 PTGui Pro X64 12 图标，打开 PTGui Pro 12 窗口，单击“加载影像”按钮，打开“添加影像”对话框，选择“北大门”文件夹中除了补天外的全部图片，如图 1-72 所示。将图片加载到 PTGui 软件中，如图 1-73 所示。

2）单击“对齐影像”按钮，之后会弹出“请稍候”对话框，打开“全景编辑”窗口，仔细检查一下画面是否有问题，如图 1-74 所示。若没有问题，单击“关闭”按钮。

3）打开“预览”选项卡，单击“预览”按钮，从弹出的快捷菜单中选择“在 PTGui 查看器中打开”选项，弹出“请稍候”对话框，等待几秒，打开 PTGui 查看器。

4）在 PTGui 查看器中，拖动鼠标使指针朝下移动，当浏览到地面部分时，可以看到地面有三脚架等瑕疵，如图 1-75 所示。

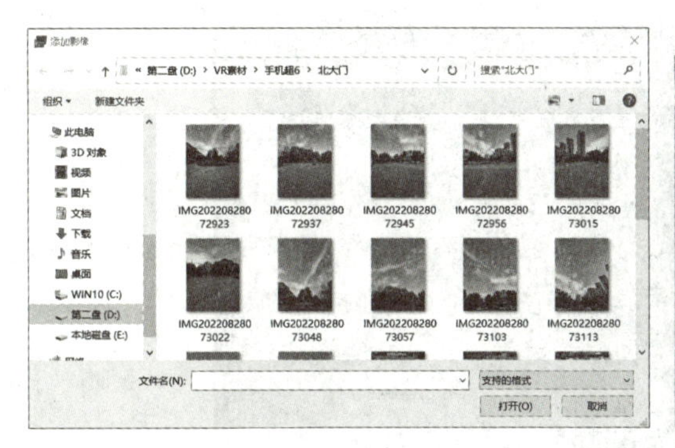

图 1-72　选择 VR 图片

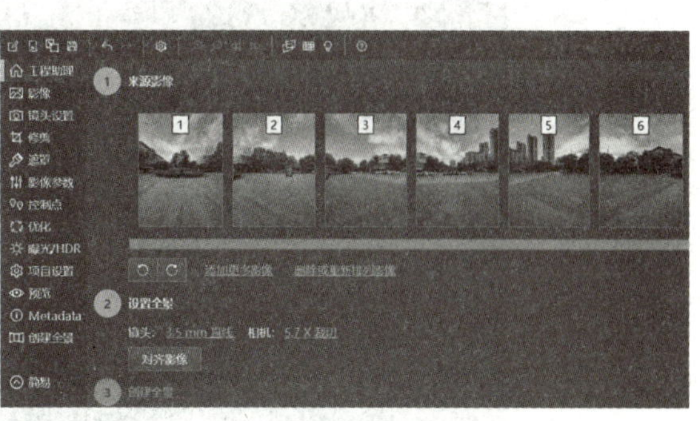

图 1-73　导入 VR 图片

图 1-74　拼接正确

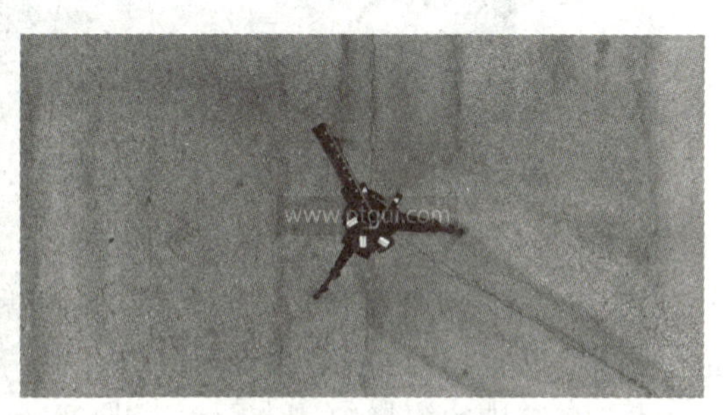

图 1-75　地面有三脚架

5）关闭 PTGui 查看器，单击“工程助理”选项卡，回到“工程助理”窗口，右击图片 19，从弹出的快捷菜单中选择“激活此影像视点优化”选项，将其激活，如图 1-76 所示。

图 1-76　激活图片 19

6）右击图片 20，从弹出的快捷菜单中选择“激活此影像视点优化”选项，将其激活，如图 1-77 所示。

图 1-77　激活图片 20

7）单击“遮罩”选项卡，打开“遮罩”窗口，单击“显示两个窗格”按钮，显示两个窗格，左窗格选择图片 19，右窗格选择图片 20，如图 1-78 所示。

图 1-78　左窗格选择图片 19，右窗格选择图片 20

8）选择“红色（隐藏全景）”按钮，红色可消除所填充的图形，适当调节“铅笔尺寸”，如图 1-79 所示。

图 1-79　调节“铅笔尺寸”

9）在左边的窗格中单击云台（即 720 云全景云台）的右下方，如图 1-80 所示。之后按住 <Shift> 键，单击三脚架的边缘，连成一个大圈，如图 1-81 所示。沿三脚架的边缘单击一圈，包围三脚架，放开 <Shift> 键。

10）有地面的地方也要画一圈。单击中间地面位置边缘，再按住 <Shift> 键，围绕地面位置画一圈，放开 <Shift> 键，如图 1-82 所示。

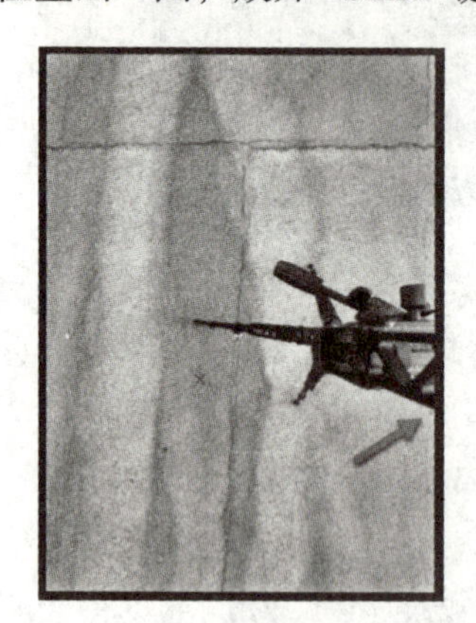

图 1-80　单击云台的右下方

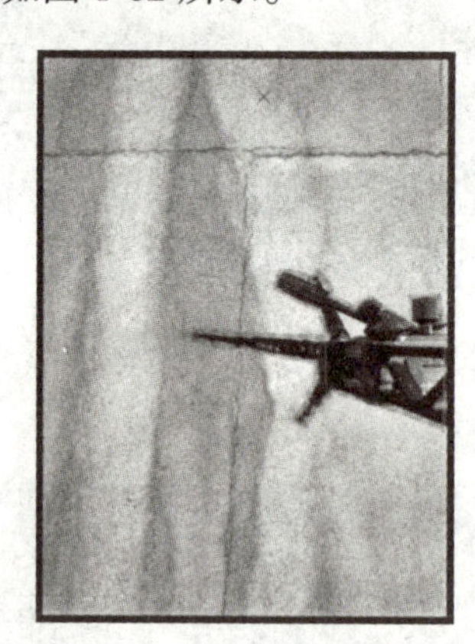

图 1-81　连成一个大圈

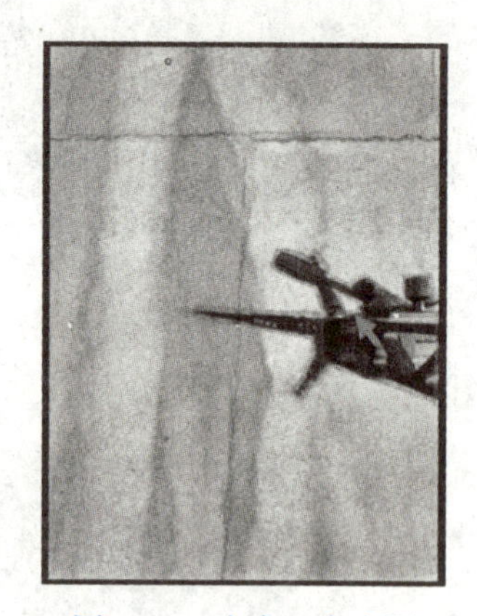

图 1-82　连成一个小圈

11）右击闭合回路，从弹出的快捷菜单中选择“填满”选项，如图 1-83 所示。填满红色，如图 1-84 所示。

12）在右边的窗格中，用同样的方法填满红色，如图 1-85 所示。这样填充红色后可以消除云台和三脚架。

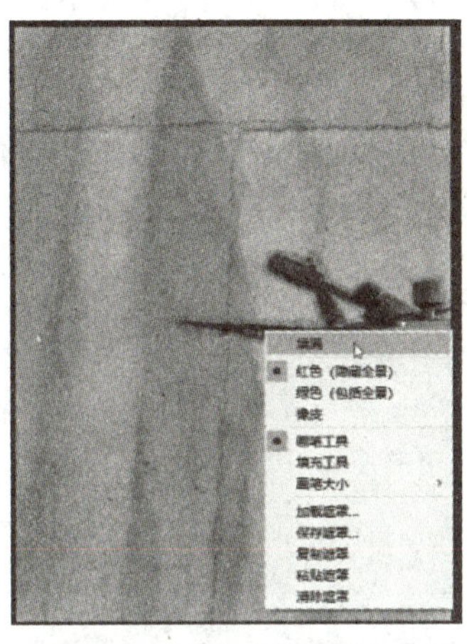

图 1-83　选择“填满”选项

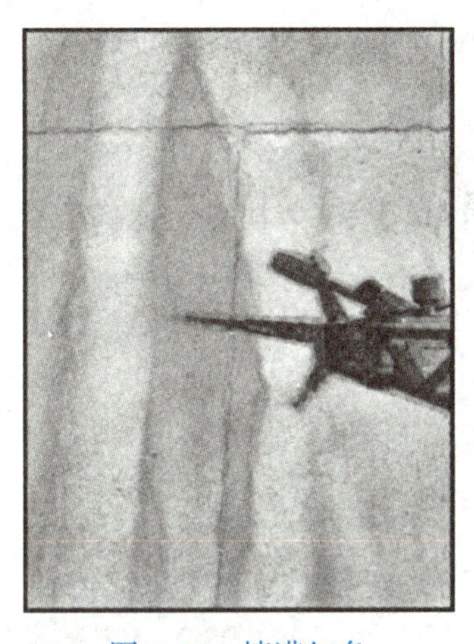

图 1-84　填满红色

图 1-85　填充图片 20

13）返回“工程助理”窗口，分别右击图片 13 ~ 18，从弹出的快捷菜单中选择“激活此影像视点优化”选项，如图 1-86 所示。

14）单击“遮罩”选项卡，在左窗格中分别选择图片 13、15 和 17，对云台和三脚架进行填充，如图 1-87 ~ 图 1-89 所示。

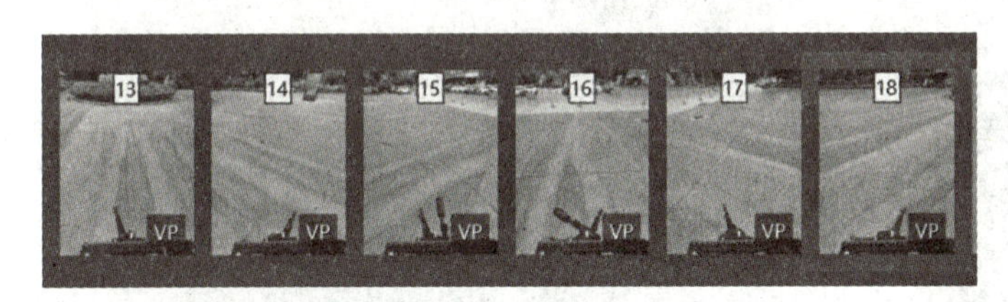

图 1-86　激活图片 13 ~ 18

图 1-87　填充图片 13

图 1-88　填充图片 15

图 1-89　填充图片 17

15）在右窗格中分别选择图片 14、16 和 18，对云台和三脚架进行填充，如图 1-90 ~ 图 1-92 所示。

16）单击“优化”选项卡，打开“优化”窗口，单击“运行优化程序”按钮，打开优化结果对话框，如图 1-93 所示，单击“是”按钮，完成优化。

图 1-90 填充图片 14

图 1-91 填充图片 16

图 1-92 填充图片 18

17）打开“预览”选项卡，单击“预览”按钮，从弹出的快捷菜单中选择“在 PTGui 查看器中打开”选项，弹出“请稍候”对话框，等待几秒，打开 PTGui 查看器。

18）在 PTGui 查看器中，拖动鼠标使指针朝下移动，当浏览到地面部分时，可以看到地面有一个小孔瑕疵（见图 1-94），最后在 Photoshop 中处理。

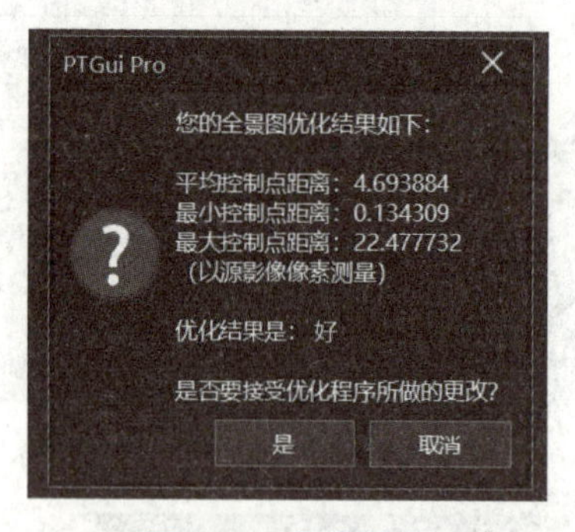

图 1-93 优化结果

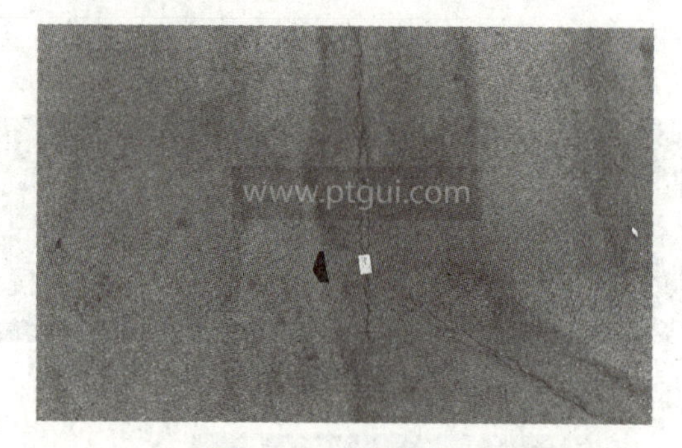

图 1-94 地面有瑕疵

1.2.9 实例 7 输出格式和尺寸

微课

接实例 6，继续进行操作。

1）单击左边栏的“创建全景”选项，打开“创建全景”窗口，单击右边的“浏览”按钮，打开“保存全景”对话框，在“文件名”处输入北大门 1，单击“保存”按钮（见图 1-95），“宽 × 高”为 22374 × 11187 像素，如图 1-96 所示。

2）其余参数默认不变，单击“创建全景”按钮，打开“请稍候”对话框，如图 1-97 所示。几秒钟后完成全景图创建。

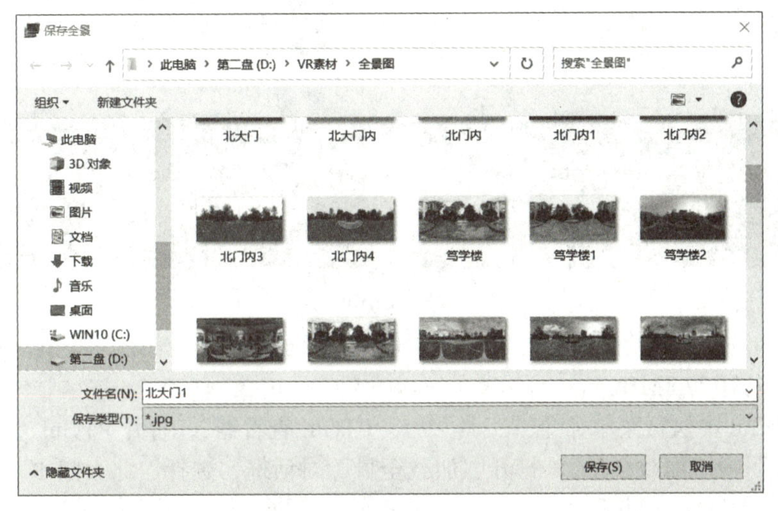

图 1-95　保存

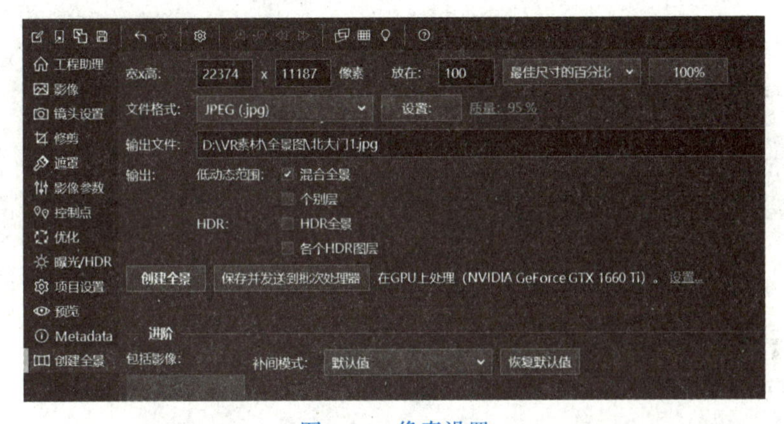

图 1-96　像素设置

图 1-97　生成全景

1.2.10　实例 8　用 Photoshop 软件处理小孔

微课

1）在桌面上双击 Photoshop 图标，启动 Photoshop 软件，单击“打开”按钮，打开“打开”对话框，选择“北大门 1”全景图，单击“打开”按钮。导入的全景图如图 1-98 所示。

2）选择“仿制图章工具”，将“大小”设置为 200，按 <Alt> 键，单击如图 1-99 所示的位置，松开 <Alt> 键，涂抹小孔位置，反复多次，将小孔涂抹消除，如图 1-100 所示。

图 1-98　导入的全景图

图 1-99　涂抹小孔

3）按 <Ctrl+S> 组合键，打开“JPG 选项”对话框，单击“确定”按钮，开始保存，保存以后的文件只有 27.3MB。

4）在 PTGui 中执行菜单命令“工具”→“PTGui 查看器”，打开 PTGui 查看器，执行菜单命令“文件”→“加载全景”，打开“加载全景”对话框，选择“北大门 1”，单击“打开”按钮。如图 1-101 所示，小孔消除。

图 1-100　涂抹完毕

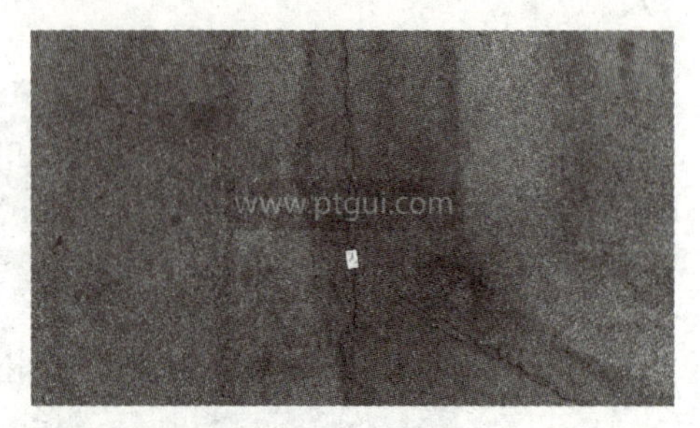

图 1-101　预览正确

【任务实施】

使用 PTGui 可以快捷方便地制作出 360°×180° 的 VR 全景图，其制作流程非常简单。

实训 1　拼接手机拍摄的小场景 VR 全景素材

1. 基本拼接

1）双击桌面上的 PTGui Pro X64 12 图标，打开 PTGui Pro 12 窗口，单击“加载影像”按钮，打开“添加影像”对话框，选择“渣滓洞”文件夹中除补天外的全部图片，如图 1-102 所示。将图片加载到 PTGui 软件中，如图 1-103 所示。

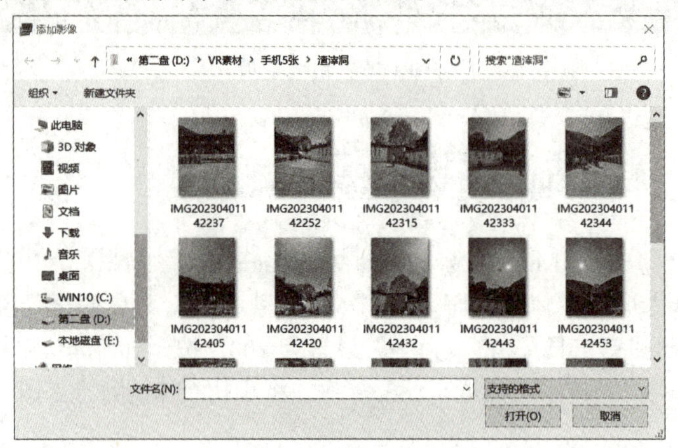

图 1-102　“渣滓洞”文件夹

图 1-103　加载图片

2）单击“对齐影像”按钮，之后会弹出“请稍候”对话框，打开“全景编辑”窗口，可以检查一下画面是否有问题，如有图像错位，需要重新对齐，没有问题（见图 1-104），则单击“关闭”按钮。

3）回到“工程助理”窗口，打开“预览”选项卡，如图 1-105 所示。单击“预览”按钮，从弹出的快捷菜单中选择“在 PTGui 查看器中打开”选项，弹出“请稍候”对话框，随着进度条加载完毕，就可将合成好的图片通过播放器打开查看，如图 1-106 所示。

图 1-104　拼接正确

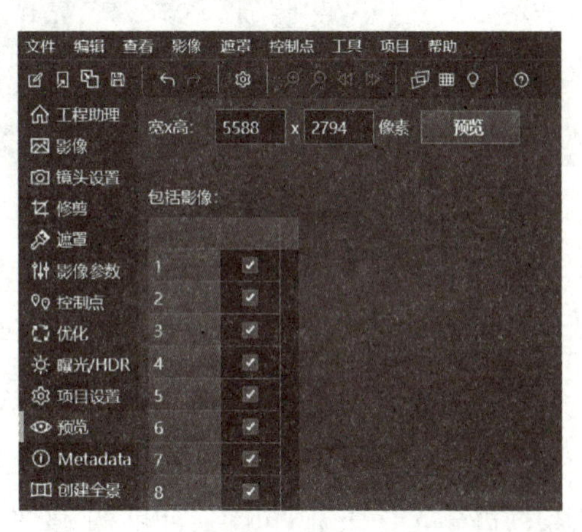

图 1-105　“预览”选项卡

4）在播放器中，拖动鼠标使指针朝下移动，当浏览到地面部分时，可以看到地面有三脚架的瑕疵，如图 1-107 所示。

图 1-106　全景图片

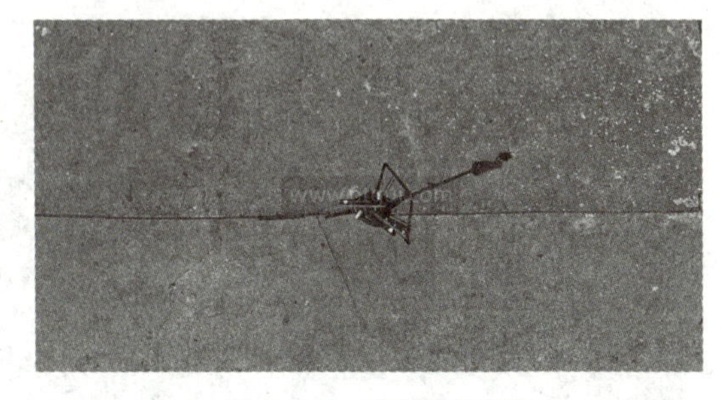

图 1-107　三脚架瑕疵

2. 遮罩的使用

1）关闭 PTGui 查看器，单击“工程助理”选项卡，回到“工程助理”窗口，右击图片 16，从弹出的快捷菜单中选择“激活此影像视点优化”选项，将其激活，如图 1-108 所示。

2）右击图片 15，从弹出的快捷菜单中选择“激活此影像视点优化”选项，将其激活，如图 1-109 所示。

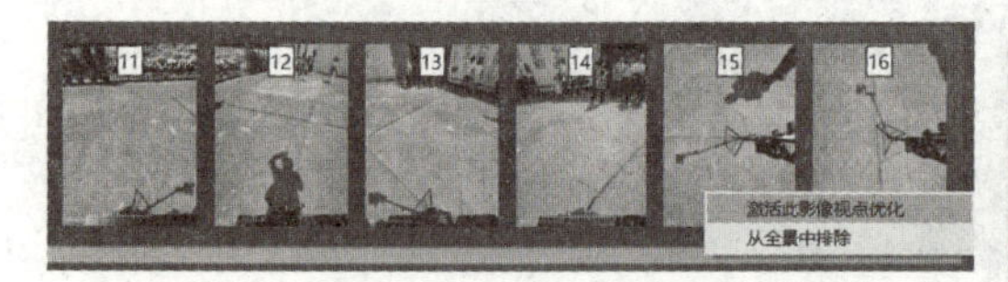

图 1-108　激活图片 16

图 1-109　激活图片 15

3）单击“遮罩”选项卡，打开“遮罩”窗口，单击“显示两个窗格”按钮，显示两个窗格，如图 1-110 所示。左窗格选择图片 15，右窗格选择图片 16，如图 1-111 所示。

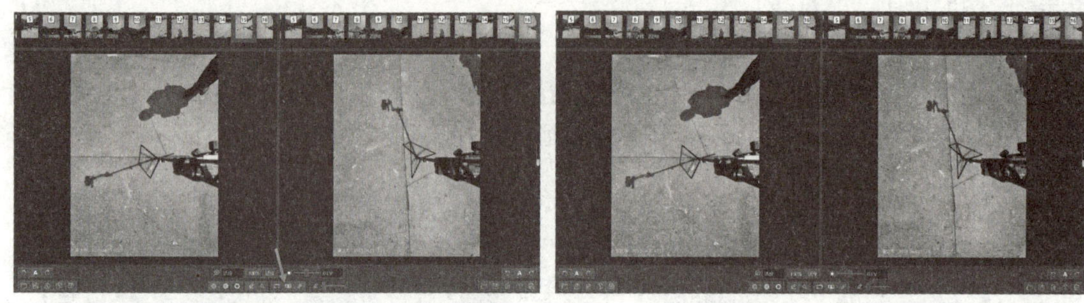

图 1-110　显示双窗口　　图 1-111　图片 15、16 的显示

4）选择“红色（隐藏全景）”按钮，红色可消除所填充的图形，适当调节“铅笔尺寸”，如图 1-112 示。

图 1-112　设置参数

5）在左边的窗格中单击云台的右下方（见图 1-113），之后按住 <Shift> 键，单击云台的边缘，连成一条线（见图 1-114），沿云台和三脚架的边缘单击一圈，包围云台和三脚架，松开 <Shift> 键。

6）有地面和人影的地方也要画一圈。单击中间地面位置边缘，再按住 <Shift> 键，围绕地面位置画一圈，如图 1-115 所示。

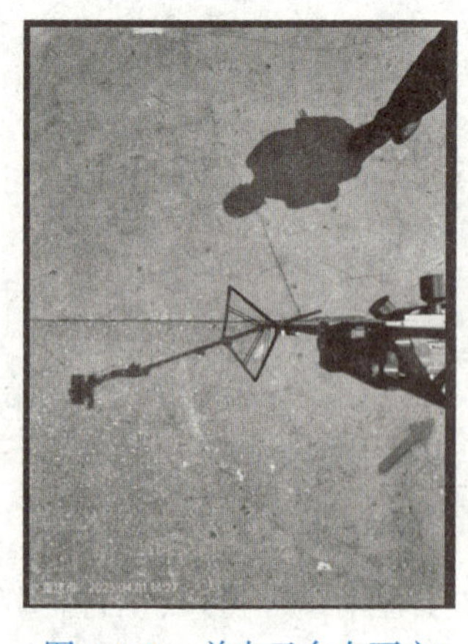

图 1-113　单击云台右下方

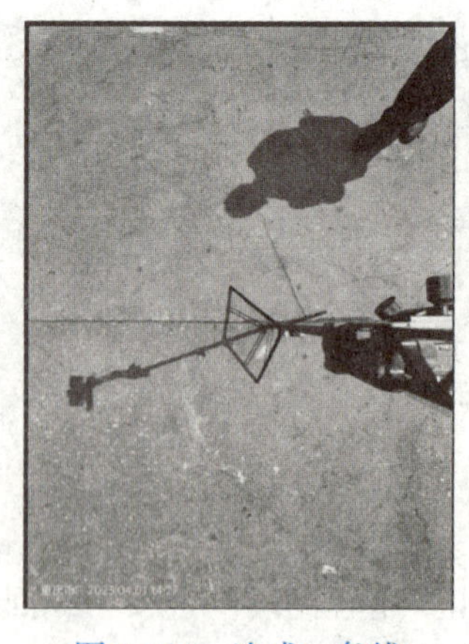

图 1-114　连成一条线

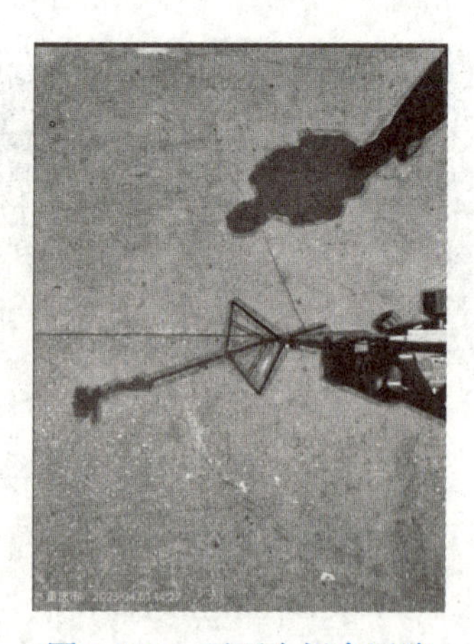

图 1-115　画两个闭合回路

7）右击闭合回路，从弹出的快捷菜单中选择“填满”选项，如图 1-116 所示。填满红色，如图 1-117 所示。

8）在右边的窗格中，用同样的方法填满红色，如图 1-118 所示。这样填充红色后可以消除云台和三脚架。

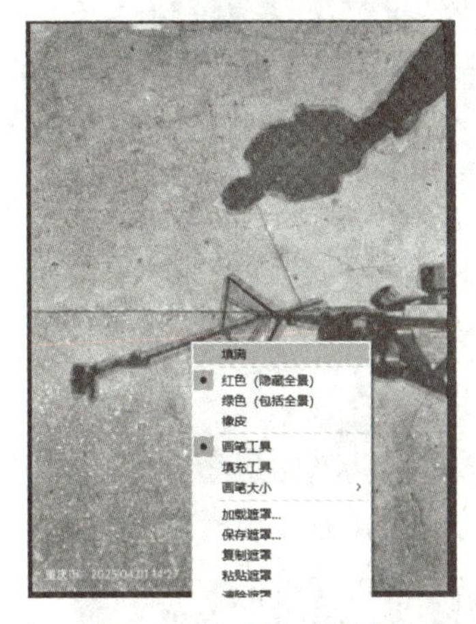

图 1-116　选择“填满”

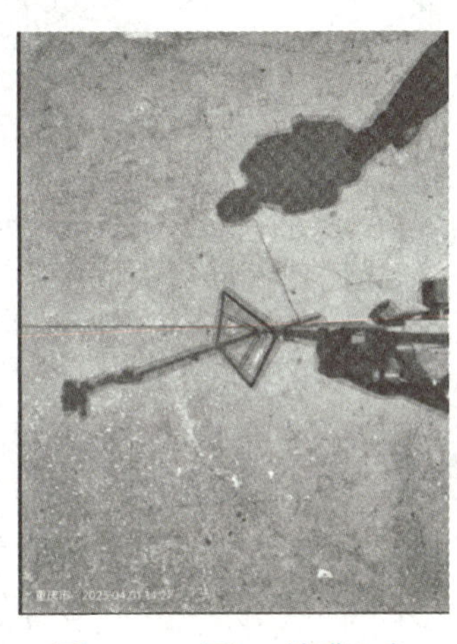

图 1-117　图 15 填满红色

图 1-118　图片 16 填充红色

9）返回“工程助理”窗口，分别右击图片 11 ~ 14，从弹出的快捷菜单中选择“激活此影像视点优化”选项，如图 1-119 所示。

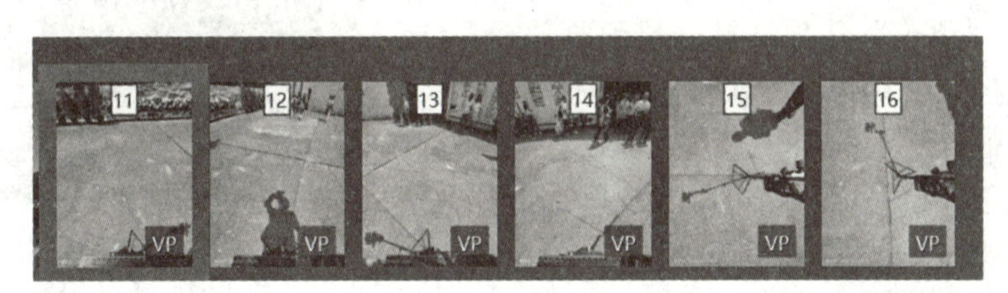

图 1-119　激活影像

10）单击“遮罩”选项卡，在左窗格中分别选择图片 11 和 13，对云台和三脚架进行填充，如图 1-120 和图 1-121 所示。

图 1-120　图片 11 填充红色

图 1-121　图片 13 填充红色

11）在右窗格中分别选择图片 12 和 14，对云台、人影和三脚架进行填充，如图 1-122 和图 1-123 所示。

图 1-122　图片 12 填充红色

图 1-123　图片 14 填充红色

12）单击“优化”选项卡，打开“优化”窗口，单击“运行优化程序”按钮，打开优化结果对话框，如图 1-124 所示，单击“是”按钮，完成优化。

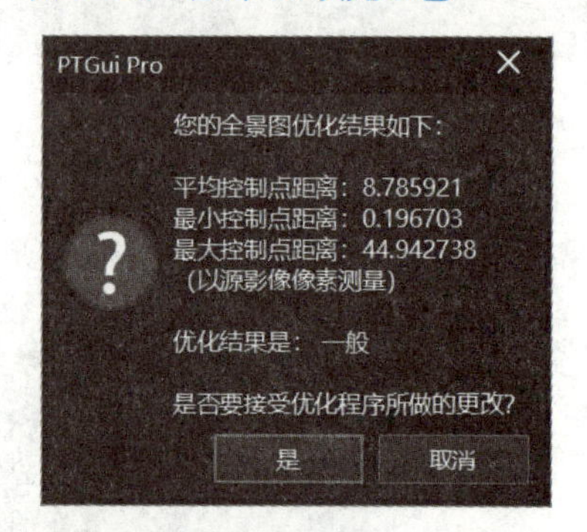

图 1-124　优化结果

13）单击“预览”选项，打开“预览”窗口，单击“预览”按钮，从弹出的快捷菜单中选择“在 PTGui 查看器中打开”选项，弹出“请稍候”对话框，随着进度条加载完毕，就可将合成好的图片通过播放器打开查看，如图 1-125 所示。

图 1-125　全景图

14）打开播放器后，当浏览到地面部分时，没有看到地面底部云台和三脚架，但有一个小方孔，如图 1-126 所示，可以在 Photoshop 软件中将其消除。

3. 输出

1）单击“创建全景”选项卡，对创建参数进行设置，单击“输出文件”后面的“浏览”

按钮，打开“保存全景”对话框，设置输出文件位置为 D：\VR 素材 \ 全景图，“文件名”为“渣滓洞”，单击“保存”按钮，如图 1-127 所示。

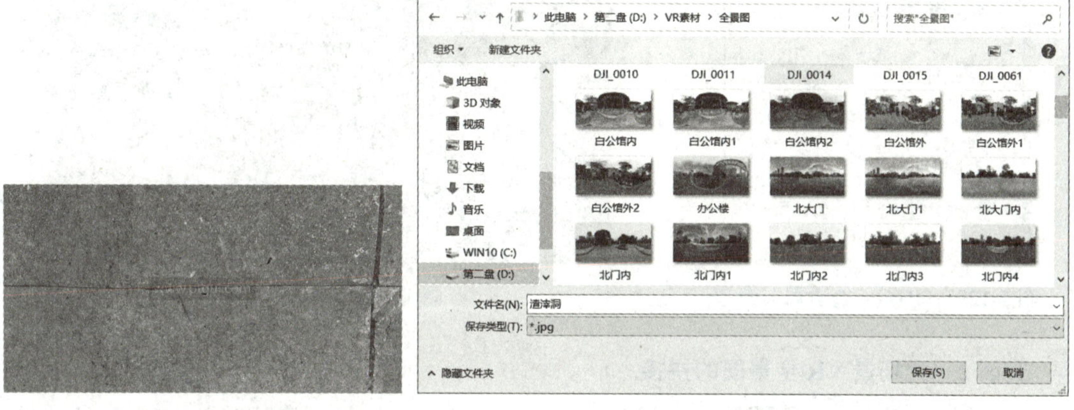

图 1-126　小方孔　　　　图 1-127　保存全景

2）“宽 × 高”为 22274×11137 像素，单击“创建全景”按钮，如图 1-128 所示，弹出“请稍候”对话框，随着进度条加载完毕，VR 全景图也合成输出完毕。

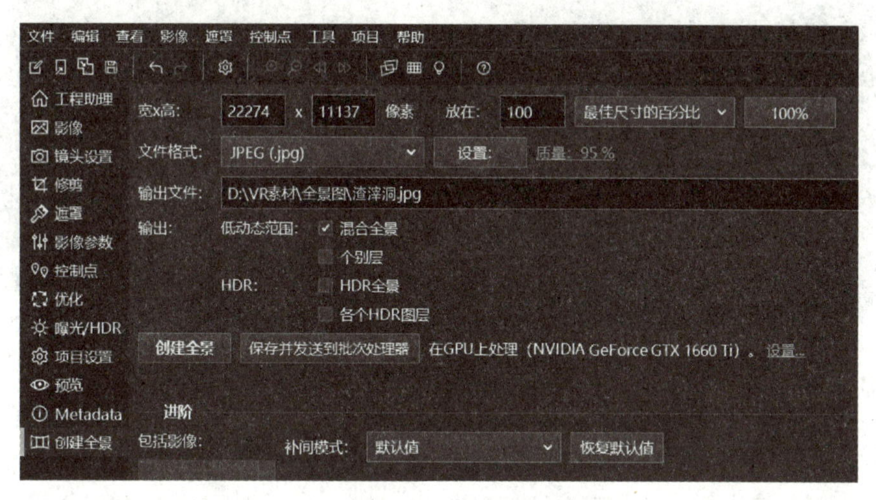

图 1-128　设置参数

3）执行菜单命令“文件”→“保存项目”，打开“保存项目”对话框，设置保存地址为 D：\VR 素材 \ 手机 5 张 \ 渣滓洞，“文件名”为“渣滓洞”，单击“保存”按钮，完成保存。

4. 检查全景图

下面通过 PTGui 自带的播放器“PTGui 查看器”查看这张图片，具体操作如下：

1）在 PTGui 中，执行菜单命令“工具”→“PTGui 查看器”（见图 1-129），打开 PTGui 查看器，如图 1-130 所示。

2）执行菜单命令“文件”→“加载全景”，打开“加载全景”对话框，选择“渣滓洞”，单击“打开”按钮，就可将合成好的图片通过播放器打开查看，如图 1-131 所示，单击 PTGui 查看器的“关闭”按钮，退出查看器。

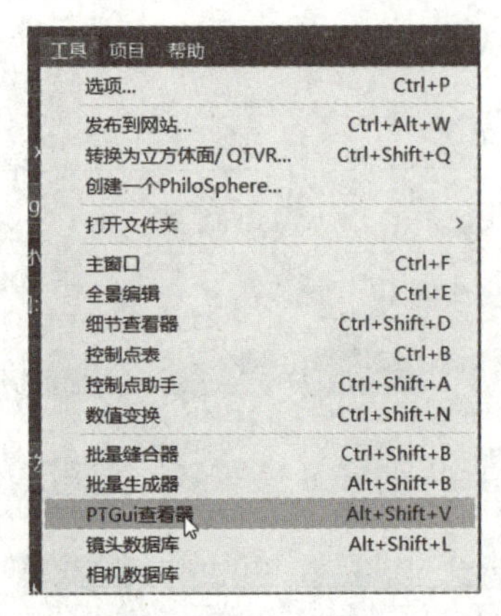

图 1-129 “PTGui 查看器”命令

图 1-130 PTGui 查看器

实训 2 大场景 VR 全景图的拼接

1）单击“开新项目”按钮，新建一个项目，单击“加载影像”按钮，打开“添加影像”对话框，选择“足球场”文件夹中除补天图片外的其他图片加载到软件中，如图 1-132 所示。

图 1-131 全景图

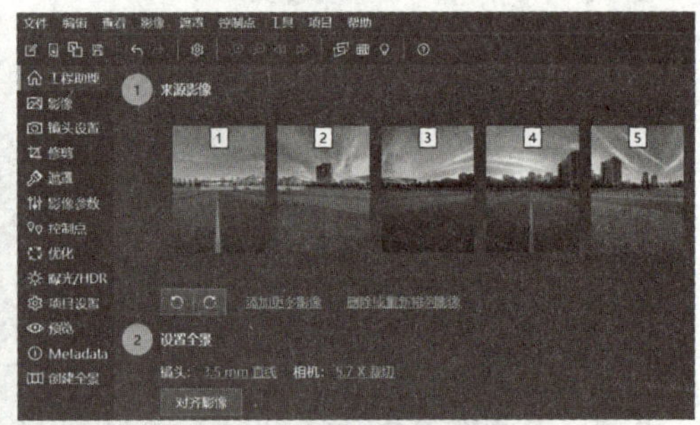

图 1-132 加载图片

2）单击“对齐影像”按钮，之后会弹出“请稍候”对话框。

3）软件在对齐过程中会打开一个“全景编辑”窗口，在该窗口中可以检查一下画面是否有问题，如果得到如图 1-133 所示的图像即有问题。

4）单击“关闭”按钮，回到初始的“工程助理”窗口，再次单击“对齐影像”按钮，对齐完成之后，打开“全景编辑”窗口，如果得到如图 1-134 所示的图像即无问题。

图 1-133 拼接错位

图 1-134 再次全景编辑

5）将指针放在右上角的箭头按钮上，展开“设置”对话框，单击“设置”左边的三角形按钮，展开“曝光”选项，设置“曝光”值为 -1，如图 1-135 所示。设置完毕自动缩回，效果如图 1-136 所示。

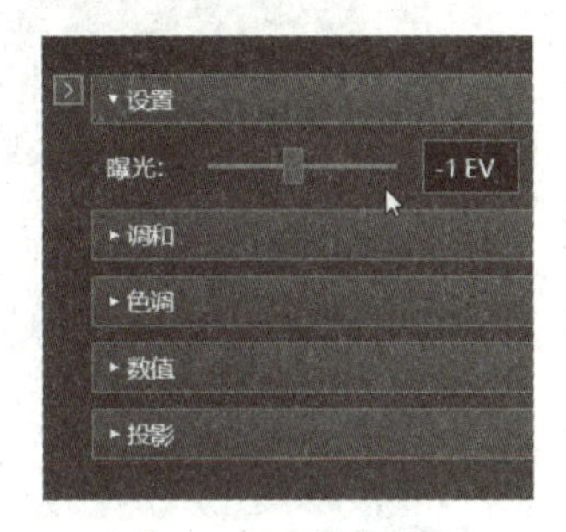

图 1-135　曝光设置

图 1-136　曝光设置后效果

6）向右拖动下方的三角滑块会出现网格参考线，如图 1-137 所示。

7）按住鼠标左键拖动图片向右移动，使主席台中心与网格中心对齐，如图 1-138 所示。

图 1-137　网格参考线

图 1-138　倾斜校正

8）如果图片不正，通过鼠标右键对图片进行水平调整，在图片左边的中间按鼠标右键，上下拖动，直至画面中的主席台边缘与网格参考线保持平行为止，这时就成功矫正了画面，单击“关闭”按钮，返回“工程助理”窗口。

9）在“工程助理”窗口，右击图片 19，从弹出的快捷菜单中选择“激活此影像视点优化”选项，将其激活。

10）右击图片 20，从弹出的快捷菜单中选择“激活此影像视点优化”选项，将其激活，如图 1-139 所示。

图 1-139　激活优化

11）单击“遮罩”选项卡，打开“遮罩”窗口，左窗格选择图片 19，右窗格选择图片 20，如图 1-140 所示。

12）在左边的窗格中单击云台的右下方，之后按住 <Shift> 键，单击云台的边缘，连成一条线，沿云台和三脚架的边缘单击一圈，包围云台和三脚架，松开 <Shift> 键，如图 1-141 所示。

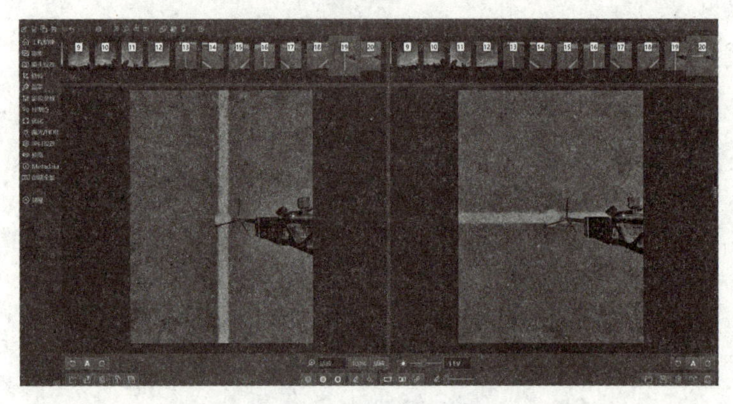

图 1-140　显示左右窗格

图 1-141　描边

13）右击闭合回路，从弹出的快捷菜单中选择“填满”选项，填满红色，如图 1-142 所示。

14）用相同的方法在右窗格画一条闭合回路，右击闭合回路，从弹出的快捷菜单中选择“填满”选项，填满红色，如图 1-143 所示。

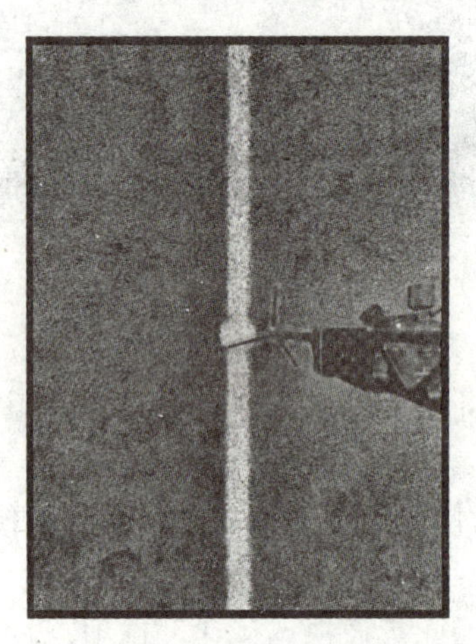

图 1-142　填充图片 19

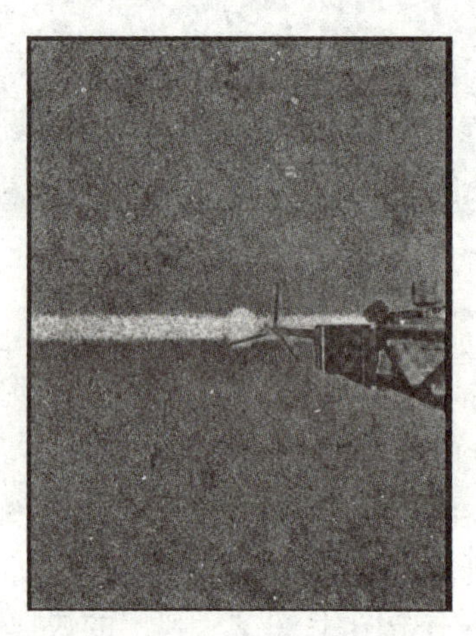

图 1-143　填充图片 20

15）返回“工程助理”窗口，分别右击图片 13 ~ 18，从弹出的快捷菜单中选择“激活此影像视点优化”选项，如图 1-144 所示。

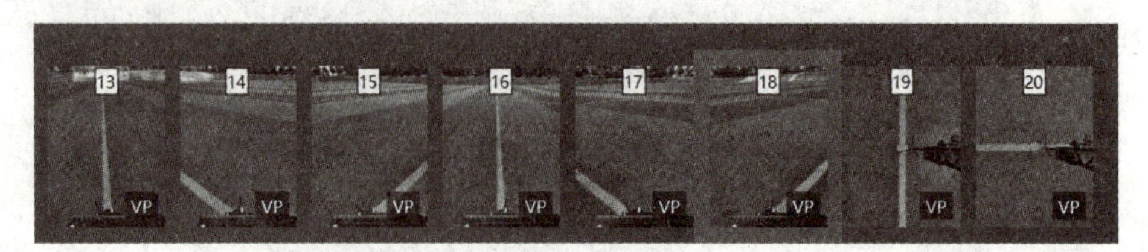

图 1-144　激活影像

16）单击“遮罩”选项卡，在左窗格中分别选择图片 13、15 和 17，对云台和三脚架进行填充，如图 1-145 ~ 图 1-147 所示。

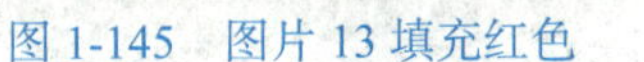
图 1-145　图片 13 填充红色

图 1-146　图片 15 填充红色

图 1-147　图片 17 填充红色

17）在右窗格中分别选择图片 14、16 和 18，对云台和三脚架进行填充，如图 1-148 ~ 图 1-150 所示。

图 1-148　图片 14 填充红色

图 1-149　图片 16 填充红色

图 1-150　图片 18 填充红色

18）单击“优化”选项，打开“优化”窗口，单击“运行优化程序”按钮，打开优化结果对话框，单击“是”按钮，完成优化。

19）单击“预览”选项，打开“预览”窗口，单击“预览”按钮，从弹出的快捷菜单中选择“在 PTGui 查看器中打开”选项，弹出“请稍候”对话框，随着进度条加载完毕，就可将合成好的图片通过播放器打开查看，如图 1-151 所示。

20）打开播放器后，当浏览到地面部分时，没有看到地面底部云台和三脚架，但有一个小孔，如图 1-152 所示，可以在 Photoshop 软件中将孔消除。

21）打开“创建全景”选项卡，对创建参数进行设置，设置“宽 × 高”为 22000 × 11000 像素，“文件格式”为 JPEG，单击“输出文件”后面的“浏览”按钮，打开“保存全景”对话框，设置输出文件位置为 D：\VR 素材 \ 全景图，“文件名”为“足球场”，单击“保存”按钮，如图 1-153 和图 1-154 所示。

图 1-151　预览全景图

图 1-152　小孔

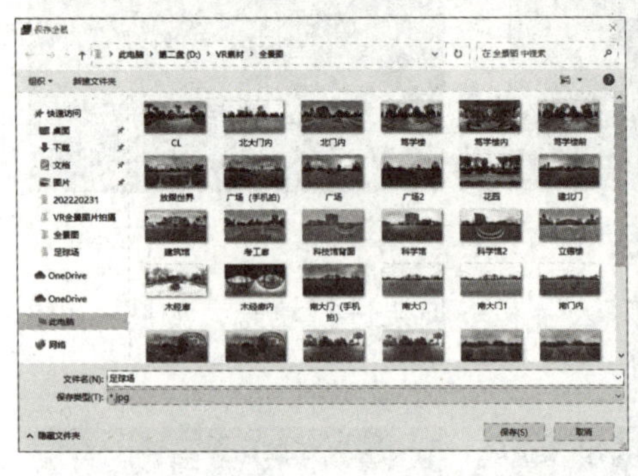

图 1-153　保存全景

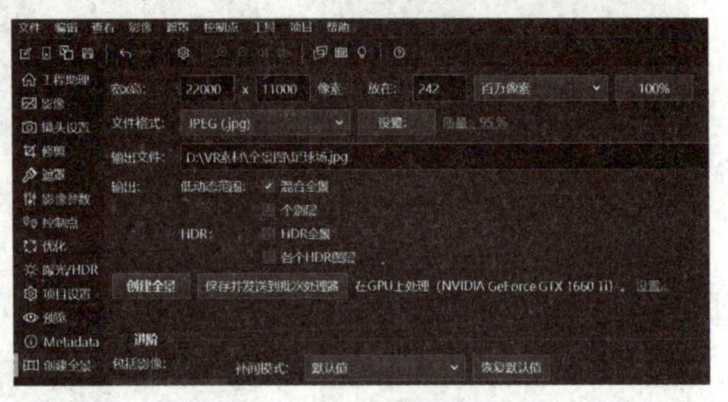

图 1-154　参数设置

22）单击“创建全景”按钮，弹出“请稍候”对话框，随着进度条加载完毕，VR 全景图也合成输出完毕。按 <Ctrl+S> 组合键，保存项目文件。

23）启动 Photoshop，单击“打开”按钮，选择“足球场”全景图，单击“打开”按钮。

24）选择“仿制图章工具”，设置“图章”大小为 202，按住 <Alt> 键的同时，单击下方的黑色区域，如图 1-155 所示。松开 <Alt> 键，对黑色区域进行涂抹，重复多次，直至完全消失，如图 1-156 所示。

图 1-155　单击黑色区域

图 1-156　黑色区域消失

25）按 <Ctrl+S> 组合键，打开“JPEG 选项”对话框，单击“确定”按钮，进行保存，如图 1-157 所示。

26）在 PTGui 中，执行菜单命令“工具”→“PTGui 查看器”，打开“PTGui 查看器”窗口，执行菜单命令“工具”→“加载全景”，打开“加载全景”对话框，选择“足球场”全景图片文件，单击“打开”按钮。

27）打开播放器后，当浏览到地面部分时，没有看到地面底部的小孔，如图 1-158 所示。

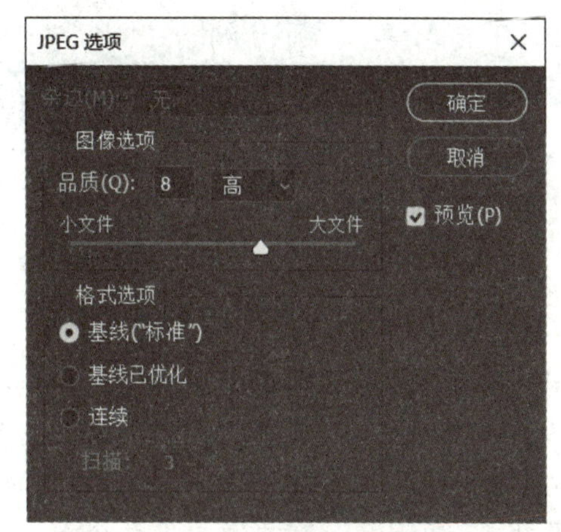

图 1-157　JPEG 选项

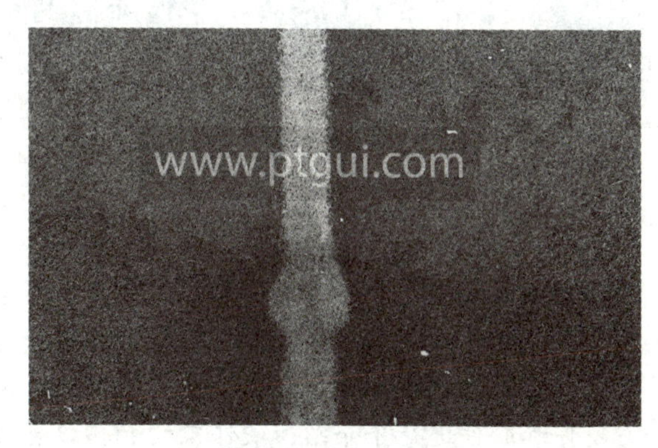

图 1-158　小孔消失

使用 PTGui 软件制作 VR 全景图的初步介绍就到此为止，项目 2 中会对 PTGui 软件进行重点讲解，使读者在遇到各种特殊情况时都可以轻松应对。

本项目对 VR 全景图基础知识及手机拍摄和制作 VR 全景图的方法介绍已经结束，即使已经完全掌握了拍摄与拼接方法，在反复练习的情况下，还是可能遇到很多的问题或者在有些细节的处理上效果总是不够理想，接下来开始系统学习 VR 全景图的制作项目吧。

【任务拓展】

自行完成三张 VR 全景图片的拼接。

要求：要将云台与三脚架处理干净。

【思考与练习】

一、简答题

1. 在数码接片摄影中，如何消除视差？
2. 简述小场景 VR 全景图片的拍摄步骤。
3. 简述大场景 VR 全景图片的拼接步骤。

二、操作题

用手机分别拍摄三组小场景、大场景 VR 全景图片，再用 PTGui 软件拼接成 VR 全景图片。

项目 2 用相机进行 VR 全景图的摄制

项目导读

用相机拍摄 VR 全景图片，并制作一张全景图，需要掌握全景摄影的相关概念和知识，其中涉及图片清晰度、分辨率的概念，相机和镜头的拍摄视角范围，镜头视差和透视关系，以及畸变等问题，还有普通平面图接片的类别和方法。本项目对拍摄 VR 全景图所涉及的相关硬件和软件进行了介绍，硬件中的拍摄设备涉及相机、镜头等，辅助器材涉及全景云台、三脚架及其他配件等。另外还会对后期处理中所涉及的拼接及调整优化图像的软件操作进行介绍。

学习目标：掌握拍摄全景图片所需的硬件设备，掌握辅助器材的使用，掌握相机的设置、景深三要素，掌握光圈、快门、感光度的使用，掌握图像曝光，掌握 VR 全景图片的拍摄与拼接。

技能目标：能利用相机、计算机拍摄和拼接 VR 全景图。

素养目标：增强学习能力，明白理论与实践相结合的重要性，不断从实践中提升 VR 全景图的拍摄和拼接能力。

思政目标：要求学生熟悉 VR 全景图拍摄器材的基本知识，培养学生实事求是、严谨认真的科学精神。通过 VR 全景图拍摄课程的学习不仅能陶冶学生追求美的心灵，提高学生审美能力，还能培养学生高尚的情操。引导学生在 VR 全景拍摄和拼接中传递积极正面的情绪，宣扬爱国主义情怀，弘扬友善、诚信等社会主义核心价值观。

任务 2.1 用相机拍摄 VR 全景图

【任务描述】

制作 VR 全景图需要先使用拍摄设备捕捉整个场景的图像信息，即使用拍摄设备进行旋转拍摄取景，包括相机、720 云全景云台、三脚架和无线相机遥控器等，进行安装、调试和拍摄，得到一组 VR 全景图。

【任务要求】

- 掌握拍摄设备的安装。
- 掌握设备的调试。
- 掌握相机照片参数的设置。
- 掌握 VR 全景图的拍摄。

【知识链接】

2.1.1 所需硬件设备

通常只要是可以记录影像的设备，都可以作为 VR 全景图采集设备来使用。

单反相机或微单相机可以设定为手动模式，手动调节焦距、光圈值、快门速度等参数，这样拍摄出的 VR 全景图质量相对来讲更有保证，还可以拍摄出商业级作品。

运动相机也可以用于 VR 全景图的拍摄，但是其很多参数不可以手动设定，成像质量也比较差，拍摄出的作品质量欠佳。如果作为爱好，可以使用这类设备进行拍摄，它们可以满足一般需求。

为了追求效率和便捷性，多镜头的一体式 VR 全景相机应运而生，主要分为两大类：一类是由两个鱼眼镜头组成的消费级 VR 全景相机；另一类是由 4 个及以上镜头组成的专业级 VR 全景相机。一体式 VR 全景相机通常具有机内自动拼接功能。从普通平面相机到 VR 全景相机的设备进步，推动了 VR 全景摄影的快速发展。

正所谓“工欲善其事，必先利其器”，有一套好的拍摄设备对 VR 全景摄影来说至关重要。VR 全景摄影目前可分为航拍和地拍。

1. 单反相机、微单相机

如果想要拍摄出高质量的 VR 全景图，建议使用专业相机进行拍摄。单反相机、微单相机有全画幅相机和半画幅相机两大类，关于使用哪种相机这里不做限制，市面上的大部分单反相机都能够满足拍摄要求。之前提到过半画幅相机和全画幅相机对应的视角范围会有所不同，对于 VR 全景拍摄，建议使用全画幅相机来减少图片的拍摄数量。下面介绍几款主流品牌的全画幅相机。

（1）尼康系列单反相机　全画幅单反相机：D810 和 D850，如图 2-1 所示。这两款相机都很不错，价格差别不是特别大，建议有一定经济能力的可以考虑 D810，它的综合性能很好，拍摄出的画面锐度高，缺点是机身略重。

a) D810　　b) D850

图 2-1　尼康全画幅单反相机

（2）佳能系列单反、微单相机　全画幅单反相机：EOS 5D Mark IV，如图 2-2 所示。这款佳能相机做工扎实，拍摄时的握持感和操控感很好，其优点是高画质、高像素，其缺点是价格略高、机身比较大。

佳能 EOS RP 是一台入门级全画幅微单相机。这台相机的定位非常简单明了，即为进阶摄影爱好者提供更具性价比的全画幅相机。这台相机不仅价格诱人，而且机身重量仅有440g，是一个真正“微”起来的微单相机，如图 2-3 所示。EOS RP 的定位是入门级微单，机身参数针对用户的实际拍摄需要，没有加入太多花哨的功能。2620 万像素有着很好的高感表现，通用性更强，更适合一般摄影爱好者，轻巧的机身设计也易于拍摄日常视频。虽然 EOS RP 定位为入门级微单，但是接口配置非常齐全，机身有麦克风和耳机接口，采用了 TYPE-C 作为 USB 接口，并且支持 USB 充电。这台相机非常轻便，非常适合作为视频拍摄机，因此接口丰富非常重要。

图 2-2　佳能全画幅单反相机

图 2-3　佳能全画幅微单相机

（3）索尼系列微单相机　全画幅微单相机：ILCE-7RM4，如图 2-4 所示。这是一款性价比较高的全画幅微单相机，拍出的图片画质高，细节控制得都很到位，在高感光度下噪点控制得也不错，机身小巧、便于携带，6100 万像素，缺点是拍摄时的握持感和操控感欠佳。

作为索尼新的顶级 APS-C 相机，A6600（见图 2-5）确实有一些不错的功能，比如实时自动对焦追踪，2400 万像素，机身稳定以及更长的电池续航。A6600 的机身与以前的机型非常相似，只有一个重要的不同之处：握把有更好的手感。新的握把不仅使手持变得更容易，而且还能装下更大的 Z 系列电池。新的电池可以支持拍摄 810 张照片。A6600 有麦克风输入，另外还增加了一个耳机端口。这是一个很实用的改进，它允许摄影师在采访或录制声音时可以实时监听。A6600 拥有 425 个相位和对比度检测自动对焦点的最新对焦系统。利用“实时追踪”和“实时眼部自动对焦”可以拍出更多可用的对焦画面。索尼甚至把自动对焦的速度提高到了可以实时触摸选择拍摄主体的程度。

图 2-4　索尼微单全画幅相机

图 2-5　索尼 A6600 半画幅相机

2. 镜头

单反相机所配备镜头的视角应尽可能大，这样可以包含更多的景物，从而减少拍摄次数。拍摄视角范围越窄，制作出一张 VR 全景图所需要拍摄的图片就越多，拍摄的图片越多往往越容易造成拼接错位或出现残影。

使用焦距大约为 15mm 的鱼眼镜头拍摄 VR 全景图，在成片质量与拍摄效率之间有合适的平衡点；使用焦距为 8mm 的鱼眼镜头，视角范围很大，但是图片四周没有画面，会降低图片的像素，所以使用同样的相机拍摄出的作品会不如 15mm 鱼眼镜头拍摄的作品精度高。这里只对鱼眼镜头和广角镜头进行讲解，非广角镜头的超高精度矩阵拍摄方法只需换算成对应所需拍摄的图片数量进行采集即可。

鱼眼镜头可分为副厂镜头和原厂镜头两类。

1）副厂镜头。副厂镜头可以作为入门级的选择，但是其成像效果很难达到商业级拍摄的要求。

① SIGMA（适马）8mm 鱼眼镜头，如图 2-6 所示。

② SAMYANG（三阳）8mm 鱼眼镜头，如图 2-7 所示。

图 2-6　适马镜头

图 2-7　三阳镜头

2）原厂镜头。下面介绍几种原厂镜头。

① 佳能 EF8 ~ 15mmf/4L USM 鱼眼镜头，如图 2-8 所示。

② 尼康 8 ~ 15mm F3.5-4.5E ED 鱼眼镜头，如图 2-9 所示。

③ 索尼 E10 ~ 18mm F4 OSS 超广角镜头，如图 2-10 所示。

图 2-8　佳能镜头

图 2-9　尼康镜头

图 2-10　索尼镜头

以上三款镜头是市面上鱼眼镜头中成像效果较好的镜头，目前使用佳能的 EF8 ~ 15mmf/4L USM 鱼眼镜头拍摄 VR 全景图的人居多。使用索尼相机也会搭配转接设备来使用这款镜头，但是这款镜头价格略高。值得一提的是，尼康这款 2017 年出产的镜头，在画面表现和控制方面均优于尼康上一代 16mm 鱼眼镜头，所以建议使用以上两款镜头拍摄。

索尼 E 10～18mm F4 OSS 镜头的品质以及性价比较高，镜头从做工到成像都很扎实，另外还有恒定光圈与光学防抖两大优势，镜头性能上也十分过硬。当然不足还是有的，与很多超广角镜头一样，索尼 E 10～18mm F4 OSS 镜头的边缘表现与中央有较大差距，但整体品质过硬，边缘画质也达到了中上水平。

3. 相机品牌特性

（1）价格　佳能、尼康、索尼等品牌的相机目前的市场价格非常透明，但是一分价钱一分货，要根据自身的经济能力来选择相机。尼康和佳能这两个品牌同等定位的相机价格相差不大。

索尼拥有相对比较便宜的全画幅相机，例如有些索尼全画幅相机比佳能部分半画幅机身还要便宜，单就机身价格这一方面建议选择索尼相机。往往全画幅相机的综合指数都会比半画幅的相机要高。

（2）锐度和宽容度　佳能相机成像偏柔，在人像的处理上其具有独特的方法，在市场上较受欢迎。

尼康相机凭借尼康公司的光学研发能力，拍摄出的图片看起来比较锐利，在拍摄风景等题材的图片上有优势。

索尼相机最大的卖点是其优秀的图像传感器，画质优秀与否很大程度取决于图像传感器的质量，所以索尼相机拍摄的图片画质也比较优良。

虽然这三个品牌的相机锐度略微有些区别，但是同级别的相机在清晰度方面都是没有问题的，尼康相机的成像质量很好，就锐度和宽容度而言建议选择尼康相机。

（3）镜头　镜头方面，佳能凭借镜头卡口的优势，在长焦镜头、大光圈镜头方面推出了许多口碑不错的产品，镜头比较有优势，佳能 8～15mm 系列镜头是目前 VR 全景摄影师广泛使用的一款镜头。尼康的镜头比索尼镜头好，而且价格适中，但是比佳能的镜头稍微贵一点。索尼在镜头方面与蔡司进行合作，虽然镜头的种类不多，但是在质量方面却有着过人的表现。由于索尼的镜头偏贵，很多摄影师会使用索尼的相机转接佳能的镜头。

佳能的镜头价格比较亲民，种类丰富，如图 2-11 所示。如果想要配备丰富的镜头，就镜头丰富程度而言建议选择佳能。

图 2-11　镜头

（4）便携性　索尼无反相机是将画质与轻便性结合较好的机型，目前同级别的较轻便的相机中，佳能 6D 单机约重 675g，索尼 A7 约重 416g（仅主机），索尼相机在体积和重量方面非常有优势。虽然目前尼康也在布局无反相机领域，但是索尼和佳能无反相机的型号已经非常丰富，并且索尼无反相机在价格方面也有很大的优势。

相机的便携性强，摄影爱好者才能经常带出去，创作出作品。如果相机和配件的体积过大，摄影爱好者每次带着它们出门也会有很大的负担，从而容易错失一些值得记录的瞬间，就便携性而言建议选择索尼相机。

（5）界面操控和功能　同级别的 3 个不同品牌的相机，佳能相机的上手操控性和软件界面体验是最好的，其次是索尼相机。尼康相机的上手操作性好，但是软件界面较复杂，对初学者并不友好。就软件的功能来讲，索尼相机拥有的软件功能比较实用，例如自动 HDR、峰值对焦等，还可以拓展安装需要的软件，相比之下优于其他两个品牌的相机。

大多数摄影师选择相机品牌主要围绕着相机的性能、镜头、操控性、画质、便携性和价格等方面来对比，但是哪个品牌的相机“最好”，这完全取决于自己的需求，再好的硬件也只是手中的一件“兵器”，想要“武功”高还得多练“内功”才行。

2.1.2　辅助器材

拍摄 VR 全景图所用的辅助器材中最主要的就是全景云台了。全景云台和普通球形云台不同，在拍摄专业的 VR 全景图时必须使用全景云台。全景云台可以让相机围绕着镜头节点旋转拍摄，而普通球形云台往往只方便相机平行旋转，对天空和地面的景象无法便捷地记录，并且记录下来的画面在后期拼接时会产生较严重的错位。使用全景云台可以有效地解决这类问题，全景云台可以调节相机镜头节点，使相机在一个纵轴线上转动，还可以让相机在水平面上进行水平转动拍摄。

1. 全景云台

（1）720 云全景云台　全景云台是拍摄 VR 全景图最重要的辅助器材。720 云全景云台的出现和发展要追溯到 2003 年，手工制作的第 1 代 720 云全景云台问世。在收集摄影师的使用反馈以及梳理创作中不同需求的基础上，2015 年，研发出了不同定位的 720 云全景云台。720 云全景云台的研发者希望能够降低 VR 全景拍摄的门槛，让更多的摄影爱好者轻松拍摄 VR 全景图，让 VR 全景图的创作无限制，让每位摄影师都可以用其中一款全景云台拍出“极致影像”。

720 云全景云台目前主要有 3 款，不同定位的全景云台之间最大的区别是重量，应用场合分别为“盲拍调节 - 室内”“精准轻便 - 室外”“登山徒步 - 单反、手机通吃”。本书使用专业版（Guide）720 云全景云台进行讲解。

1）专业版（Guide）720 云全景云台拥有 10 档分度台，如图 2-12 所示。它的功能非常强大。这款云台经历了 5 年的考验，在这 5 年中得到了数万摄影爱好者的认可，是不断改进创新后的成果，同时是为了向更高精度的 VR 全景拍摄者致以崇高的敬意，引领一代人走过 VR 全景拍摄之路，承载了数以万计的 VR 全景作品。

2）凯唯斯 VR 全景相机云台 PH-720 旅行款如图 2-13 所示，拥有 4 档分度台。它更适合户外旅行时携带，并且对精准度和便携性做了很好的平衡，使摄影爱好者能够轻装上阵，完成 VR 全景拍摄，也是非常受摄影师欢迎的全景云台。

3）便携版（Mini）720 云全景云台如图 2-14 所示，拥有 4 档分度台。Mini 全景云台融合了手机与微单相机拍摄 VR 全景图的特点，体型小巧，重量轻，并且价格也更低，让更多的创作者可以以更低的门槛加入 VR 全景图的创作队伍中，通过这款云台可以拍摄出高质量的 VR 全景作品。

图 2-12 专业版全景云台

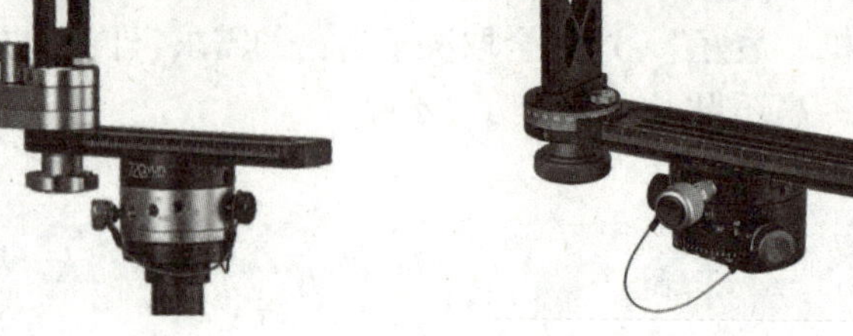

图 2-13 旅行款全景云台

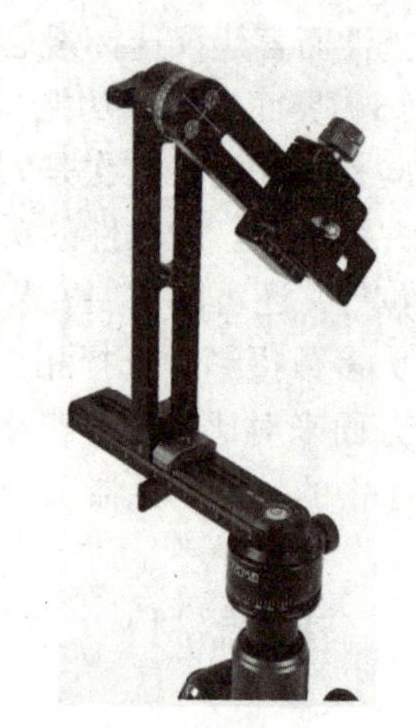

图 2-14 便携版全景云台

上述不同型号的云台，其设计师也在不断地改版和升级迭代，每一款云台都有众多摄影师在使用，在使用过程中均会收到很多评价和建议，根据评价和建议进行迭代。并且目前关于 720 云全景云台还有新品在研发，例如电动云台等。

专业版（Guide）全景云台、旅行版（Light）全景云台和便携版（Mini）全景云台的重量和大小都有所区别，如图 2-15 所示。

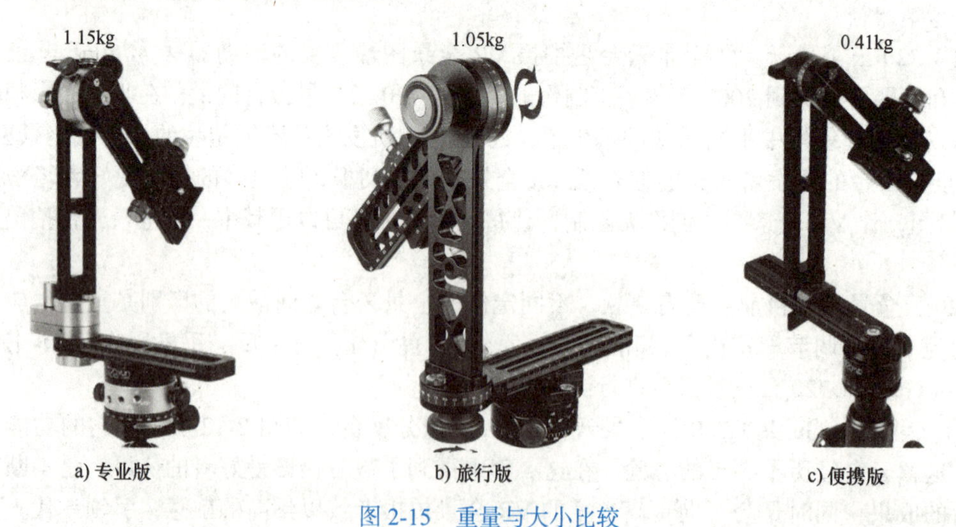

图 2-15 重量与大小比较

（2）电动全景云台 电动全景云台主要是指拍摄的时候可以自动进行旋转的全景云台，国内比较有代表性的电动全景云台是 WildCat（野猫）电动全景云台。

WildCat（野猫）电动全景云台如图 2-16 所示，采用分体结构设计，具有自由组合功能，便于携带，同时具备挂载较大负荷摄影器材的能力。它能轻松应对数百幅照片的矩阵接片，也能提供精确的节点调节。它还可以完成分层及单层 VR 全景图的自动拍摄工作。

电动全景云台在大画幅矩阵拍摄方面有很大的优势，但是对于日常的 VR 全景拍摄，使用专业版（Guide）720 云全景云台会更加便捷。

图 2-16　电动全景云台

2. 三脚架

在进行 VR 全景拍摄时，会用到单反相机、鱼眼镜头等较重的设备，并且 VR 全景图片的拍摄，尤其是地面拍摄，对三脚架的依赖性很强。对 VR 全景拍摄使用的三脚架，主要有以下两个方面的要求。

（1）稳定性强　三脚架首先需要有足够的稳定性。如果三脚架太轻或者锁扣等连接部分的制作工艺不好，会造成三脚架整体的松动，这样固定在三脚架上的相机在转动时会发生晃动，导致拍摄出来的照片是模糊的，除了工艺方面，三脚架的承重也是一个重要的考虑因素。目前单反相机机身的重量一般约为 400g，鱼眼镜头和配件等的重量约为 600g，720 云全景云台的重量约为 1150g，总重量为 2000～3000g，因此三脚架的承重要大于此数值。

这里建议使用 720 云多层纤维纯碳三脚架，它具有很好的稳定性，并且碳纤维材料的重量相对较轻，同时不易损坏，如图 2-17 所示。如果拍摄汽车内饰和特殊狭小空间，建议使用 720 云的小型三脚架，如图 2-18 所示。

（2）可拆卸　拍摄 VR 全景图要使用全景云台和脚架可拆卸的三脚架，如图 2-17 所示。有些入门级的三脚架，全景云台和脚架是一体的，无法拆卸。在拍摄 VR 全景图时需要使用不同的全景云台，如果三脚架无法与不同的全景云台连接将导致无法拍摄。

有一种三脚架为摄像三脚架，如图 2-19 所示。摄像三脚架的 3 条腿是铝合金材质。因为这种三脚架的 1 条腿由 5 根管组成，在展开拍摄时会加大补低（最低视角拍摄）的难度，所以不建议使用。

图 2-17　三脚架

图 2-18　小型三脚架

图 2-19　摄像三脚架

3. 其他配件

（1）快门线　快门线（控制快门的遥控线）包含有线和无线两种，如图 2-20 所示。使用快门线是为了保证拍摄 VR 全景图时相机保持稳定，并且在使用高杆进行拍摄时更方便。正常拍摄使用普通无线快门线和有线快门线均可，无线的快门线更为方便，有线的快门线更加稳定可靠。

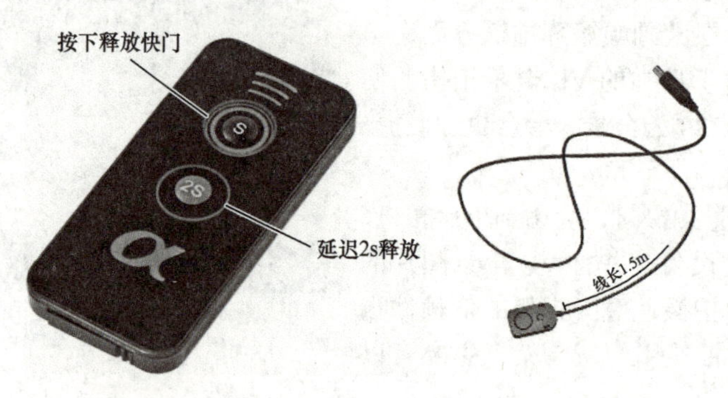

图 2-20　无线和有线快门线

（2）高杆　高杆（见图 2-21）是拍摄高视角 VR 全景图的辅助器材，在三脚架上方添加高杆可以拍摄更高视角的 VR 全景图，其在大场景中应用较为广泛。720 云高杆设备可组装到三脚架上以改变视角高度，即使高度达到 5m，三脚架依然比较稳定。目前市面上的高杆拍摄高度可以达到 6m，这就可以解决有些地方无人机禁飞，但是又想获取高视角全景图的问题。

（3）内存卡　内存卡（见图 2-22）是拍摄 VR 全景图必备的配件。之所以在这里提到，是因为需要根据相机的型号选取高速的 SD 内存卡，建议选用闪迪品牌的读取速度在 100MB/s 及以上的内存卡。

图 2-21　高杆

图 2-22　内存卡

2.1.3　拍摄照片数量

用装有鱼眼镜头的相机拍 3 张照片就可以合成 1 张 VR 全景图，你可能会有疑惑，怎么判断合成 1 张 VR 全景图需要拍摄多少张照片呢？

想要了解合成 1 张 VR 全景图需要拍摄几张照片，就需要先了解不同类型的镜头对应的拍摄张数。

下面统一讲解在使用全画幅相机，将画面比例设置为 3:2 的情况下的拍摄张数。

在视角大的情况下拍摄 180° 的场景需要拍摄 4 张照片，在视角小的情况下拍摄 180° 的场景需要拍摄 6 张照片，如图 2-23 所示。

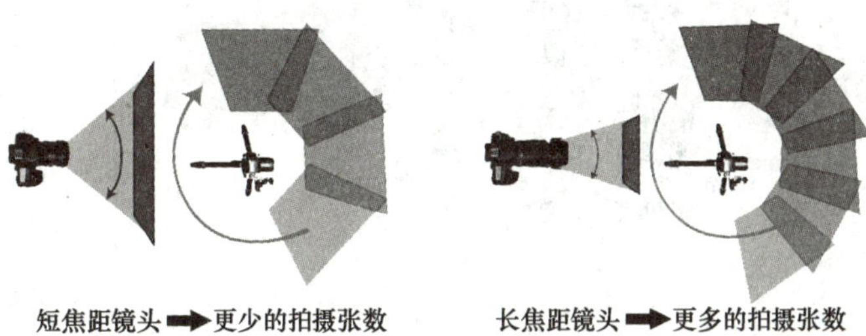

图 2-23　视角与拍摄张数

但是如何辨别使用不同镜头具体需要拍摄多少张照片呢？需要先计算出不同镜头对应记录的画面的角度分别是多少，再计算在保证重叠率的情况下拍摄 360° 的场景需要多少张照片。接下来就以常用的两种镜头为例来计算，一种是广角镜头，一种是鱼眼镜头。

1. 广角镜头和鱼眼镜头的区别

在了解如何计算拍摄张数之前，需要知道广角镜头和鱼眼镜头的区别。如图 2-24 所示，是半画幅 8mm 鱼眼镜头所记录的画面。镜头的焦距数值越小，其记录的视角范围越大，但可以看到，同样是 8mm 焦距，不同类型的镜头所记录的画面范围也不一样。

图 2-24　桶形畸变

在学习镜头畸变的内容时了解到，镜头通常都会产生畸变。广角镜头是为了尽量还原所看到的真实景物，从而竭力校正画面，但是画面边缘还是会出现畸变拉伸的情况。而鱼眼镜头则有意地保留了影像的桶形畸变。鱼眼镜头是一种焦距为 16mm 或更短，并且视角接近或等于 180° 的镜头。它是一种极端的广角镜头，“鱼眼镜头”是它的俗称。为使镜头达到最大的视角，这种摄影镜头的前镜片直径很短，且呈抛物线状向镜头前部凸出，与鱼的眼睛颇为相似，鱼眼镜头因此而得名。鱼眼镜头按像场分为圆周鱼眼镜头和对角线鱼眼镜头。

2. 28mm 镜头照片张数

通常将镜头所能覆盖的范围定义为视场角。在拍摄距离不变的情况下，拍摄 VR 全景图所用的镜头视场角越大，拍摄张数越少。

以相机摄像头这种直线镜头为例，一般使用的相机镜头等效焦距为 28mm，其对应的视场角是 75°（记录的照片对角线视场角为 75°），如图 2-25a 所示。

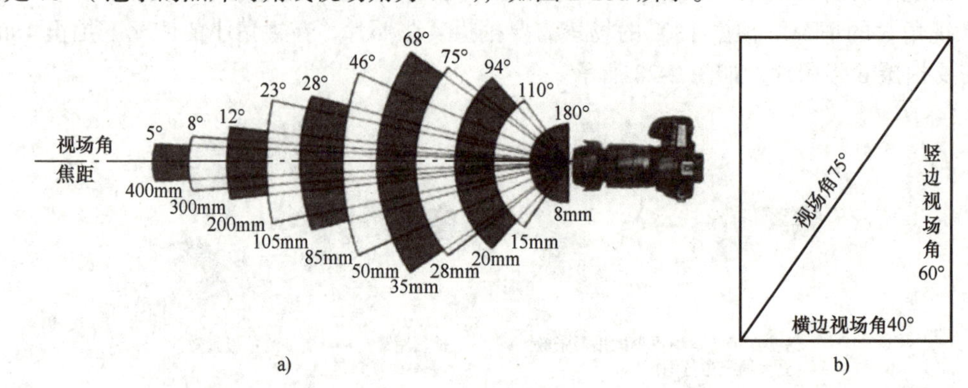

a) b)

图 2-25　28mm 镜头视场角

通过勾股定理可知，画面比例为 3∶2 的画面斜边约等于 3.6。28mm 焦距镜头的斜边视场角是 75°，由此得到竖边视场角约为 60°，横边视场角约为 40°，如图 2-25b 所示。

想要将 360° × 180° 的画面记录完整，并且还要保证每相邻两张图片有 25% 的重合，记录横轴方向 1 圈就至少需要镜头每旋转 36° 就记录 1 张照片，合计记录 10 张照片。竖边的视场角为 60°，需要上仰 45°、水平 0°、下俯 45° 拍摄 3 圈，每旋转 36° 就拍摄 1 张照片，每圈共拍摄 10 张照片。这还不够 180°，还需要进行补天和补地拍摄，合计需要拍摄 34 张照片（3 圈共 30 张照片 + 垂直向上横竖补天 2 张照片 + 垂直向下横竖补地 2 张照片）才能拼合成一个完整的 VR 全景图。常用的 24 ~ 70mm 镜头的 24mm 端与半画幅相机搭配 18 ~ 55mm 的镜头拍摄的张数差不多。

3. 8mm 圆周鱼眼镜头照片张数

圆周鱼眼镜头在水平和垂直两个方向的视角都是 180° 左右。使用 8mm 的圆周鱼眼镜头，每拍摄 1 张照片所覆盖的视角为 180°，从理论上讲，拍摄左右或上下对立的两张照片就可以记录空间中的所有画面。但是为了保证相邻两张照片的画面有一部分重叠，加上圆周鱼眼镜头的边缘成像质量比较差以及变形严重，通常是前后左右每相隔 90° 拍摄 1 张照片，这样每两张照片中约有 50% 的重叠，可以最大限度地使用镜头中心画质较高的内容。通过 4 张照片即可拼接出 1 张完整的 VR 全景图。

图 2-26　8mm 照片

之前提到过不建议使用鱼眼镜头的 8mm 端拍摄，如果使用 2400 万像素的相机，配合 8mm 鱼眼镜头拍摄到的画面四周都是黑色的，如图 2-26 所示，没有图案的内容就占了一半的画面，1 张照片实际只剩下了 1000 多万像素的内容，再加上鱼眼镜头的成像质量并不是很好，画面清晰度也会低很多。

4. 15mm 对角线鱼眼镜头照片张数

如图 2-27 所示，所指的 15mm 镜头为直线标准镜头，其视场角为 110°，15mm 的对角线鱼眼镜头对角线视场角为 180°，画面比例设置为 3∶2 时，竖边视场角大约为 150°。

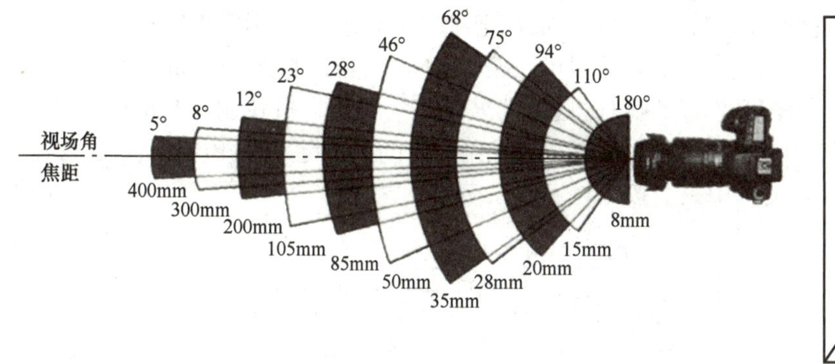

a)

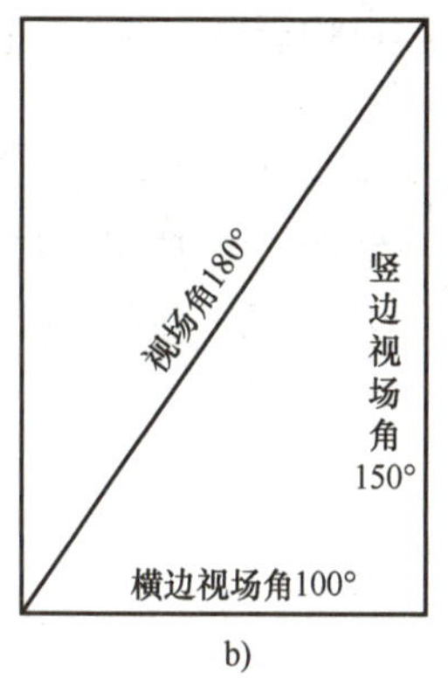

b)

图 2-27　15mm 对角线鱼眼镜头视场角

为了保证相邻画面具有重叠部分，记录水平方向的 360°VR 全景内容时需要每转动 60° 就拍摄 1 张照片，合计拍摄 6 张，竖边视场角为 150°，要记录竖轴方向 180° 范围的画面，还需要补天和补地拍摄。

以索尼全画幅相机对应的镜头拍摄 VR 全景图所需要的拍摄张数及云台转动角度为例，不同焦距的镜头拍摄 VR 全景图对应的拍摄张数见表 2-1。

表 2-1　不同焦距的镜头拍摄 VR 全景图对应的拍摄张数（全画幅）

镜头类型	360° 需要拍摄张数	每张拍摄转动角度 /（°）
8mm 鱼眼镜头	4	90
12mm 鱼眼镜头	5	72
14mm 鱼眼镜头	6	60
15mm 鱼眼镜头	6	60
16mm 鱼眼镜头	6（1 圈）	60
18mm 鱼眼镜头	8 + 8 + 8（3 圈）	45
24mm 鱼眼镜头	10 + 10 + 10（3 圈）	36

通过对拍摄照片张数和不同焦距的镜头拍摄 VR 全景图的关系的学习，可以知道如果单张照片可以拍摄到比较大的视角范围，就能以数量较少的照片拼接成 1 张 VR 全景图。所以 VR 全景摄影通常使用 8 ~ 15mm 的鱼眼镜头。使用 15mm 鱼眼镜头一圈拍摄 6 张照片（不含补天和补地）就可以成功拼接出 1 张横轴 360° 的全景，包含天空和地面以及补地的记录也不超过 10 张，这样可以减少拍摄工作量及后期拼接时间，从而提高效率与质量。

2.1.4　实例 1　画幅的设置

想要拍摄出一张优质的 VR 全景图，需要做足前期准备。现在 VR 全景图片拍摄的前期软硬件准备已完毕，还需要了解一些相机的操作及设置方法，才能拍摄出一张优质的 VR 全景图。以索尼 A6600 和佳能 EOS RP 相机为例来展示基础参数的设置方法。

打开相机进行参数设置，相机的基础操作方法可查看相机附带的说明书。

1. 索尼 A6600 相机的设置

我们是通过相邻两张照片的重叠来进行拼接的，因为 CMOS 的长宽比是 3∶2，所以需要把相机拍摄画面的长宽比也设置为 3∶2，让画面的记录尽可能地充分利用相机。

1）设置合适的画面比例。打开索尼相机，按 MUNE 按钮，打开“相机参数设置”窗口，选择“影像质量 / 影像尺寸 1”窗口，选择“纵横比”选项，按控制拨轮的“中央”按钮，如图 2-28 所示，打开“纵横比”对话框，按控制拨轮的上下键，选择比例为“3∶2”，如图 2-29 所示，按控制拨轮的“中央”按钮，完成纵横比设置。

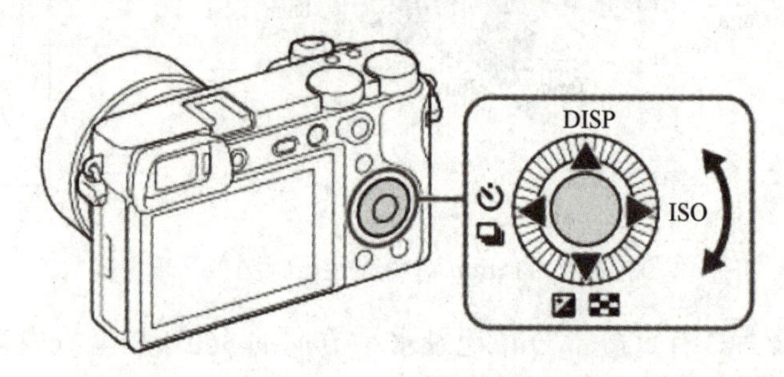

图 2-28　索尼 A6600 相机的控制拨轮

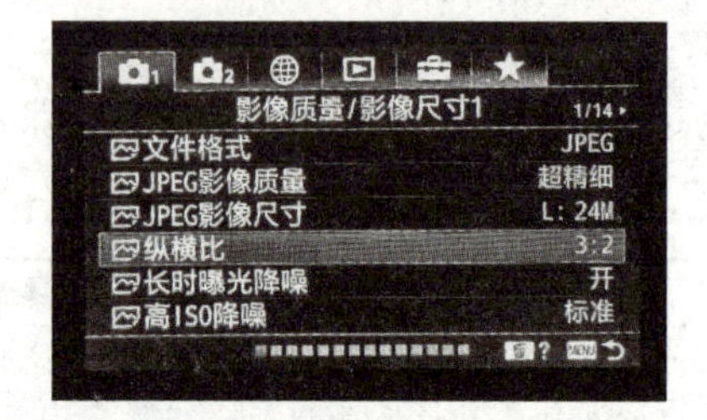

图 2-29　索尼 A6600 相机纵横比

2）设置合适的图像格式。选择“文件格式”选项，按控制拨轮的“中央”按钮，打开“文件格式”对话框，按控制拨轮的上下键，选择 JPEG，按控制拨轮的“中央”按钮，完成文件格式的设置，如图 2-30 所示。

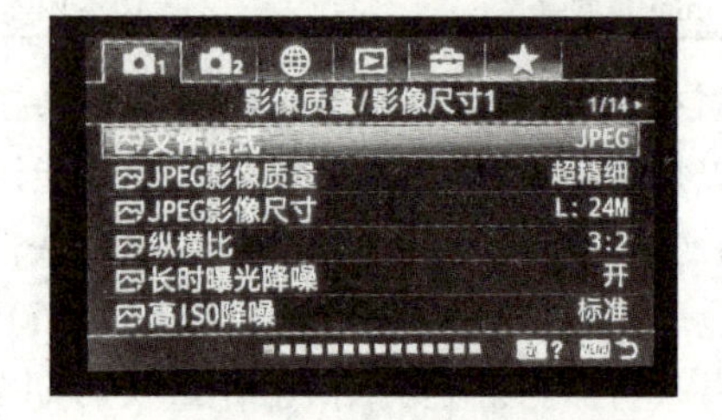

图 2-30　选择 JPEG 格式

3）设置拍摄模式。相机的上方转盘通常会有很多种拍摄模式，如图 2-31 所示，正常情况下使用 P（程序自动曝光）模式拍摄图片，不需要调节参数，程序会自动曝光。但是为了保证在拍摄 VR 全景图时参数是统一的，需要使用 M（手动曝光）模式进行拍摄。

图 2-31　索尼 A6600 相机模式旋钮

4）选择合适的镜头焦距。镜头焦距是指从镜头的中心点到胶片平面上所形成的清晰影像之间的距离，是镜头的重要性能指标。镜头焦距的长短决定着成像大小、视场角大小、景深和画面的透视强弱。如图 2-32 所示，焦距数字越小，焦距越短，对应的视场角越宽广，取景范围就越大，反之亦然。索尼 A6600 的镜头焦距设置为 18mm（等效焦距为 27mm）。

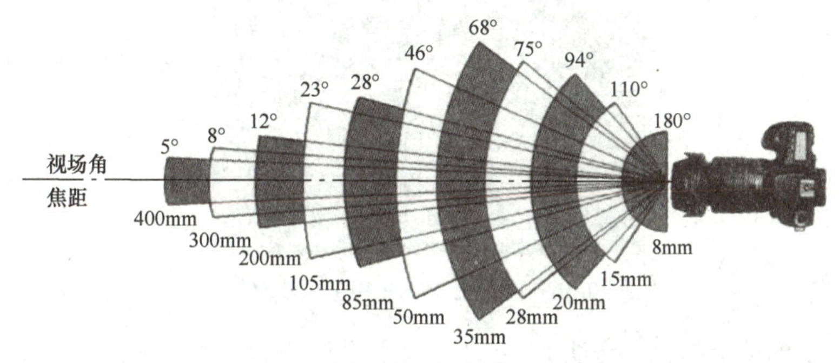

图 2-32　视场角

2. 佳能 EOS RP 相机的设置

1）打开佳能相机，按 MUNE 按钮，打开“相机参数设置”窗口，选择“图像 1”窗口，单击“裁切 / 长宽比”选项，打开“裁切 / 长宽比”对话框，选择比例为 FULL（见图 2-33），按 SET 按钮（见图 2-34），完成纵横比设置。

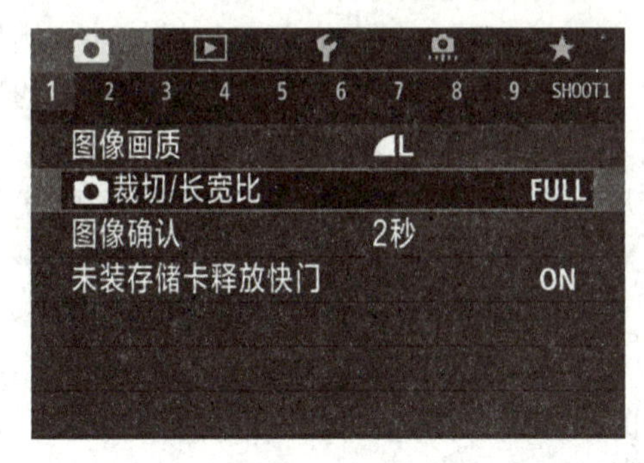

图 2-33　佳能 EOS RP 相机纵横比

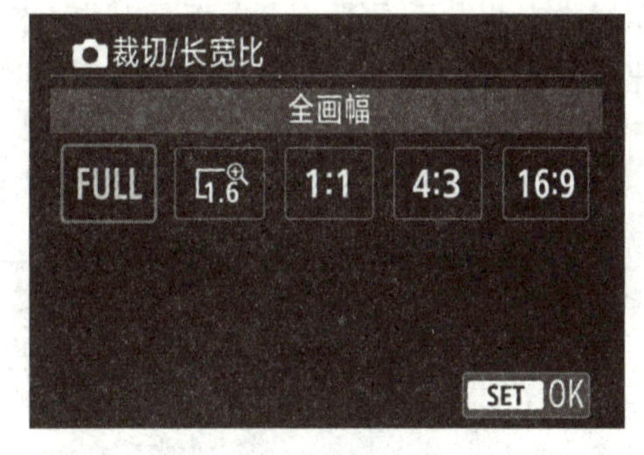

图 2-34　纵横比的设置

2）设置合适的图像格式。单击“图像画质”选项，打开“图像画质”对话框，选择 ◢L，按 SET 按钮，完成图像画质设置，如图 2-35 所示。

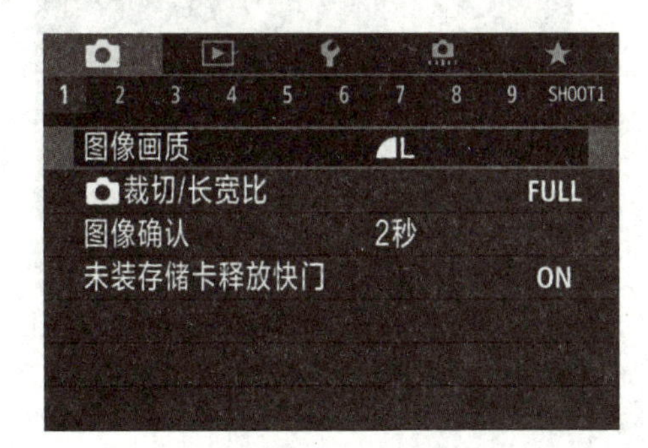

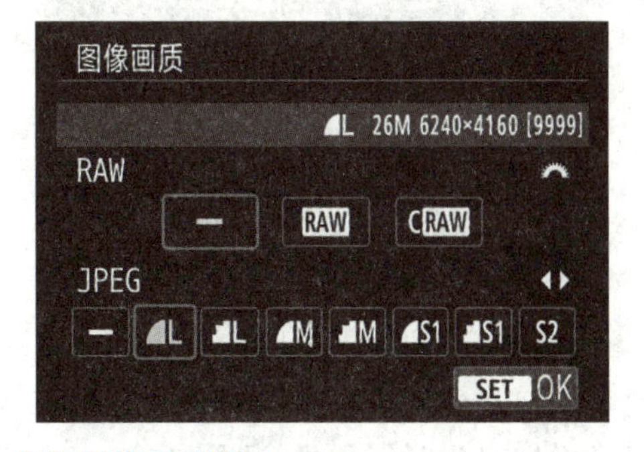

图 2-35　佳能 EOS RP 相机图像画质设置

3）设置拍摄模式。为了保证在拍摄 VR 全景图时参数是统一的，需要使用 M（手动曝光）模式进行拍摄，如图 2-36 所示。

图 2-36　佳能 EOS RP 相机模式旋钮

4）选择合适的镜头焦距。佳能 EOS RP 相机的焦距设置为 24mm。

2.1.5　实例 2　对焦的设置

将图片想要表达的画面清晰地呈现出来是至关重要的，VR 全景图也不例外，画面清晰是 VR 全景图的核心。在一开始学习摄影的时候，经常会出现照片拍得不清晰的情况。照片模糊通常有两方面原因：一方面是对焦不准确，例如脱焦等；另一方面是相机抖动，例如快门速度过慢、手抖等。对焦是指使用相机时通过调节相机镜头，使与相机有一定距离的景物清晰成像的过程。被摄物所在的点，称为对焦点。

（1）使用区域自动对焦（AF）模式选择最大范围进行对焦　自动对焦（AF）模式是利用物体光反射的原理，使反射的光被相机上的 CMOS 传感器接收，通过计算机处理，带动电动对焦装置进行对焦的模式。

1）打开索尼相机，按 MUNE 按钮，打开“相机参数设置”窗口，打开 AF1 窗口，选择“对焦模式”选项，如图 2-37 所示，按控制拨轮的“中央”按钮，打开“对焦模式”对话框，按控制拨轮的上下键，选择“自动 AF”，如图 2-38 所示，按控制拨轮的“中央”按钮，完成自动对焦设置。

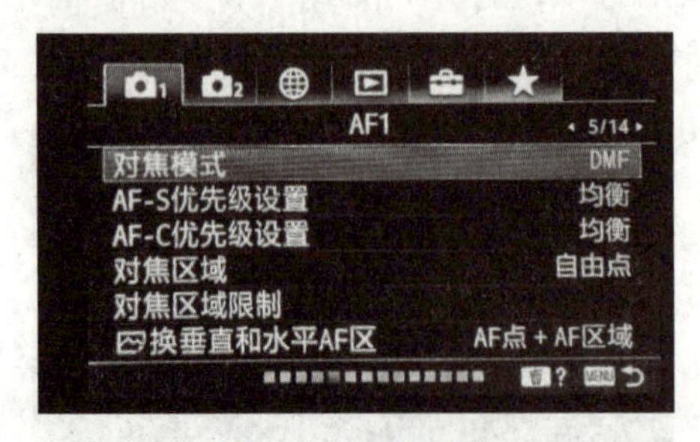

图 2-37　对焦模式

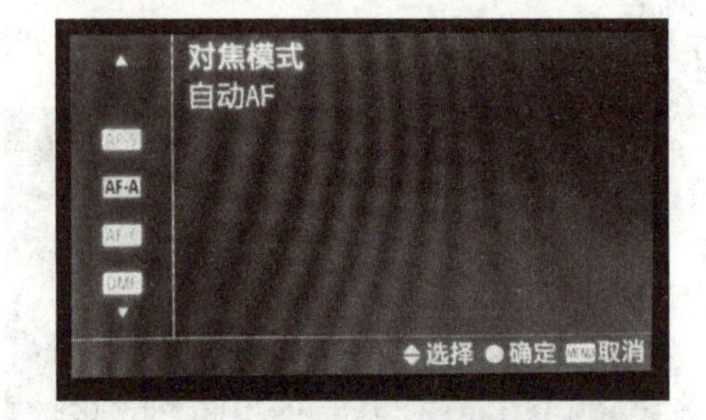

图 2-38　自动对焦

2）索尼 A6600 相机通常可以手动选择“自由点自动对焦”“中间自动对焦”“区域自动对焦”“广域对焦”等方式。按 MUNE 按钮，打开“相机参数设置”窗口，打开 AF1 窗口，选择“对焦区域”选项，按控制拨轮的“中央”按钮，打开“对焦区域”对话框，按控制拨轮的上下键，选择“中间”，如图 2-39 所示，按控制拨轮的“中央”按钮，完成对焦区域设置，如图 2-40 所示。

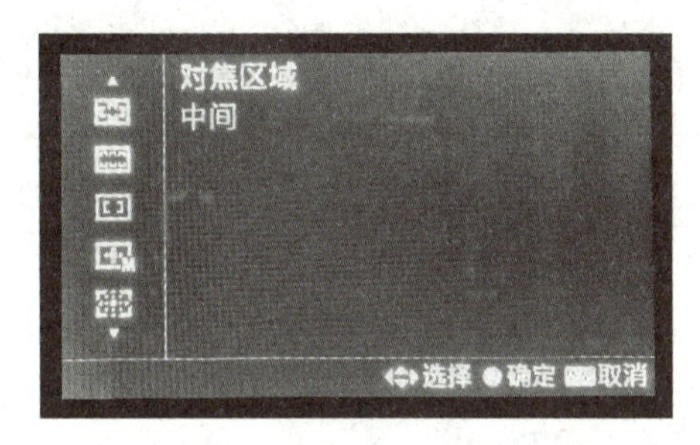

图 2-39　选择对焦区域

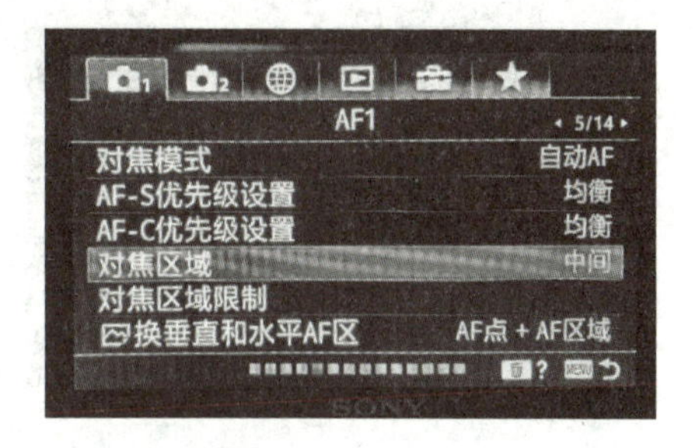

图 2-40　中间对焦

3）半按快门，相机就会进行自动对焦，当对焦成功后，就可以进行图片拍摄了。如果使用的是带有手动对焦和自动对焦切换按钮的镜头，半按快门对焦成功后，可以手动将对焦按钮调整到手动对焦（MF）模式，这样在拍摄同一个 VR 场景时就不需要重复对焦，可以直接进行拍摄。另外需要注意的是，在拍摄 VR 全景图的过程中不能再旋转对焦环。使用自动对焦（AF）模式拍摄完毕后，在显示屏中放大检查拍摄的画面是否清晰。

（2）使用手动对焦（MF）模式进行放大对焦　手动对焦（MF）模式是通过手工转动对焦环来调节相机镜头，从而使画面变得清晰的一种对焦模式。

有些相机的镜头上没有对焦模式开关，需要在相机中进行设置，例如索尼相机 18 ~ 105mm 镜头，需要在对焦模式中设置“手动对焦”，这样就可以使用手动对焦的方式拍摄图片了。

1）打开索尼相机，按 MUNE 按钮，打开“相机参数设置”窗口，打开 AF1 窗口，选择“对焦模式”选项，按控制拨轮的“中央”按钮，打开“对焦模式”对话框，按控制拨轮的上下键，选择“手动对焦”，如图 2-41 所示，按控制拨轮的“中央”按钮，完成手动对焦设置，如图 2-42 所示。

图 2-41　选择“手动对焦”

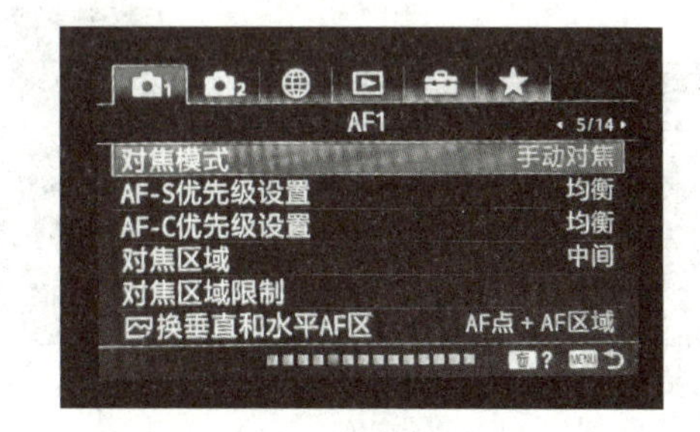

图 2-42　手动对焦

2）按 MUNE 按钮，打开“相机参数设置”窗口，再打开“显示 / 自动检测 2”窗口，选择“实时取景显示”选项，按控制拨轮的“中央”按钮，打开“实时取景显示”对话框，按控制拨轮的上键，选择“设置效果开”，如图 2-43 所示，按控制拨轮的“中央”→ MUNE 按钮，完成实时取景显示设置。

3）打开“对焦辅助”窗口，选择“初始对焦放大倍率”选项，按控制拨轮的“中央”

按钮，打开“初始对焦放大倍率”对话框，按控制拨轮的下键，选择“×5.9”，如图 2-44 所示，按控制拨轮的“中央”按钮，完成初始对焦放大倍率设置，如图 2-45 所示，按 MUNE 按钮，退出设置。

图 2-43 “实时取景显示”设置

图 2-44 对焦放大

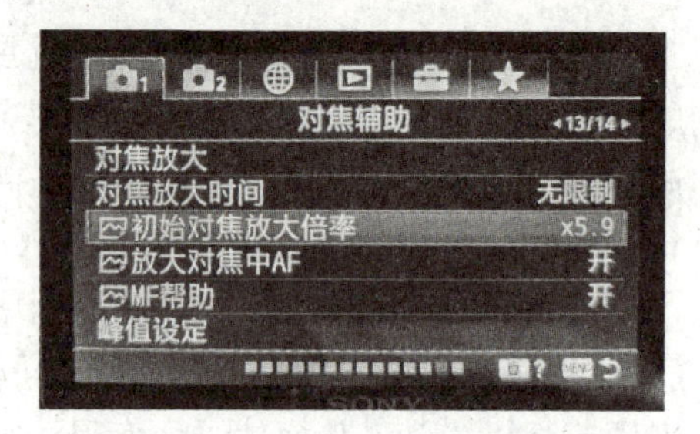

图 2-45 初始对焦放大倍率设置

4）按 MUNE 按钮，选择“对焦辅助”选项，按控制拨轮的“中央”按钮，打开“对焦辅助”功能，对焦放大为 5.9 倍，再按控制拨轮的“中央”按钮，对焦放大为 11.7 倍，如图 2-46 所示。在拍摄 VR 全景图时旋转对焦环进行对焦，将焦点对准距离相机大约 1m 的参照物，查看取景器直至出现的主体变得清晰。如果是风光摄影，可以对焦远处的物体，以保证远处的物体能够清晰地呈现出来。进行放大对焦，调整对焦环，直到可以清晰地看到字符为止。相机显示屏中会呈现放大对焦的结果，索尼相机的对焦放大效果如图 2-47 所示。

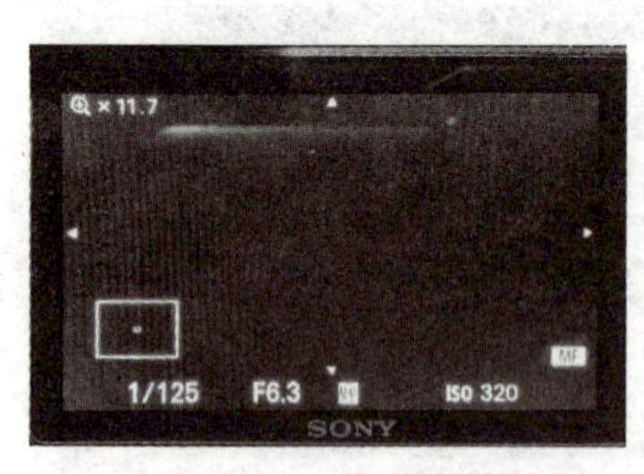

图 2-46 对焦放大为 11.7 倍

a) 5.9倍对焦

b) 1倍对焦

图 2-47 对焦放大效果

5）有些相机的镜头上会附带对焦模式开关，对于佳能微单相机 24 ~ 105mm 镜头，拨动镜头上的对焦模式开关到 AF，如图 2-48 所示，即开启自动对焦功能。

6）当拨动镜头的对焦模式开关到 MF 时，开启手动对焦功能，需要手动转动对焦环来进行对焦，如图 2-49 所示。

（3）使用手动对焦（MF）模式进行超焦距对焦　超焦距对焦是一种扩大景深的聚焦技

术。在拍摄静态景物时，当希望远处的景物和近处的景物都尽可能在景深范围内时，运用超焦距对焦是最佳的选择。

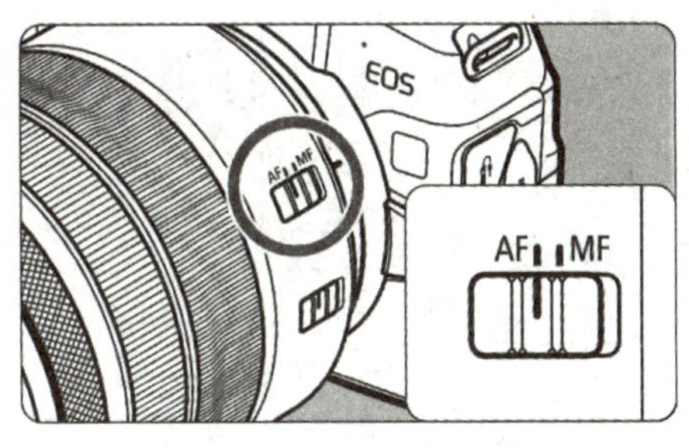

图 2-48　自动对焦选择

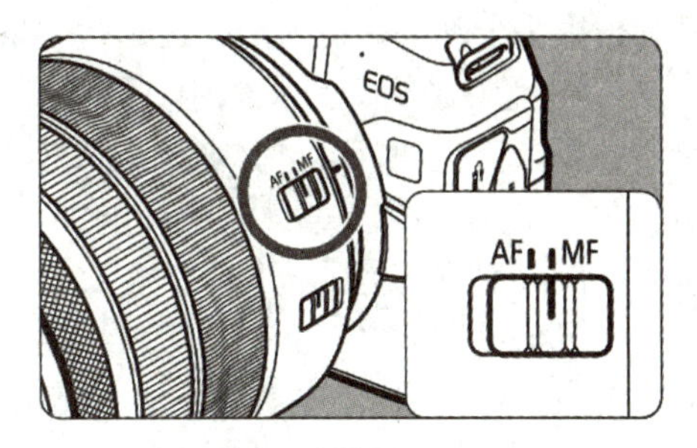

图 2-49　手动对焦选择

1）鱼眼镜头在手动对焦（MF）模式下使用超焦距进行对焦，超焦距手动对焦光圈及对焦距离见表 2-2。

表 2-2　鱼眼镜头超焦距手动对焦光圈及对焦距离

镜头类型	光圈（F）	对焦距离 /m	超焦距景深范围 /m（最近景深 ~ 无限远）
15mm 鱼眼镜头	5.6	1.35	0.67 ~ 无限远
	8	0.96	0.48 ~ 无限远
	11	0.68	0.34 ~ 无限远
	16	0.49	0.24 ~ 无限远
12mm 鱼眼镜头	5.6	0.87	0.34 ~ 无限远
	8	0.62	0.32 ~ 无限远
	11	0.44	0.22 ~ 无限远
	16	0.32	0.16 ~ 无限远
8mm 鱼眼镜头	5.6	0.39	0.19 ~ 无限远
	8	0.28	0.14 ~ 无限远
	11	0.20	0.10 ~ 无限远
	16	0.15	0.07 ~ 无限远

2）鱼眼镜头在进行超焦距对焦时，对焦距离都在 1.5m 以内；如果使用 F8 的光圈值对焦，对焦距离在 1m 以内，其最近景深也都在 0.5m 以内，适用于绝大部分场景的 VR 全景图拍摄。使用超焦距对焦，需要根据镜头焦距的情况将焦距锁定到对应的距离，保证画面清晰后再进行拍摄，但是使用超焦距对焦方法拍摄时，对应的景深范围内的画面不是绝对清晰，只是相对清晰。

（4）景深　拍摄的画面是否清晰除了与对焦有关，还与景深有关，所以还需要清楚哪些因素会影响景深。那么景深是什么呢？

景深是指相机在拍摄取景时，取得清晰图像的焦点物体前后的距离范围，在此范围内的被摄物都可以清晰地显现。景深越大，能清晰呈现的范围就越大；相反，景深越小，能清晰呈现的范围就越小。如图 2-50 所示，在景深范围内的雪花是清晰的，在光轴前景中和背景中的雪花会变得模糊。模糊是因为聚焦松散形成了一种朦胧现象。

简单来说就是，在被摄物（对焦点）前后，其影像在一段范围内是清晰的，这个范围就是景深。

我们经常看到一些花、鸟、昆虫等的照片，其主体清晰而背景比较模糊和虚化，这称为小景深；在拍集体照或风景照等照片时，画面的背景和被摄物全部都是清晰的，这称为大景深。

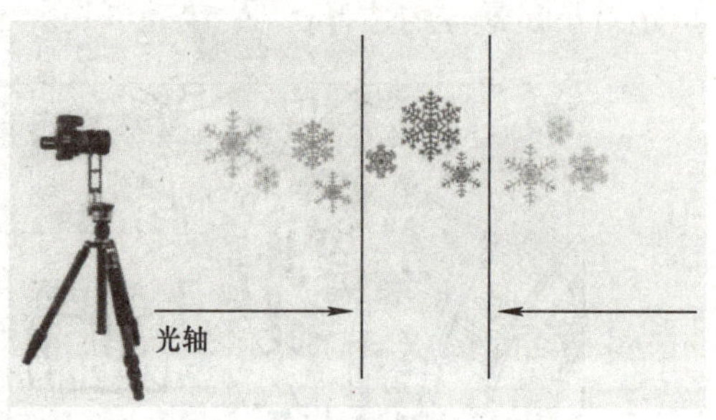

图 2-50　景深

景深与镜头光圈、镜头焦距、拍摄距离以及对像质的要求（表现为容许弥散圆的大小）有关。光圈、焦距、拍摄距离对景深的影响如下（假定其他的条件都不改变）：

1）光圈。光圈越大（光圈值越小），景深越小（焦点前后越模糊）；光圈越小（光圈值越大），景深越大（焦点前后越清晰），如图 2-51 所示。在焦距固定、与被摄物距离固定的情况下，使用的光圈越小，也就是镜片的直径越小，景深越大。

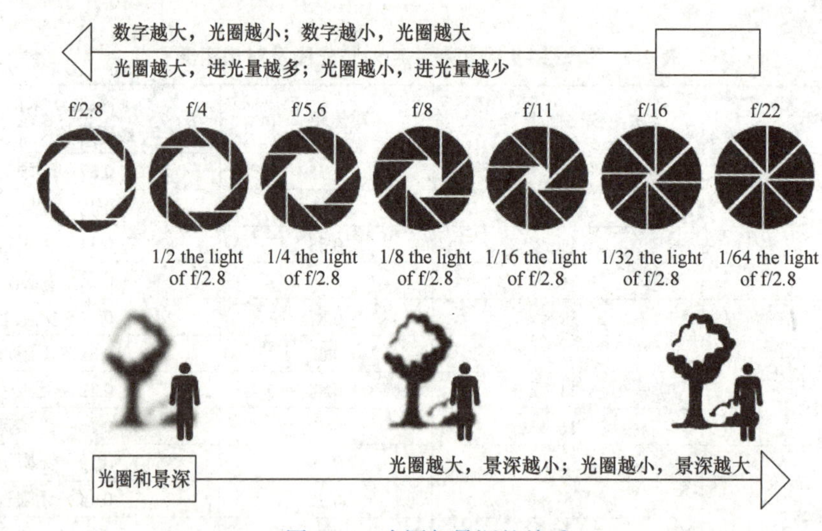

图 2-51　光圈与景深的关系

2）相机的镜头拥有大光圈，拍摄物体的时候可以使背景虚化，突出物体形象，可利用小景深获得想要的画面。如图 2-52 所示，可以看出，广柑延伸处在光圈缩小到光圈值为 F22 时，比光圈值为 F4 时更加清晰。

a) F4

b) F5.6

c) F22

图 2-52　光圈与景深的效果

3）焦距。在光圈和拍摄距离不变的情况下，镜头焦距越长，景深越小；反之，镜头焦距越短，景深越大。广角焦段的景深大，使用长焦焦段则更容易获得背景虚化的效果。

4）拍摄距离。景深与拍摄距离 L 的二次方近似成正比。被摄物越近，景深越小；被摄物越远，景深越大。

一张照片是否清晰是决定照片质量的基本要素，所以在每一次拍摄完成之后都要通过取景器放大检查拍摄的画面是否清晰。画面的明暗和颜色等出现问题可以在后期进行适当的调整，但如果画面的清晰度出现问题，那么照片基本上就作废了，所以需要特别注意。

2.1.6　实例 3　光圈、快门和感光度的设置

1. 光圈的设置

光圈是指一个用来控制光线透过镜头进入机身内感光圈叶片关闭时的状态感光面的光量的装置，如图 2-53 所示，也称为相对通光口径。它是一个由多个叶片组成的控件。*D/f* 的值称为镜头相对通光孔径，为了方便，把镜头相对通光孔径的倒数 *f/D* 称为光值，也叫 F 值，因此，F 值越小，则光圈越大，单位时间内的通光量越大。佳能 EOS RP 相机界面的光圈值为 F5.6，如图 2-54 所示。

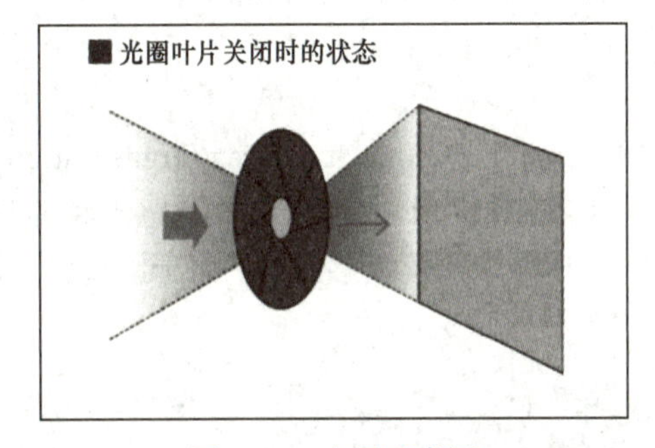

图 2-53　光圈示意图

图 2-54　EOS RP 相机光圈值

在拍摄 VR 全景图时，应该如何设置光圈呢？

1）一般在拍摄 VR 全景图的时候光圈可以选择光圈值为 F8 的光圈。

2）在远景距离不远时，如室内拍摄，可以选择大一点的光圈，如光圈值为 F7、F5.6 的光圈等，尽量不用最大光圈。

3）在室外，如果光线好，用全画幅相机拍摄时可以用更小的光圈，如光圈值为 F9、F11 的光圈，光圈值最好不要小于 F13。

2. 快门的设置

快门是相机中用来控制光线照射感光元件的时间的装置，是相机的一个重要组成部分，它有一个重要意义就是控制曝光时间。如图 2-55 所示，1/125 是指快门速度，它计算的是快门从开启到关闭的瞬间速度，快门速度的单位是 s。常见的快门速度有 1s、1/2s、1/4s、1/6s、1/8s、1/5s、1/30s、1/60s、1/25s、1/250s、1/500s、1/1000s、1/2000s 等。

拍摄时控制快门速度，是为了得到不同的画面效果，当相机和画面中的物体相对运动时，是凝固运动瞬间还是记录运动轨迹，就取决于用的是高速快门，还是低速快门。不同的快门速度会带来不同的画面效果，如图 2-56 所示。

图 2-55 相机快门

图 2-56 快门效果

在拍摄 VR 全景图时，应该如何设置快门速度？

1）在拍摄 VR 全景图时如果被摄物是静止的，如房间、风光等，因为专业的 VR 全景摄影是需要三脚架和全景云台的，所以可以靠降低快门速度来保证画面清晰。

2）将感光度固定为低感光度，光圈值固定为 F11，快门速度根据测光标尺确定的数值进行拍摄。

3）如果快门速度过慢，使用快门线或无线遥控器控制相机，或者设置为 10s 定时拍摄，防止因为手的晃动而让画面变得模糊。

3. 感光度的设置

感光度即为 ISO，其中 ISO 是国际标准化组织（International Standards Organization）英文单词的首字母缩写，表示底片对光的灵敏程度。如图 2-57 所示，ISO100 是感光度的参数。对光较不敏感的底片，需要曝光更长的时间才能获得与对光较敏感的底片相同的成像效果，因此它通常被称为慢速底片，对光高度敏感的底片被称为快速底片。

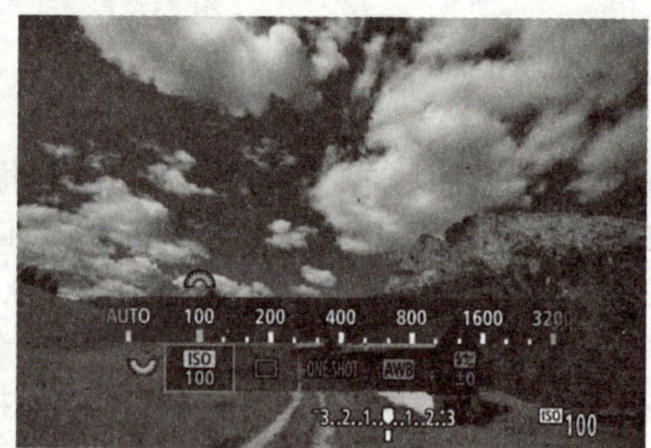

图 2-57 感光度

ISO 系统是用来测量和控制影像系统的敏感度的。为了减少曝光时间而使用对光高度敏感的底片，通常会导致影像品质降低、噪点变多。不同 ISO 值的推荐拍摄条件见表 2-3。

表 2-3 不同 ISO 值的推荐拍摄条件

ISO 值	拍摄条件
100 ~ 400	天气晴朗的室外
400 ~ 1600	阴天或傍晚
1600 ~ 25600	黑暗的室内或夜间

提高 ISO 值会导致图像有颗粒感（噪点），使画面清晰度降低，如图 2-58 所示。

1）打开索尼相机，按 MUNE 按钮，打开“相机参数设置”窗口，打开“影像质量 / 影像尺寸 1”窗口，选择“高 ISO 降噪”选项，按控制拨轮的“中央”按钮，打开“高 ISO

降噪”对话框，按控制拨轮的上键，选择“标准”，如图 2-59 所示，按控制拨轮的“中央”→ MUNE 按钮，完成高 ISO 降噪设置。

a) ISO为100

b) ISO为3200

c) ISO为64000

图 2-58　不同 ISO 值的画面效果

2）打开佳能相机，按 MUNE 按钮，打开“相机参数设置”窗口，单击“高 ISO 感光度降噪功能”选项（见图 2-60），打开“高 ISO 感光度降噪功能”对话框，选择“标准”，如图 2-61 所示，单击 SET 按钮，完成高 ISO 降噪设置。

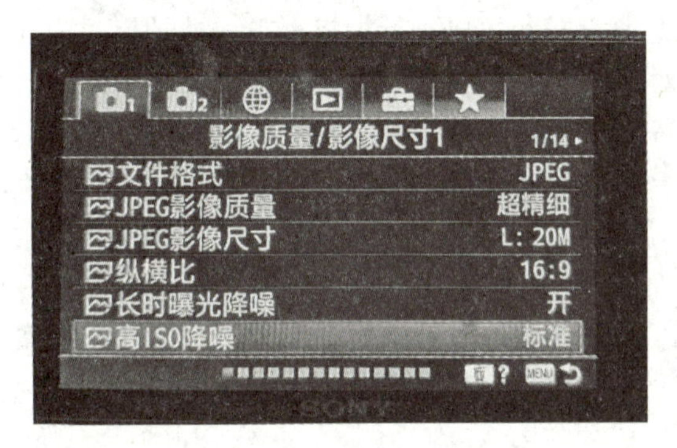

图 2-59　索尼相机降噪设置

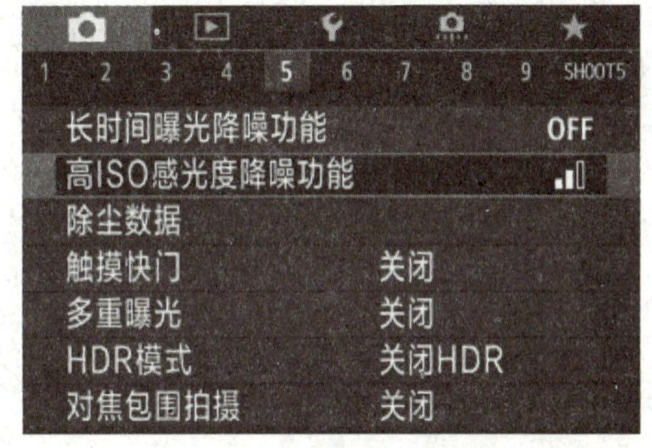

图 2-60　佳能相机降噪设置

在拍摄 VR 全景图时，应该如何设置感光度呢？

1）一般情况下，在室外或光线充足的情况下尽量使用低感光度，可以把 ISO 值控制在 100 ~ 200，这样可以保证更好的画质并提高细节表现力。

2）在室内，可以相应提高 ISO 值，例如将其控制在 200 ~ 400。

3）在比较暗的会场中，人头攒动，应优先保证快门速度，设定好光圈后，如果曝光还是有些欠缺，就只能调整感光度了，毕竟噪点和拖影相比，噪点的后期处理更方便。

图 2-61　高 ISO 感光度降噪功能

以上了解了光圈、快门、感光度的基本原理，以及其对画面产生的影响，三者图像的关系如图 2-62 所示。第 1 行表示光圈，从左往右光圈越小（F 值越大），景深越大，背景越清晰。第 2 行表示快门，下面的数值表示快门速度，分母越小，快门越慢，拍摄出的运动物体越模糊。第 3 行表示感光度，ISO 值越大，照片的噪点也就越多。

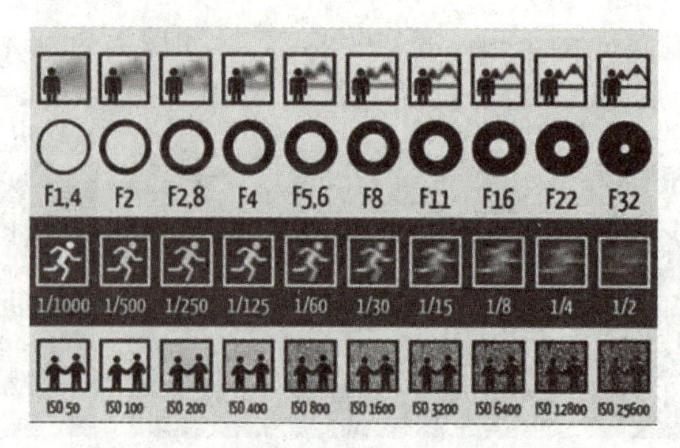

图 2-62 光圈、快门、感光度图像的关系

2.1.7 实例 4 曝光的设置

正确控制曝光是摄影的基本功，因为好的曝光是一幅作品的灵魂。在拍摄 VR 全景图时不应该在拍摄过程中随意调整参数，而应该先确定好参数再进行拍摄。在户外拍摄时，往往会遇到太阳光直射镜头的情况，如果以之前对暗画面进行测光并以调整出的曝光参数组合拍摄亮画面，就会因为高光溢出而导致画面过曝，甚至出现后期调整都无法挽回的拍摄失误。

如何判断什么是拍摄亮面和暗面都比较合理的曝光值呢？可以通过以下几种方法来判断曝光是否准确。

1. 曝光量指标尺

1）选择 M 模式后，在相机显示屏和取景器中会显示目前画面的曝光情况，这是观察曝光情况最常用的一种方式。索尼相机的显示曝光值如图 2-63 和图 2-64 所示。

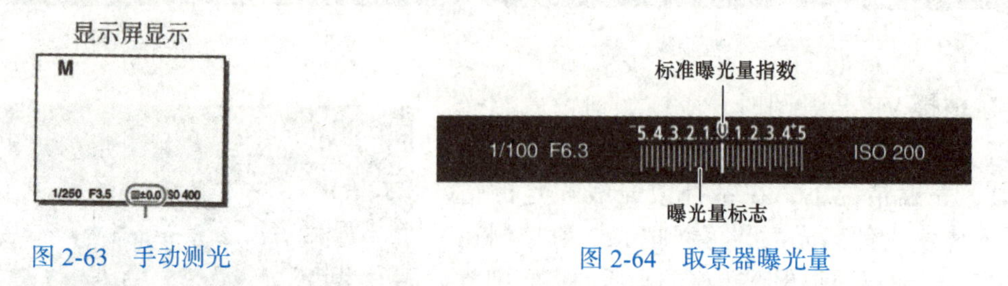

图 2-63 手动测光　　图 2-64 取景器曝光量

2）选择 M 模式后，下方的曝光值会显示曝光不足或曝光过度，如果光标在“+”侧，则表示画面明亮；如果光标在“−”侧，则表示画面偏暗。

3）在取景器上以测光指示的 −5 ~ +5 范围显示，如图 2-64 所示。

4）当曝光参数调整过度，即偏离正常光参数的时候，这个闪烁的光标会停留在标尺的边缘位置，如图 2-65 所示。当调整到合适的曝光参数后就可以看到光标停留在标尺的中间范围，如图 2-66 所示。

a) 不足　　b) 过度

图 2-65 曝光不足、过度

如果选择的是自动曝光模式（自动曝光），则以自动曝光设定的曝光值为基准，可以使用曝光补偿来调整曝光值，向“+”方向补偿时，影像整体变亮；向“−”方向补偿时，影像整体变暗。

1/125　F5.6　-3..2..1..0..1..2..+3

图 2-66　曝光合适

2. 实际拍摄

1）调整光圈、快门和感光度，曝光参数为 2，拍摄一张照片，如图 2-67 所示。

2）调整光圈、快门和感光度，曝光参数为 0，拍摄一张照片，如图 2-68 所示。

3）调整光圈、快门和感光度，曝光参数为 −2，拍摄一张照片，如图 2-69 所示。

图 2-67　曝光过度

图 2-68　曝光正常

图 2-69　曝光不足

2.1.8　实例 5　测光模式的设置

摄影是一种光与影结合的艺术。在风光摄影中，善用光与影能创造出各种不同的画面效果。光与影是摄影的灵魂，摄影作品的质量在很大程度上取决于光与影的效果。在进行 VR 全景摄影时，一个场景内往往会有不同方向的光，光的方向是光的重要特性之一。光源的位置决定了光线的照射方向，各种不同方向的光会产生不同的影像效果。光可分为顺光、逆光、侧光、顶光等。当然，在拍摄 VR 全景图时可能会同时遇到顺光、逆光、侧光、顶光等，所以需要先了解光与影对画面的影响。

测光是指测量光线的强弱。数码相机的测光系统一般是测定被摄物反射回来的光的亮度，也称为反射式测光。相机对光线强度进行测量，然后根据测量结果拍摄出亮度适宜的照片。测光模式的选择决定了相机给出的曝光参数的建议，应选择一种合适的测光模式进行拍摄，在选择手动模式拍摄时，不同的测光模式会影响到手动测光尺的光标的数值提示，从而影响拍摄者对曝光的判断。

在拍摄 VR 全景图时，应该考虑用什么测光模式呢？

索尼 A6600 相机具备多重测光模式、中心测光模式和点测光模式，这三种测光模式基本可以满足大多数的测光需求。

1）多重测光模式。相机会从多个区域进行平均测光，最智能也最接近人脑对光的感知能力，能够得到曝光比较准确的照片。适用于大场景的照片，在拍摄光源比较正、光照比较均匀的场景时效果最好，是最常用的测光模式。

2）中心测光模式。它在测光的时候会偏向画面的中央位置，同时兼顾其他部分的亮度，既能实现画面中央区域的精准曝光，又能保留部分背景的细节。中心测光模式解决了常见的难题——逆光拍摄。

3）点测光模式。点测光模式是一种索尼 A6600 相机中比较高级的测光模式，需要手动操作。由于相机只对画面中央区域的小部分进行测光，因此具有相当高的准确性。它适合拍摄高调人像以及剪影等艺术手法类摄影，也广泛用于深邃弱光环境下的补光效果。

VR 全景摄影都是大场景的拍摄，使用多重（评价）测光模式可以很好地应对各种情况，也可以根据测光标尺的参考，准确地设置相机光圈和快门的参数组合。设置索尼相机多重测光模式的步骤如下：

1）打开索尼相机，按 MUNE 按钮，打开“相机参数设置”窗口，打开“曝光 1”窗口，选择“测光模式”选项。

2）按控制拨轮的“中央”按钮，打开“测光模式”对话框，按控制拨轮的上下键，选择“多重”测光，如图 2-70 所示，按控制拨轮的“中央”按钮，退出“测光模式”设置。

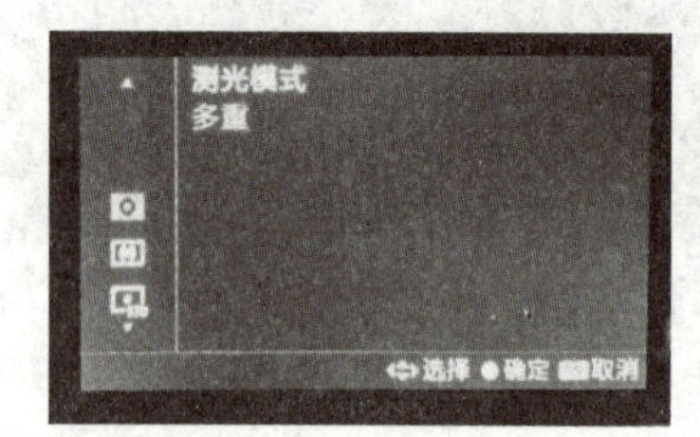

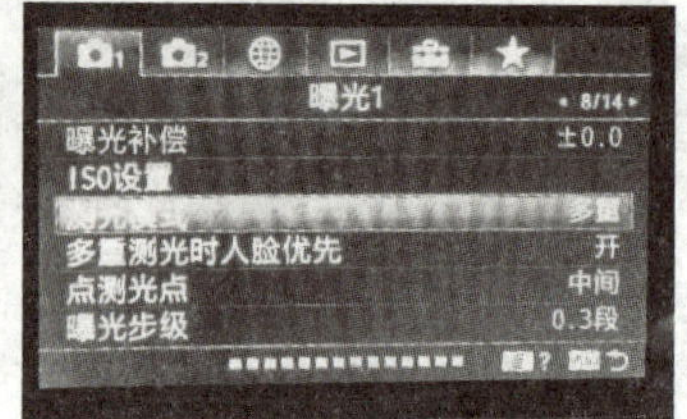

图 2-70　多重测光模式

佳能 EOS RP 相机具备评价测光模式、局部测光模式、点测光模式和中央重点平均测光模式。

设置佳能相机评价测光模式的步骤如下：打开佳能相机，按 <Q> 键，在屏幕上显示图像，如图 2-71 所示，使用▲键和▼键选择显示的项目，使用◀键和▶键选择测光模式。

- [◉]：评价测光。这是一种通用的测光模式，适用于逆光被摄物。相机自动调整适合场景的曝光。
- [◎]：局部测光。由于逆光等原因而导致被摄物周围有过于明亮的光线时有效。覆盖屏幕中央约 5.5% 的区域。局部测光区域显示在屏幕中。
- [⊡]：点测光。当对被摄物或场景的某一特定部分进行测光时有效，覆盖屏幕中央约 2.7% 的区域。点测光区域显示在屏幕中。
- [ ]：中央重点平均测光。中央重点平均测光对整个屏幕平均测光，但偏重于屏幕中央。

图 2-71　评价测光模式

2.1.9　实例 6　光比的设置

光比是摄影师需要了解的重要参数之一，它指明环境下被摄物暗面与亮面的受光比例。光比对照片的反差控制有着重要意义。如果画面亮度平均，则光比为 1∶1。如果亮面受光是暗面的 2 倍，则光比为 1∶4，以此类推。

拍摄时遇到逆光等大光比情况，画面中最亮和最暗的地方亮度相差太大，会导致相机无法记录，画面要么过曝，要么欠曝。例如正午被阳光直射的窗户和屋内没有阳光的环境光比非常大，如果按照屋内的明暗程度设置光值，固定参数后拍摄，屋内画面曝光准确，但是屋外会过曝，从而导致环境细节全部丢失。如图 2-72 所示为廊内画面曝光准确，廊外画面过曝的情况。

图 2-72　光比

在拍摄 VR 全景图时，如何保证在大光比环境下拍摄的照片曝光准确呢？

1. 佳能相机的曝光补偿 / 自动包围曝光设置

佳能相机通常具备高动态范围成像（High Dynamic Range，HDR）功能，开启自动包围曝光（Auto Exposure Bracketing，AEB）拍摄多张等差曝光量的照片。相机通过自动更改快门速度或光圈值，用包围曝光（±3 级范围内以 13 级为单位调节）连续拍摄 3 张照片（欠曝、正常、过曝情况下各 1 张），再通过后期软件从 3 张光情况不同的照片中取其各自准确光的地方合成 1 张照片，这样就可以解决大光比环境下拍摄出的照片曝光不准的问题。佳能相机在开启 HDR 功能后屏幕上会有 3 张照片重叠的提示。

1）打开佳能相机，按 MUNE 按钮，打开“相机参数设置”窗口，选择“3”→“曝光补偿 /AEB”选项。

2）按控制拨轮的“中央”按钮，打开“曝光补偿 / 自动包围曝光设置”对话框，转动 设定自动包围曝光范围，按◀键和▶键设置曝光补偿量，如图 2-73 所示，按 SET 进行设定。

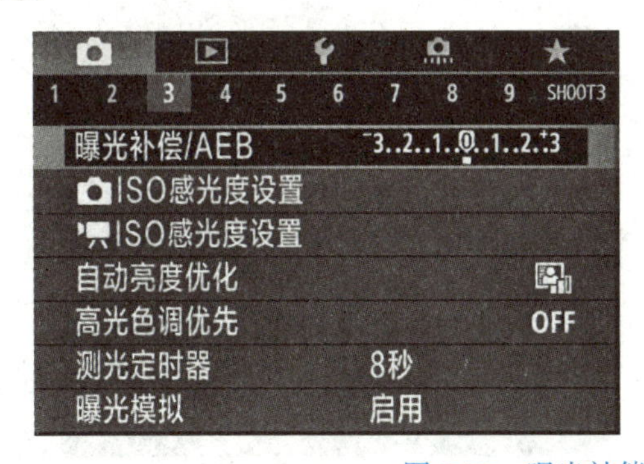

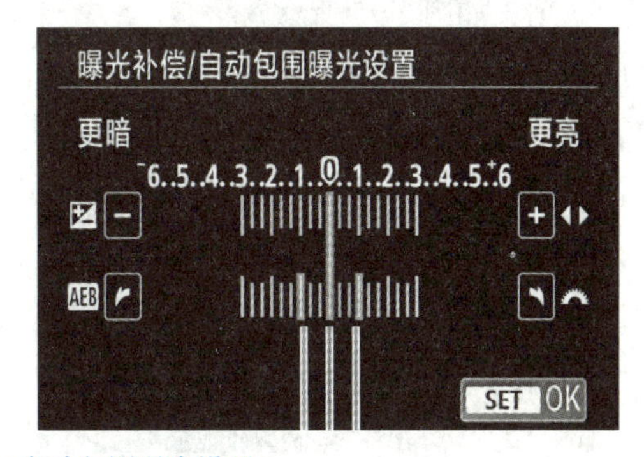

图 2-73　曝光补偿 / 自动包围曝光设置

3）关闭菜单时，会在屏幕上显示自动包围曝光范围。

4）拍摄照片。将按照所设定的驱动模式以如下顺序拍摄 3 张包围曝光的照片：标准曝光量、减少曝光量和增加曝光量。

5）自动包围曝光不会自动取消，要取消自动包围曝光，须按照步骤 2）关闭自动包围曝光范围显示。

2. 索尼相机的 DRO/ 自动 HDR 设置

HDR 拍摄适合于风景和静物拍摄。使用 HDR 拍摄时，每张照片将以不同的曝光（标准曝光、曝光不足和曝光过度）连续拍摄 3 张图像，然后自动合并在一起。以 JPEG 图像的形式记录 HDR 图像，HDR 表示高动态范围。

索尼 A6600 相机可以打开“DRO/ 自动 HDR”功能，并且可以设置不同的曝光范围（±5 级范围内），在拍摄时系统会自动进行 HDR 处理，操作步骤如下：

1）打开索尼相机，按 MUNE 按钮，打开“相机参数设置”窗口，选择“色彩 /WB/ 正在处理影像 1”→“DRO/ 自动 HDR”选项，

2）按控制拨轮的“中央”按钮，打开“DRO/ 自动 HDR”对话框，按控制拨轮的下键，选择“动态范围优化：自动”，如图 2-74 所示，按控制拨轮的“中央”按钮，完成 DRO/ 自动 HDR 设置。

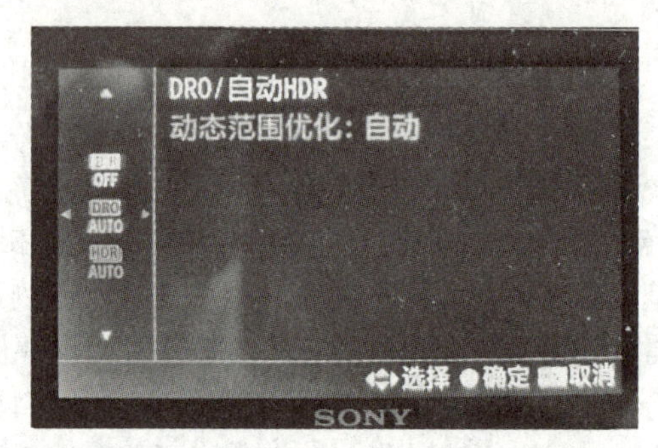

图 2-74　索尼相机 DRO/ 自动 HDR 设置

3. 佳能相机的 DRO/ 自动 HDR 设置

佳能 EOS RP 相机“HDR”同样可以选择合适的动态范围（±3 级范围内），在拍摄时系统会自动进行 HDR 处理，操作步骤如下：

1）打开佳能相机，按 MUNE 按钮，打开“相机参数设置”窗口，选择“5”→“HDR 模式”选项，如图 2-75 所示。

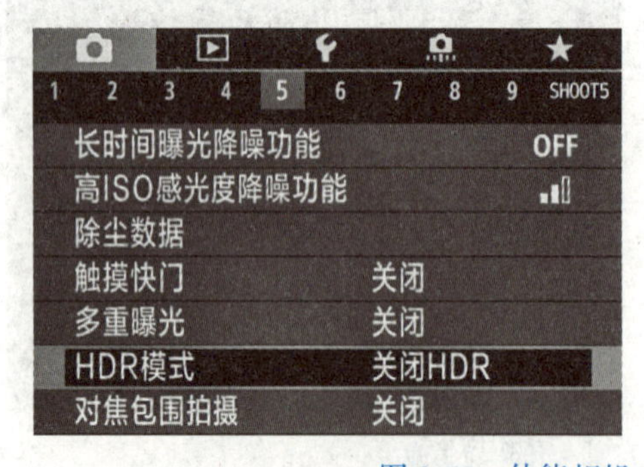

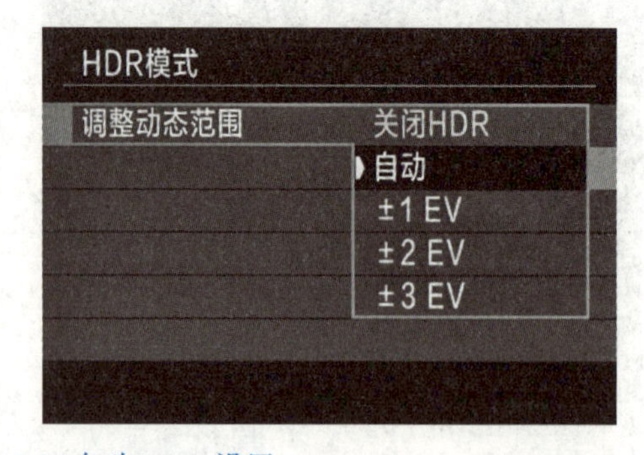

图 2-75　佳能相机 DRO/ 自动 HDR 设置

2）选择“自动”将会根据图像的整体色调范围自动设定动态范围。

3）数值越高，动态范围越宽广。

4）要退出 HDR 拍摄时，选择“关闭 HDR”完成 DRO/ 自动 HDR 设置。

2.1.10　实例 7　白平衡与色温

白平衡是电视摄像领域中的一个非常重要的概念，通过它可以解决色彩还原和色调处理等一系列问题。简单来说，白平衡就是保持“白色”的平衡，以 18% 中级灰的“白色”为标准。

色温是光线在不同的能量下，人眼所感受到的颜色变化，简单来说就是光线的颜色。简而言之，色温就是定量地以热力学温度（单位为 K）来表示色彩。大家常会在色温数值中看到 3000K、4000K、5500K 等不同的数值。

白平衡和色温是两个不同的概念，白平衡的调整就是通过调整色温来实现的，色温问题对于数码相机而言就是白平衡问题。

冷、暖色调以及正常日光环境下的标准色温值如下所述：

- 色温 >5000K，属于冷色调（颜色偏蓝），具有冷的氛围效果。
- 色温在 3300 ~ 5000K，属于中间色调（白），具有明朗的氛围效果。
- 色温 <3300K，属于暖色调（颜色偏红），具有温暖的氛围效果。

在相机中调整相机内的白平衡参数，得到的画面会是相反的结果。在正常日光环境下拍摄，将白平衡参数调整为 6000K，则会得到暖色调的影像。

在拍摄 VR 全景图时，应该怎样设置白平衡呢？

对于普通拍摄，选择自动白平衡模式基本上就可以很好地应对多数场景，但是在拍摄 VR 全景图时，如果选择自动白平衡模式，在旋转拍摄中就会导数每张图片的冷、暖色调都不同。因此，在拍摄 VR 全景图时，必须自定义白平衡或选择一种预设的固定白平衡。

1）打开索尼相机，按 MUNE 按钮，打开“相机参数设置”窗口，打开“色彩 /WB/ 正在处理影像 1”窗口，选择“白平衡模式”选项。

2）按控制拨轮的“中央”按钮，打开“白平衡模式”对话框，按控制拨轮的上下键，选择“自定义 2”，如图 2-76 所示。按控制拨轮的右键，选择 SET 按钮，在镜头前面放一张白纸，按转盘的中心键，就可设置当前的白平衡参数，再次按转盘的中心键确定。

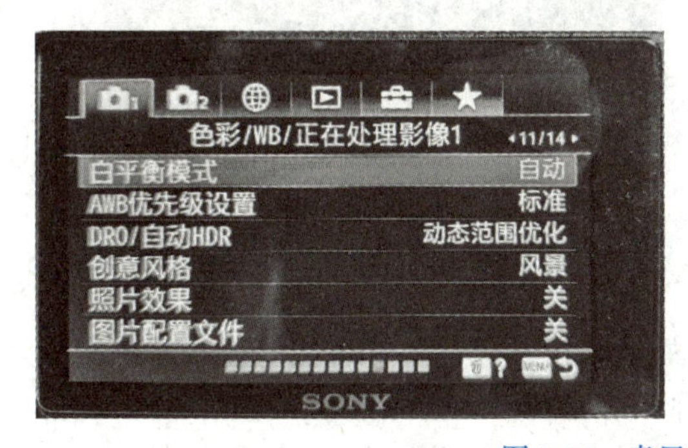

图 2-76　索尼相机白平衡设置

佳能相机自定义白平衡的设置：

使用自定义白平衡可以为拍摄地点的特定光源手动设置白平衡。确保在实际拍摄地点的光源下执行此步骤。

1）打开佳能相机，按 MUNE 按钮，打开“相机参数设置”窗口，选择“4”，选择“自定义白平衡”选项，如图 2-77 所示。

2）打开“白平衡”对话框，按◀键和▶键选择▣，然后按 SET 按钮。

3）将相机对准纯白色被摄体，使白色充满屏幕，手动对焦并用为白色物体设定的标准曝光拍摄。

4）按 OK 按钮，就可设置当前的白平衡参数，再次按 OK 按钮确定。

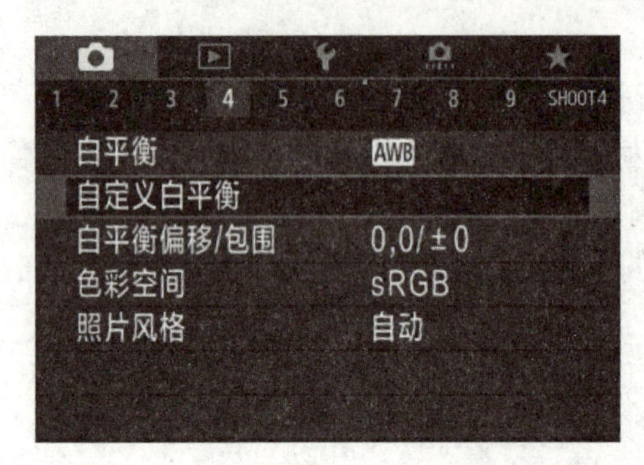

图 2-77 佳能相机白平衡设置

佳能相机色温的设置：

1）打开佳能相机，按 MUNE 按钮，打开“相机参数设置”窗口，选择“4”，选择“白平衡”选项。

2）按◀键和▶键选择 K 选项，转动▣设置所需色温，然后按 SET 按钮。

3）可在 2500～10000K 的范围内以 100K 为单位设定色温，如图 2-78 所示。

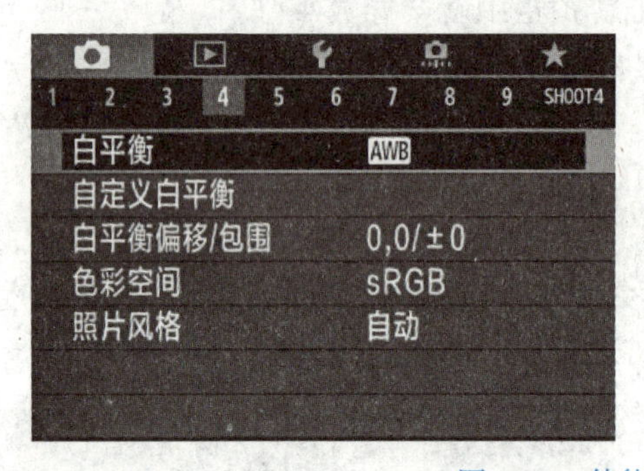

图 2-78 佳能相机色温设置

2.1.11 实例 8 相机设置的总结

由于拍摄 VR 全景图片追求的是整体画面的清晰度，因此要尽可能地让画面景深变大（被摄物的清晰范围更广）。调整光圈不会影响画质，建议设置光圈值为 F8～F10，ISO 值应在 500 以内，快门速度可以根据现场环境变换。那么，快门速度为多少才是合适的？

这时候测光就尤为重要了，选择多重（评价）测光模式，相机会给出相应反馈，当相机反馈为 MM±0 时，曝光一般比较准确。有了正确的曝光参考参数，才能得出光圈和快门参数的正确组合，从而保证曝光的准确性。

优秀摄影师的标准之一就是其对复杂环境的快速反应和处理问题的能力很强。拍摄 VR 全景图时，相机参数设置如下：

1）拍摄档位：M 档。

2）图像格式：RAW + JPEG（L）。

3）曝光模式：手动曝光。

4）白平衡：调节适当的色温值，一般以晴朗无云的正午时段非直射日光的色温值为准，这个值为 5200 ~ 5600K。

5）感光度：ISO 值一般为 100 ~ 200，如遇较暗场合可设定为 400。

6）光圈：为追求大景深，可适当减小光圈，常规光圈值设定在 F11 左右。

7）快门速度：如拍摄静态场景，可根据以上参数推算出相应的快门速度，准确曝光即可（有运动的物体出现时注意安全快门速度，鱼眼镜头的安全快门速度通常约为 1/30s）。

8）对焦模式：手动对焦时对焦点一般设在景深范围的前 1/3 处，也可以使用超焦距对焦，对焦后锁定对焦点。

9）相机画面比例：设置为 3∶2。

设置好以上参数后，初学者拍摄同一个场景时必须使用同一参数组合。如果在拍摄同一个场景的过程中变动参数，就会导致画面拼接部分明暗不一、清晰程度不一、冷暖不一等。如果已经熟练掌握摄影技术，则可以根据自己的需求在中途调节参数。

2.1.12　实例 9　硬件安装

微课

先将半画幅镜头安装到索尼 A6600 相机上。如图 2-79 所示是索尼相机连接 18mm（等效焦距为 27mm）的镜头，并配合有线快门遥控器。

如图 2-80 所示为 720 云全景云台的各部件，先将全景云台按照装配清单进行组装，如图 2-81 所示。

配套内包含：支架；水平板；补地套件；立臂旋钮；分度台；快装板；双面夹座；转换螺钉；内六角扳手。

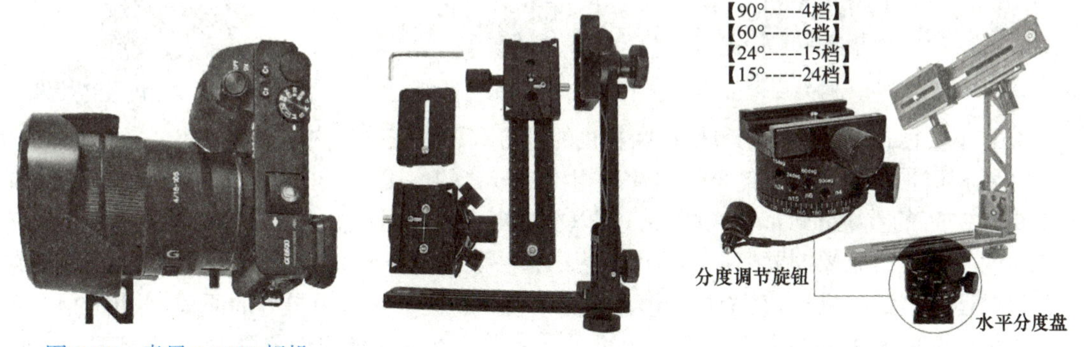

图 2-79　索尼 A6600 相机

图 2-80　720 云全景云台的各部件

1. 安装全景云台与相机

1）将安装好的全景云台组装到三脚架上，如图 2-82 所示。把三脚架原来配备的球形云台拆下来，只剩三脚架部分，一般的三脚架螺钉是英制 1/4 的，全景云台的接口是英制 3/8

的，所以拆下球形云台后需要一个 1/4 螺钉转换，才能将全景云台安装到三脚架上。

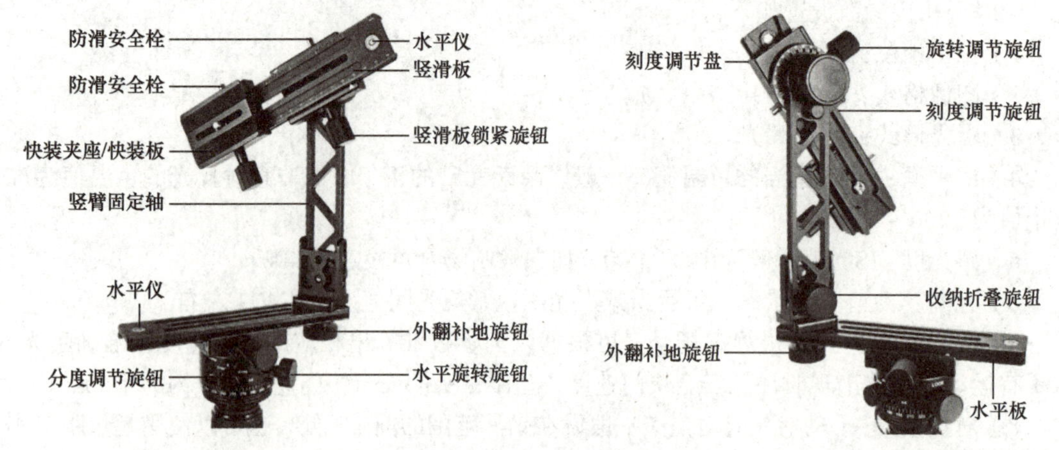

图 2-81　720 云全景云台

2）全景云台和三脚架安装完毕后，取出快装板，把快装板安装在相机上并锁紧，如图 2-83 所示。快装板一定要和相机屏幕边缘贴合，这样才能达到防垂和防止滑动的效果，同时也能起到固定节点的作用。

3）将相机安装在全景云台上的最终效果如图 2-84 所示。

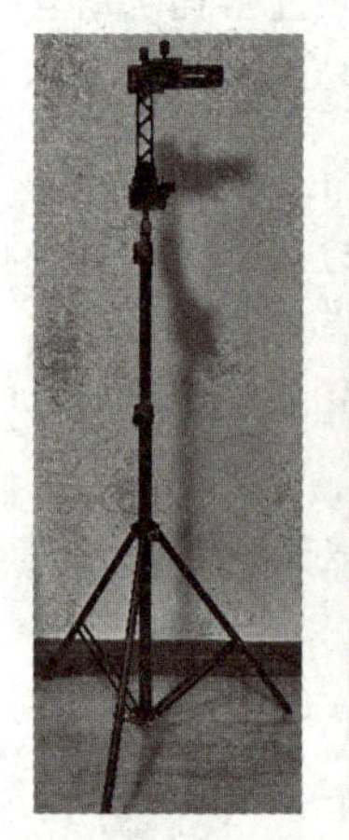

图 2-82　云台与三脚架连接

图 2-83　安装相机

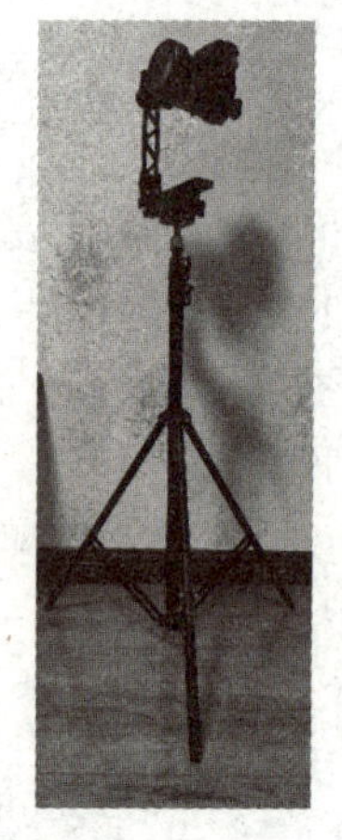

图 2-84　安装相机最终效果

注意不要把相机装反，调节螺钉在相机的屏幕端即为正确的安装方向。

竖置相机拍摄：拍摄 VR 全景图片的相机是竖置的，因为 VR 全景拍摄的相邻两张图片至少要有 25% 的重叠才可以成功拼接，所以在拍摄中要根据拍摄内容的视角范围确定相机转动的角度。镜头的成像效果都是中间优于边缘，一般离镜头中心越远，成像效果越差。不管横置相机还是竖置相机，VR 全景摄影都利用了镜头中间成像效果最好的原理。如图 2-85 所示为 3 张重叠率为 30% 的接片示意图，可见重叠部分都在最佳成像范围内。如果竖置相机，即使重叠 20% 也可以在最佳成像范围内。如果横置相机并使用 15mm 的鱼眼镜头，需要旋转拍摄两圈才可以将画面记录完整，这样会导致拍摄效率变低，并且会提高出错率，所以为保证拍摄效果应竖置相机进行拍摄。

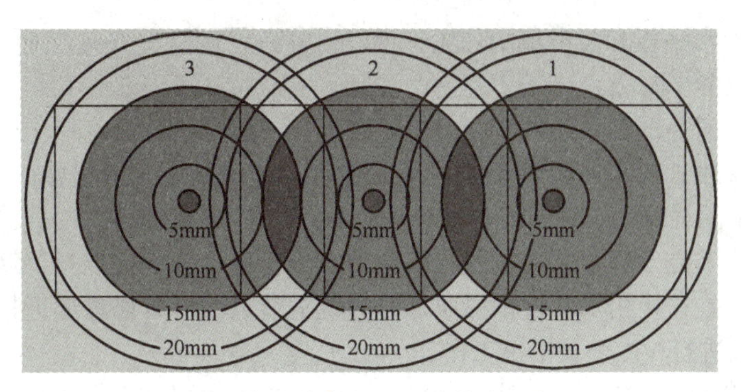

图 2-85　重叠率为 30% 的接片示意图

2. 镜头节点设置

设备安装完毕后，就需要寻找镜头节点了，这是拍摄 VR 全景图的难点和重点。如果可以完美地找到镜头节点，并调整好相机在全景云台上的位置，后期拼接图片的时候将大大降低出错率。

镜头节点是指相机镜头的光学中心点，穿过此点的光线不会发生折射。如图 2-86 所示，镜头节点在蓝色线上。

图 2-86　镜头节点

相机在拍摄 VR 全景图时的每一次转动，都必须以镜头节点为中心，这样才能保证相邻拼接的两张照片重叠部位的远近景没有位移，从而保证后期拼接的完美无痕。

镜头节点通常位于镜头内部光轴上的某个位置，如图 2-87 所示，蓝色小圈即为镜头节点示意图，但并非镜头节点的准确位置，因为不同的镜头在不同的焦段均有各自的节点位置。

根据拍摄需要调整相机机位，找准镜头节点位置，使镜头节点与上、下转轴的轴心重合；也可以根据设备的大小，通过调节上部竖滑板和底部水平板的位置来寻找正确的节点位置，如图 2-88 所示，蓝色板块可沿红色箭头指示方向移动。

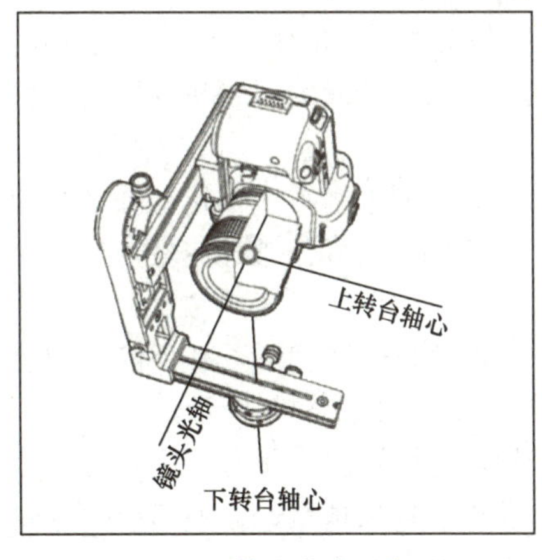

图 2-87　镜头节点示意图

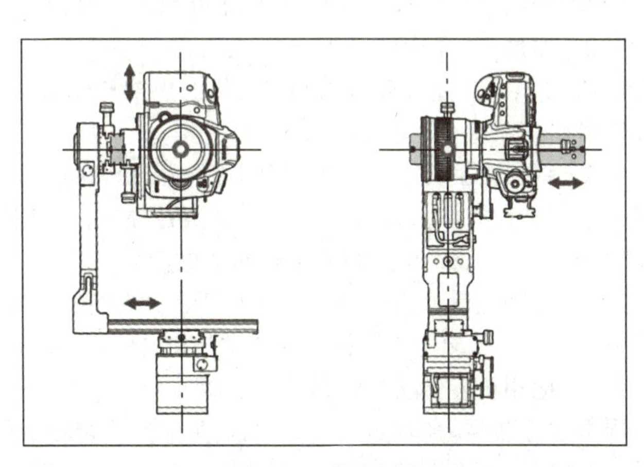

图 2-88　节点调节

移动全景云台水平板和竖滑板的位置，可以很容易地将镜头节点与上、下转轴的轴心重合。此方法分为两个步骤。

（1）找到全景云台的两个旋转轴　全景云台连接三脚架的位置有一个竖轴，相机平行旋转就是围绕着这个轴，即下转台轴心 C；全景云台的竖滑板与竖臂连接的位置有一个横轴，相机垂直翻转就是围绕着这个轴，即上转台轴心 B，如图 2-89 所示。

（2）找到镜头节点　通过移动相机让镜头节点处于两个轴的交点处。镜头节点的寻找尤为重要，找节点就是在找相机旋转拍摄照片时的镜头节点，可以通过远近物对比法进行节点校准，之后才可以进行 VR 全景拍摄工作。

远近物体和相机应该是三点一线，如果在转动相机时发现远近物体有偏移，那说明相机没有围绕着节点旋转。调整相机的前后位置就需要用上全景云台了，如图 2-90 所示。

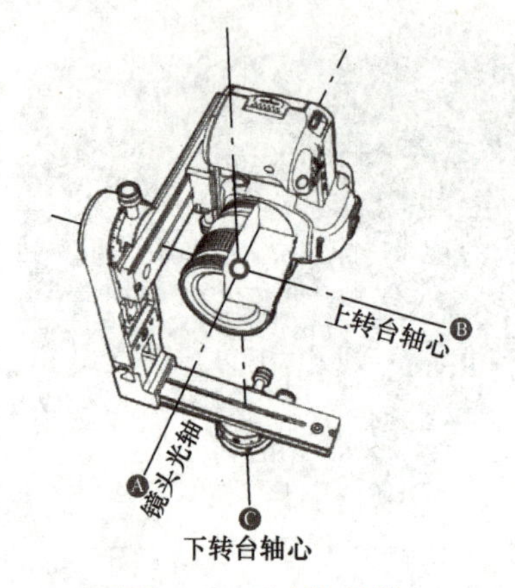

图 2-89　两个旋转轴

图 2-90　调整相机的前后位置

相机在全景云台上平行移动时，是可以前后移动相机底部的快装板锁紧双面夹的位置的，相机往后移动，那么围绕着镜头旋转的竖轴就会更靠近镜头的前方。如果相机底座与球形云台连接，那就无法改变相机的竖轴位置。

寻找镜头节点的步骤如下：

1）配合 18mm（等效焦距为 27mm）的镜头，先将相机垂直向下对准全景云台，打开 LED 取景器，将相机翻转使镜头朝下并对准全景云台水平板，如图 2-91 所示。

2）通过前后移动水平板让相机 LED 取景器的中心位置与全景云台的十字准星位置对齐，如图 2-92 所示，这样就可以确保相机的光轴与全景云台的下转台轴心重合，相机在竖臂上移动时就始终保持在光轴上。

3）将相机翻转至与全景云台平行，在镜头前大概 30cm 的位置竖着放一根铅笔或者其他细一些的竖直物体，如图 2-93 所示的红色柱子，调整好三脚架的高度和位置，使之与远处的蓝柱子相距≥ 1m，重合并处于画面中央。

4）转动全景云台使红色柱子位于画面的左侧和右侧，同时观察红色柱子是否依然和蓝色柱子重合。如果不重合则需要移动相机在竖滑板上的前后位置，如图 2-94 所示。

5）把相机旋转至右边停下，稍微把相机夹座松开，慢慢把相机往前移动，然后观察显示屏中远近参照物位置的变化，如果两个参照物随着相机的移动越来越靠近，则移动的方向是正确的，然后继续移动，直到两个参照物完全重叠在一起。

图 2-91　翻转向下

图 2-92　对齐

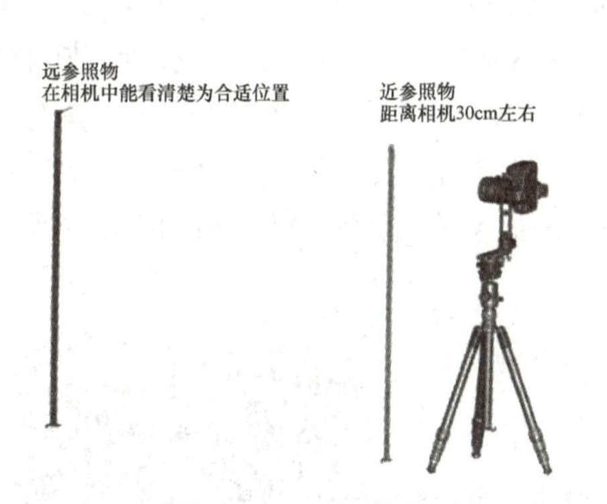

图 2-93　两根柱子

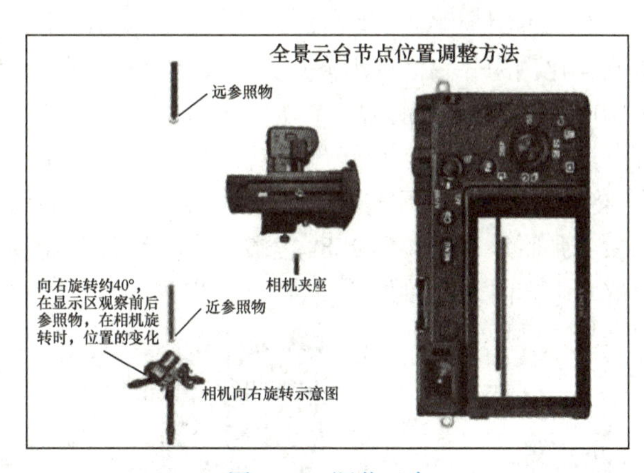

图 2-94　调节云台

6）如果两个参照物离得越来越远，说明方向错误，要往反方向移动。

7）再次向左或向右旋转相机，直至红色柱子在照片画面左边、右边及中间都与蓝色柱子重合，如图 2-95 所示。

8）直到参照物完全重叠在一起，左右旋转相机后两个参照物依然完全重合在一起，当显示屏出现图 2-96 所示的画面和情况时，即为节点调整正确。这样就可以认为已经找到镜头在全景云台上旋转的镜头节点，能够确定镜头节点的位置了——全景云台的上转台轴心对应镜头的位置就是镜头节点，可以将此位置记录下来。

确定相机与全景云台前后的距离时，全景云台上会有对应的刻度，记录这组数据和对应的镜头参数。在下一次做拍摄 VR 全景图的前期准备工作时就不用再次校对，只需要按照之前对应的刻度关系进行调整即可。还要注意与相机连接的快装板的安装方向，每一次拍摄都要使用相同的组装方式，这样才可以保证每一次拍摄 VR 全景图都准确无误。

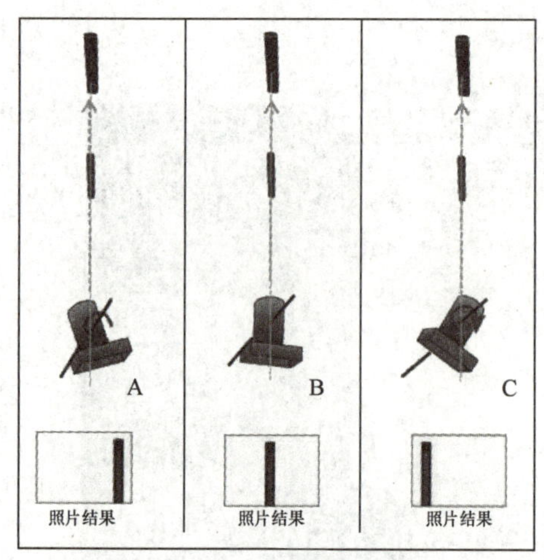

图 2-95 三点一线

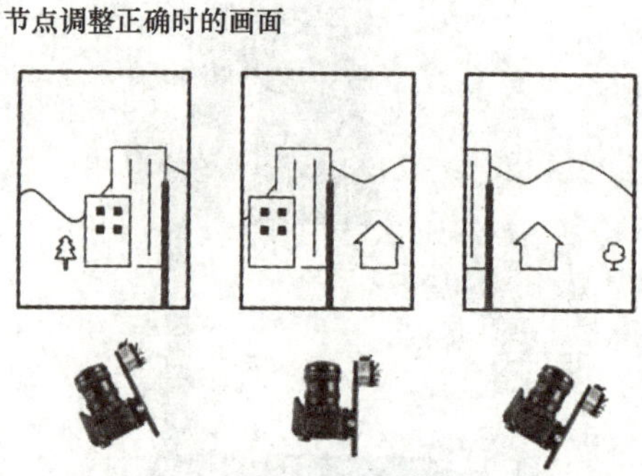

节点调整正确时的画面

图 2-96 正确调节节点

2.1.13 实例 10 拍摄 VR 全景图

微课

以 18mm 镜头为例，进行 VR 全景图片拍摄，操作步骤如下：

1）到拍摄地点，将相机垂直放置好，拍摄档位为 M 档，图像格式为 RAW + JPEG，相机画面比例为 3∶2，对焦模式为手动，测光模式为多重，白平衡为日光，感光度 ISO 值一般为 100，光圈值设为 F11，在 MM = 0 时，快门速度为 1/30s 左右。对着拍摄对象，调节调焦环，进行放大聚焦，对好焦之后，转动变焦旋环，恢复正常，将变焦调整到 18mm，拍摄 1 张；将镜头顺时针水平转动到 314°，观察 MM 值是否为 0，不为 0 则调节快门速度使 MM 为 0，拍摄 1 张照片；旋转到 288° 拍摄 1 张；然后每旋转 36° 拍摄 1 张。旋转 1 圈合计拍摄 10 张，获取水平方向 360° 的影像，如图 2-97 所示。

图 2-97 水平拍摄 10 张

2）调整竖滑板刻度为 45°，将镜头向上仰 45°，同样每间隔 36° 拍摄 1 张照片，顺时针旋转 1 圈合计拍摄 10 张照片，获取斜上方向 360° 的影像，如图 2-98 所示。

图 2-98　上仰拍摄 10 张

3）调整竖滑板刻度为 −45°，将镜头下俯 45°，同样每间隔 36° 拍摄 1 张照片，顺时针旋转 1 圈合计拍摄 10 张照片，获取斜下方向 360° 的影像，如图 2-99 所示。

图 2-99　下俯拍摄 10 张

4）调整竖滑板刻度为 90°，将镜头垂直向上拍摄 1 张照片，平行顺时针转动全景云台，旋转到 270° 再拍摄 1 张照片，获取最高视角的影像，如图 2-100 所示。

5）调整竖滑板刻度为 −90°，相机向外翻转，高度不变，但相机向右平行移动了一段距离，所以将三脚架向左平行移动相同的距离，使镜头中心与原来的三脚架中心对齐，如图 2-101 所示，拍摄 1 张。

6）将全景云台旋转 180°，再将三脚架向右移动，移动的距离为之前的 2 倍，可以看出镜头中心点没有发生改变，拍摄 1 张，补地实拍如图 2-102 所示。

图 2-100　补天拍摄 2 张

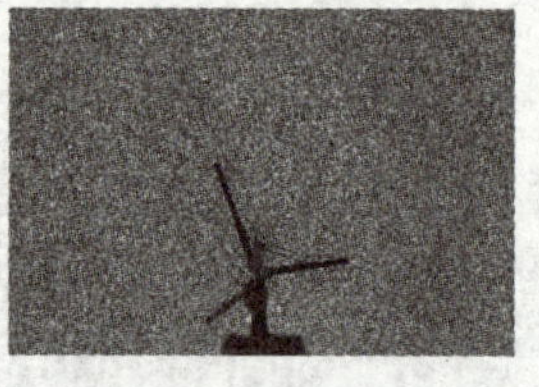

图 2-101　补地拍摄第一张

图 2-102　补地拍摄第二张

合计拍摄 10 张（水平拍摄）+ 10 张（斜上拍摄）+ 10 张（斜下拍摄）+ 2 张（天空拍摄）+ 2 张（外翻补地）= 34 张照片。

最终得到 1 组照片，如图 2-103 所示，这样使用全画幅相机配合 24mm 镜头、半画幅相机配合 18mm 镜头或使用相机拍摄的部分就已完成，下面就可以准备进行后期操作了。

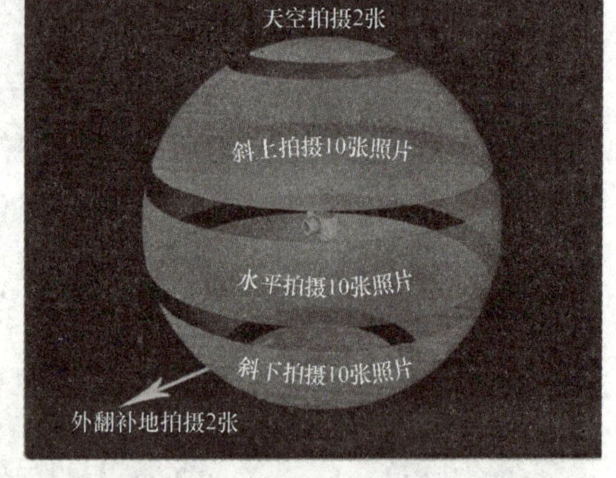

图 2-103　18mm 镜头拍摄示意图

【任务实施】

实训 1　用 18mm 镜头拍摄 VR 全景图

1. 拍摄前的检查

拍摄前应该从 3 个方面对设备进行检查。

（1）全景云台调节　要注意全景云台水平板的刻度是否为对应镜头的刻度，竖滑板和相机连接的夹座是否为对应镜头的刻度，连接相机的快装板的安装是否与之前调整节点时的方向一样。因为每次更换镜头需要调节的参数都不一样，所以建议记住自己常用的焦段和镜头所对应的数值。

前面讲过，用不同的镜头拍摄 VR 全景图时，旋转拍摄照片的张数会有区别，可以通过全景云台的分度台进行定位，分度台有 10 档。10 档分度台 90°、60°、36° 的设置方式如图 2-104 所示。值得注意的是，有的刻度需要 2 个螺钉同时紧固定位才可以生效，例如 45°、30°、18°、11.5° 和 5° 等。

（2）三脚架调节　室内的拍摄高度一般为人站立后的眼睛高度（相机镜头与摄影师的眼睛齐平即可），但根据不同的场景，机位也要相应地进行调整。一般来说，开阔的地方建议机位高一些，狭小的地方建议机位低一些。

特别需要注意三脚架是否处于水平状态，虽然在三脚架未保持水平的情况下拍摄的照片可以通过后期矫正，但是建议尽量将三脚架调至水平后再进行拍摄。

（3）其他检查　要检查内存卡是否留有足够空间，建议每次拍摄后都备份；检查相机电池电量是否充足；最好使用定时快门或遥控器触发快门，防止拍摄抖动；摄影包和三脚架包不要放在地上，否则可能会被记录到画面内，建议随身携带。

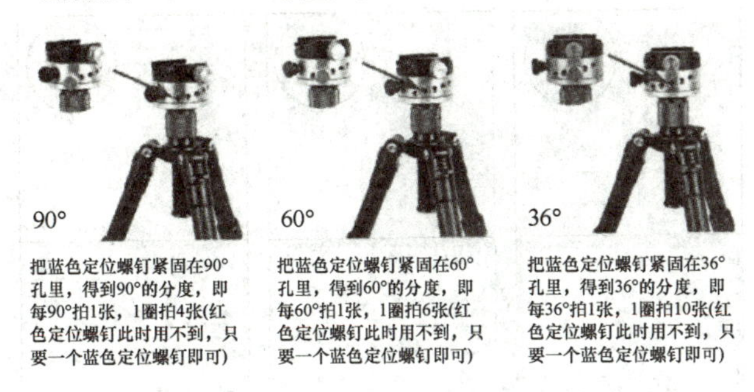

图 2-104　全景云台 10 档分度台设置方式

建议每次拍摄 VR 全景图前都检查相机的参数设置，以免产生差错，还需要对要拍摄的照片数量做到心中有数。

2. 使用标准镜头拍摄

标准镜头的 VR 全景拍摄布置分为水平拍摄、斜上拍摄、斜下拍摄、补天拍摄、补地拍摄，如图 2-105 所示。

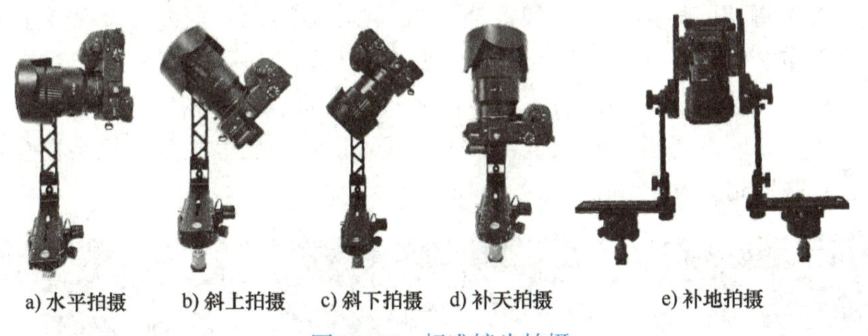

图 2-105　标准镜头拍摄

使用全画幅相机安装 24mm 和半画幅相机安装 18mm 镜头拍摄，应该是摄影师常用的组合。拍摄前需要检查的事项：调节好相机，然后将三脚架固定在平稳的地面上，再将相机镜头平行于地面（竖滑板刻度为 0°），朝向前方，接着调节 720 云全景云台（Guide）分度台上的定位螺钉，将螺钉旋转紧固到 36° 孔，全景云台每转动 36° 会有一个卡顿感应，以便快速确定拍摄时的转动角度，如果使用的是没有 36° 档的云台，就只能按实际度数旋转，然后使用遥控器控制快门或手动触发快门进行拍摄，在一个地点拍摄完毕前切记不要移动三脚架（除补地拍摄外）。

1）使用 18mm（等效焦距为 27mm）的标准镜头，先将相机垂直向下对准全景云台，打开 LED 取景器，将相机翻转使镜头朝下并对准全景云台水平板，如图 2-91 所示。

2）通过前后移动水平板让相机 LED 取景器的中心位置与全景云台的十字准星位置对齐，如图 2-92 所示，这样就可以确保相机的光轴与全景云台的下转台轴心重合，相机在竖滑板上移动时始终都保持在光轴上。

3）在室内进行节点校正。将相机翻转至与全云台平行，在镜头前 0.3m 处放置一个三脚架，与第一个三脚架距离≥ 0.7m 处放置第二个三脚架，如图 2-106 所示。

图 2-106　相机三脚架位置

4）使画面处于中央位置并与前三脚架和后三脚架重合，如图 2-107 所示；向右转动全景云台，使前面的三脚架与后面的三脚架重合，如图 2-108 所示；向左转动全景云台，使前三脚架与后三脚架重合，如图 2-109 所示；同时观察前三脚架是否与后三脚架重合。如果不重合则需要移动相机在竖滑板上的前后位置，再次向左或向右旋转相机，直至前三脚架在照片画面左边、右边及中间都与后三脚架重合，这样就可以认为已经找到了镜头在全景云台上旋转的镜头节点，并将此位置记录下来。

图 2-107　三点重合

图 2-108　画面右边三点重合

图 2-109　画面左边三点重合

5）到拍摄地点将镜头每水平转动 36° 拍摄 1 张照片，顺时针旋转 1 圈合计拍摄 10 张，获取水平方向 360° 的影像，如图 2-110 所示。

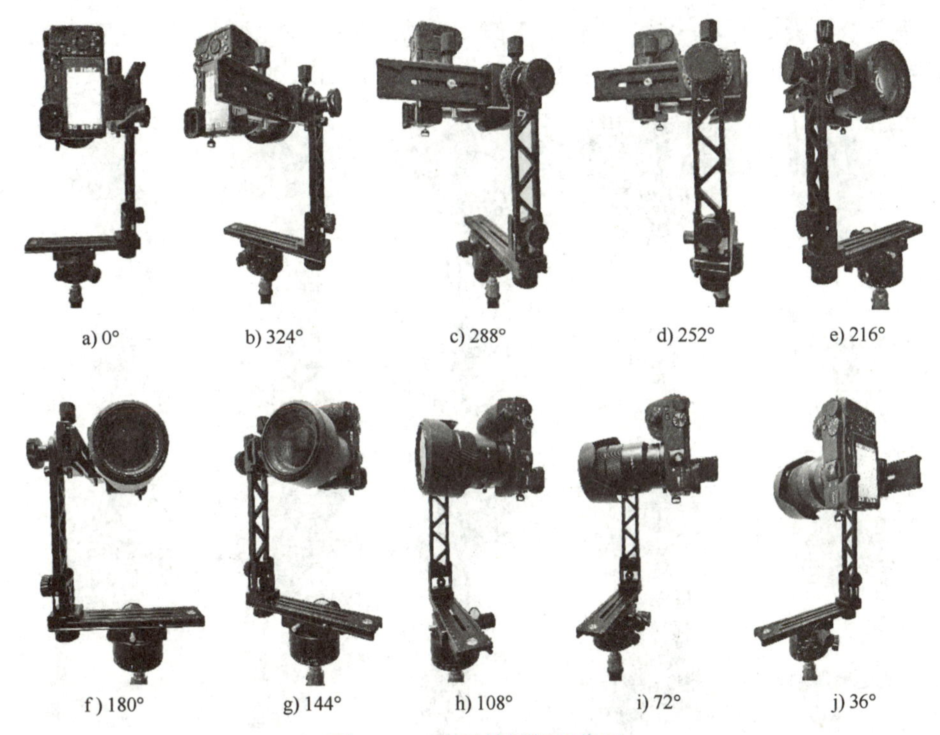

a) 0°　b) 324°　c) 288°　d) 252°　e) 216°

f) 180°　g) 144°　h) 108°　i) 72°　j) 36°

图 2-110　水平拍摄相机位置

6）调整竖滑板刻度为 45°，将镜头上仰 45°，同样每间隔 36° 拍摄 1 张照片，顺时针旋转 1 圈合计拍摄 10 张照片，获取斜上方向 360° 的影像，如图 2-111 所示。

a) 0°　b) 324°　c) 288°　d) 252°　e) 216°

f) 180°　g) 144°　h) 108°　i) 72°　j) 36°

图 2-111　上仰 45° 相机位置

7）调整竖滑板刻度为 −45°，将镜头下俯 45°，同样每间隔 36° 拍摄 1 张照片，顺时针旋转 1 圈合计拍摄 10 张照片，获取斜下方向 360° 的影像，如图 2-112 所示。

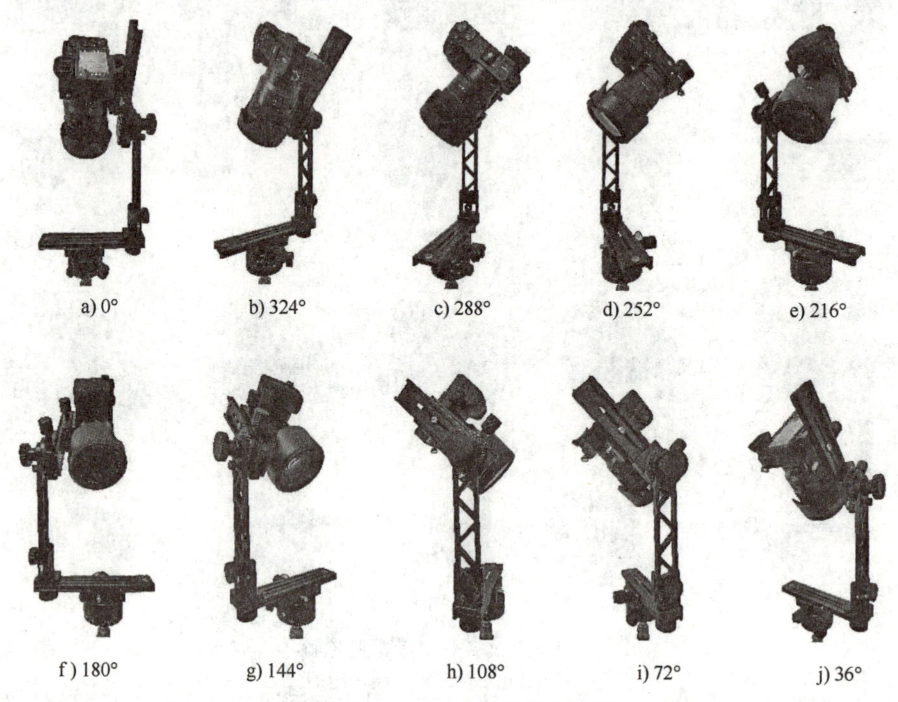

a) 0° b) 324° c) 288° d) 252° e) 216°

f) 180° g) 144° h) 108° i) 72° j) 36°

图 2-112 下俯 45° 相机位置

8）调整竖滑板刻度为 90°，将镜头垂直向上拍摄 1 张照片，顺时针转动全景云台，旋转到 270° 再拍摄 1 张照片，获取最高视角的影像，如图 2-113 所示。

9）调整竖滑板刻度为 −90°，如图 2-114 所示，相机向右外翻转，高度不变，如图 2-115 所示，但相机向右平行移动了一段距离，所以将三脚架向左平行移动相同的距离，使镜头中心与原来的三脚架中心对齐，如图 2-116 所示，拍摄 1 张。

图 2-113 垂直向上　　图 2-114 垂直向下　　图 2-115 向右翻转　　图 2-116 中心位置对齐

10）将全景云台旋转 180°，如图 2-117 所示再将三脚架向右移动，移动的距离为之前的 2 倍，可以看出镜头中心点没有发生改变，如图 2-118 所示，拍摄 1 张。补地实拍如图 2-119 所示。

合计拍摄 10 张（水平拍摄）+ 10 张（斜上拍摄）+ 10 张（斜下拍摄）+ 2 张（天空拍摄）+ 2 张（外翻补地）= 34 张照片。

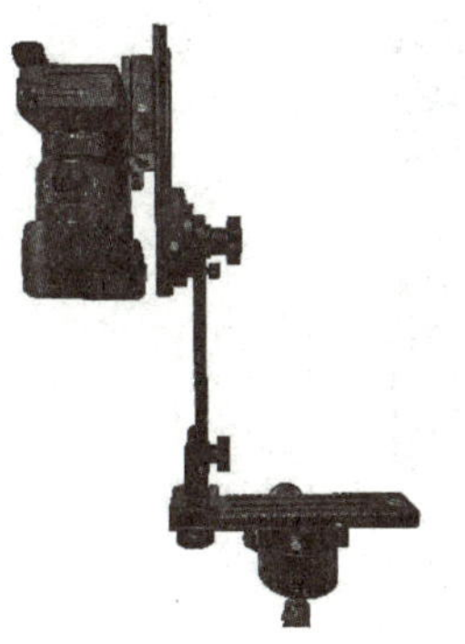

图 2-117　旋转 180°

图 2-118　移动并对齐中心位置

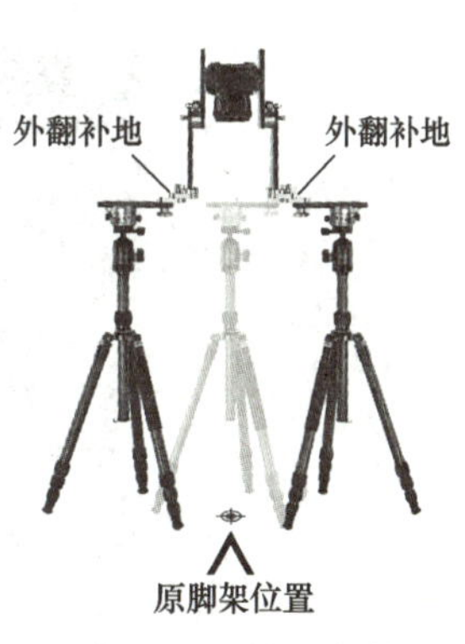

图 2-119　补地实拍

实训 2　使用 7.5mm 鱼眼镜头拍摄

如果有这个焦段的镜头，那就太好了，这个焦段也是适合 VR 全景摄影的一个焦段，只需要拍摄 5 张。首先调节好相机，然后将三脚架固定在平稳的地面上，再将相机镜头朝向自己前方，调节 720 云全景云台分度台上的分度调节旋钮，将螺钉旋转紧固到 60° 孔，即全景云台每转动 60° 会有 1 个卡顿感应，再旋转 12°，以便快速确定拍摄时需要转动的角度。使用遥控器控制快门或手动触发快门进行拍摄，在 1 个场景拍摄完毕前切记不要移动三脚架（除补地拍摄外）。操作步骤如下：

1）使用 7.5mm（等效焦距为 11mm）的鱼眼镜头，打开相机开关，设置光圈为 F11，调整 ISO 及快门速度，使 MM = 0，将相机垂直向下对准 720 云全景云台，对准全景云台水平板，如图 2-120 所示。

2）通过前后移动水平板让相机 LED 取景器的中心位置与全景云台的十字准星位置对齐，如图 2-121 所示，这样就可以确保相机的光轴与全景云台的下转台轴心重合，相机在竖滑板上移动时始终都保持在光轴上。

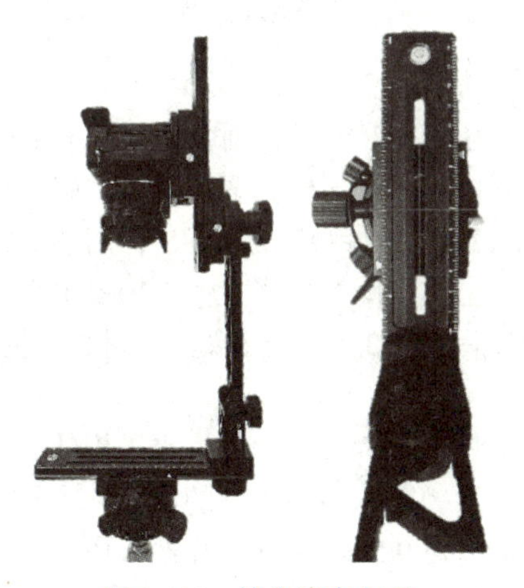

图 2-120　镜头垂直向下

图 2-121　对齐

3）在室内进行节点校正。将相机翻转至与全景云台平行，在镜头前 0.3m 处放置第一个三脚架，相距≥ 0.7m 处放置第二个三脚架，如图 2-122 所示。

图 2-122 三点成一线

4）使画面处于中央位置并与前三脚架和后三脚架重合，如图 2-123 所示；向右转动全景云台，使前三脚架与后三脚架重合，如图 2-124 所示；向左转动全景云台，使前三脚架与后三脚架重合，如图 2-125 所示；调好镜头在全景云台上旋转的镜头节点，并将此位置记录下来。

图 2-123 中间对齐

图 2-124 左对齐

图 2-125 右对齐

5）到龚滩古镇，选好拍摄地点，调整竖滑板刻度为 0°，对着拍摄对象，按 MENU 键，打开对焦辅助窗口，选择对焦放大，按两次控制拨轮中间键，打开放大聚焦窗口，调节对焦环到图像清晰为止。再按控制拨轮中间键，拍摄 1 张，水平顺时针旋转到 288°，调节快门速度，使 MM 值为 0，拍摄 1 张，旋转到 216°，调节快门速度，使 MM 值为 0，拍摄 1 张，旋转到 144°，拍摄 1 张，旋转到 72°，拍摄 1 张，获取水平方向 360° 的影像。回到 0 度位置，如图 2-126 所示。

6）调整竖滑板刻度为 90°，垂直拍摄 1 张照片，如图 2-127 所示。镜头水平旋转 90° 后调整竖滑板刻度为 75°，再拍摄 1 张照片，如图 2-128 所示，获取最高视角的影像。

注：为什么镜头水平方向旋转 90° 后要 75° 拍摄而不是 90° 拍摄呢？因为在户外，镜头 75° 可以记录一部分地面上较高物体的影像，不然有可能拍出的最高视角的影像都是纯色的天空，这会导致后期因系统无法识别控制点而不能很好地拼接。75° 可以为后期的天空识别增加控制点，从而保证拼接准确。

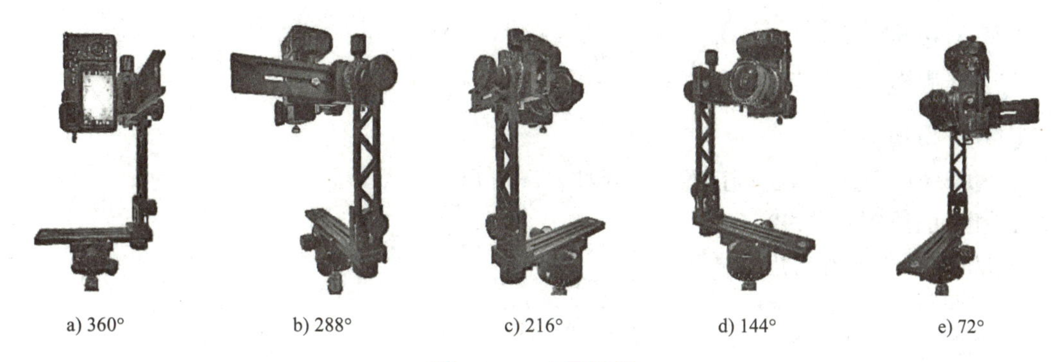

a) 360°　　b) 288°　　c) 216°　　d) 144°　　e) 72°

图 2-126　水平拍摄

7）调整竖滑板刻度为 −90°，相机向右翻转，高度不变，但相机向右平行移动了一段距离，所以将三脚架向左平行移动相同的距离，使镜头中心与原来的三脚架中心对齐，如图 2-129 所示，拍摄 1 张。

8）将全景云台旋转 180°，再将三脚架向右移动，移动的距离为之前的 2 倍，可以看出镜头中心点没有发生改变，如图 2-130 所示，拍摄 1 张。

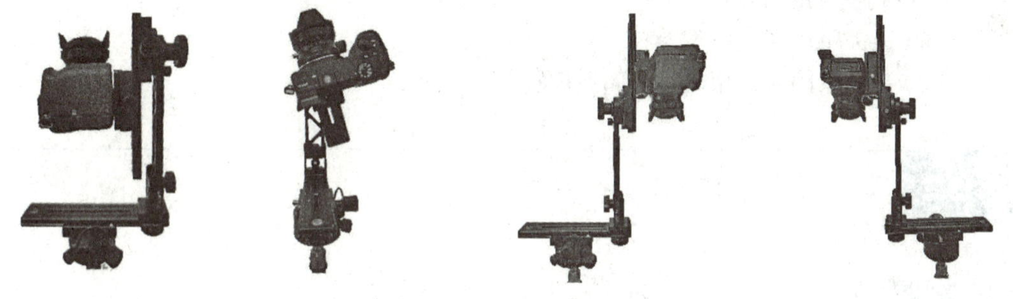

图 2-127　90° 拍摄　　图 2-128　75° 拍摄　　图 2-129　相机向右翻转　　图 2-130　全景云台旋转 180°

最终拍摄 9 张照片，前面 5 张照片为水平拍摄，中间的天空画面为补天拍摄的 2 张照片（垂直拍摄 +75° 上仰拍摄），最后为 2 张补地照片，如图 2-131 所示。

图 2-131　9 张全景图

【任务拓展】

请用鱼眼镜头在美丽的古镇拍摄 3 张 VR 全景图。

【思考与练习】

1. 拍摄 VR 全景图片的辅助器材有哪些？
2. 相机的设置有哪些？
3. VR 全景图拍摄对焦方法有哪些？
4. 光圈与景深有何关系？
5. 焦距与景深有何关系？
6. 拍摄距离与景深有何关系？
7. 什么参数影响曝光？
8. 在拍摄 VR 全景图时，应该如何设置光圈、快门和感光度？
9. 如何确定最佳曝光？
10. 在拍摄 VR 全景图时，应该用什么测光模式？
11. 在拍摄 VR 全景图时，应该怎样设置白平衡？
12. 怎样找到镜头的节点？
13. 27mm 镜头照片张数是多少？
14. 拍摄 VR 全景图时，相机参数如何设置？

任务 2.2 VR 全景图的拼接

【任务描述】

众所周知，摄影是技术与艺术结合的技艺。有人说摄影是 7 分靠前期拍摄，3 分靠后期修图；也有人说摄影是 3 分靠前期拍摄，7 分靠后期修图。但是在 VR 全景摄影这个门类中，拍摄的图像是一定要进行后期处理的。

VR 全景图的后期处理大致有多图拼接、补天操作、主题突出及细节调整、生成富媒体文件。

在 VR 全景图后期处理的流程中，会用到软件工具。很多软件都在尝试将 VR 全景图后期处理涉及的所有过程全部融合在一起，但目前可以完美融合所有流程的软件，在某些领域也依然无法达到最好的效果。为了保证制作的 VR 全景图是一个优质的 VR 全景作品，需要通过多个软件进行后期处理。

后期处理所使用的软件及具体步骤如下：

第 1 步，将图片导入 PTGui 软件进行拼接、补天等操作，创建画面比例为 2∶1 的 VR 全景图。

第 2 步，对处理合成好的 VR 全景图进行检查，通过 Photoshop 软件进行细节调整，可按喜好进行调色。

第 3 步，将最终调整好的 VR 全景图上传到 720 云，对其进行漫游编辑并分享。

【任务要求】

- 掌握 PTGui VR 全景图片的拼接。
- 掌握采用 Photoshop 软件进行细节调整和 VR 全景图片压缩。

【知识链接】

微课

2.2.1　实例 1　PTGui 控制点的操作

在大场景拼接中，有时补天和有些图片拼接不成功，这是因为相邻图片上没有产生控制点，这里可以用添加控制点的方法，使其拼接成功，操作步骤如下：

1）双击 PTGui Pro X64 12 图标，启动 PTGui Pro X64 12。在“工程助理”窗口内，单击“加载影像”按钮，打开“添加影像”对话框，选择“广场”除最后一张补天外的 33 张图片，单击“打开”按钮。

2）PTGui Pro 将会把源图像载入软件中，单击“对齐影像”按钮，打开“请稍候”对话框，经过 PTGui Pro 自动化拼接后，将打开初步拼接的 VR 全景图，如图 2-132 所示，如果遇到这样的情况，通常可以关闭“全景编辑”窗口，再次单击“对齐影像”按钮。

3）如果没有改善，关闭“全景编辑”窗口并重启软件，再按照之前的步骤重新加载源图像，再次或多次对准图像，还是出现图 2-132 所示的情况，单击“显示影像编号”按钮，空缺的地方与 19 号和 11 号图片相邻，单击“关闭”按钮。

4）单击“控制点助手”按钮，打开“控制点助手”窗口，如图 2-133 所示，影像 20 和 31 还没有任何控制点，单击“关闭”按钮。

图 2-132　两处没有对齐

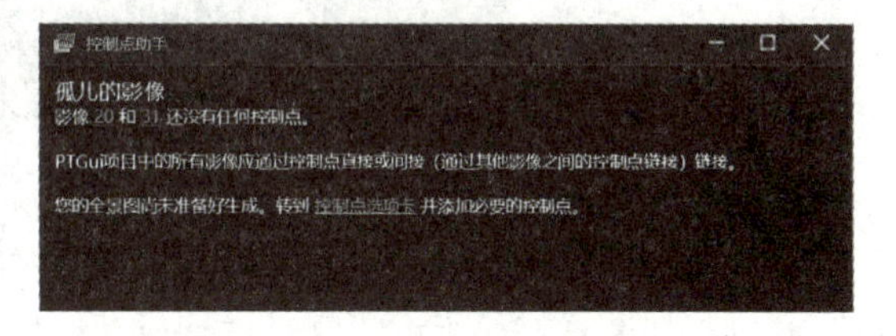

图 2-133　控制点助手

5）单击“控制点”选项卡，在左窗口选择 20 号图片，右窗口选择 11 号图片，在 20 号图片右上方单击，加上控制点，再在 11 号图片左上方单击，加上控制点，以此类推，添加三个控制点。执行菜单命令“控制点”→“为影像 11 和 20 生成控制点”，如图 2-134 所示。

6）左窗口选择 19 号图片，右窗口选择 20 号图片，在 19 号图片右上方单击，加上控制点，再在 20 号图片左上方单击，加上控制点，以此类推，添加三个控制点。执行菜单命令“控制点”→“为影像 19 和 20 生成控制点”，如图 2-135 所示。

7）左窗口选择 31 号图片，右窗口选择 16 号图片，在 31 号图片右下方单击，加上控制点，再在 16 号图片上方单击，加上控制点，以此类推，添加三个控制点。执行菜单命令“控制点”→“为影像 16 和 31 生成控制点”，如图 2-136 所示。

图 2-134　20、11 号图片添加控制点

图 2-135　19、20 号图片添加控制点

8）左窗口选择 31 号图片，右窗口选择 17 号图片，在 31 号图片右下方单击，加上控制点，再在 17 号图片上方单击，加上控制点，以此类推，添加三个控制点。执行菜单命令“控制点”→“为影像 17 和 31 生成控制点”，如图 2-137 所示。

图 2-136　31、16 号图片添加控制点

图 2-137　31、17 号图片添加控制点

9）单击“工程助理”选项卡，单击“运行优化器”按钮，打开“你想跑‘初始化和优化’吗？”提示对话框，如图 2-138 所示，单击“是”按钮。

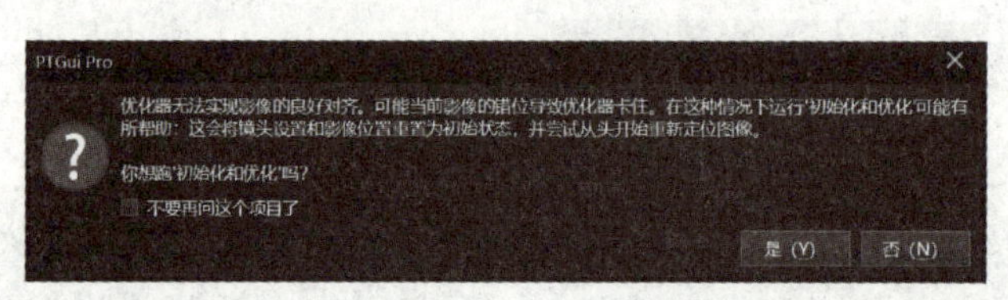

图 2-138　提示对话框

10）打开优化结果对话框，单击“是”按钮，单击“全景编辑器”按钮，打开“全景编辑”窗口，如图 2-139 所示，已经拼接成功，但有些移位，向左边拖动校正即可，如图 2-140 所示。

图 2-139　全景编辑

图 2-140　移动位置

2.2.2　实例 2　移动图片进行拼接

添加控制点是拼接方法之一，也可用移动图片的方法进行拼接，操作步骤如下：

1）单击“开新项目”按钮，打开“是否保存项目”对话框，单击“不保存”按钮，单击“加载影像”按钮，打开“添加影像”对话框，选择“广场”除一张补天外的 33 张图片，单击“打开”按钮。

2）单击“对齐影像”按钮，开始对齐，之后打开“全景编辑”窗口，如图 2-141 所示。

3）在“全景编辑”窗口中，单击“显示影像编号”→“编辑单张影像”按钮，选择图片 31，如图 2-142 所示，拖动调整其位置，如图 2-143 所示。

图 2-141　没有对齐

图 2-142　选择 31 号图片

4）选择图片 20，如图 2-144 所示，拖动调整其位置，如图 2-145 所示。单击“关闭”按钮，关闭“全景编辑”窗口，回到“工程助理”窗口，单击“运行优化器”按钮，打开运行结果对话框，如图 2-146 所示，单击“是”按钮。

图 2-143　移动 31 号图片

图 2-144　选择 20 号图片

图 2-145　移动 20 号图片

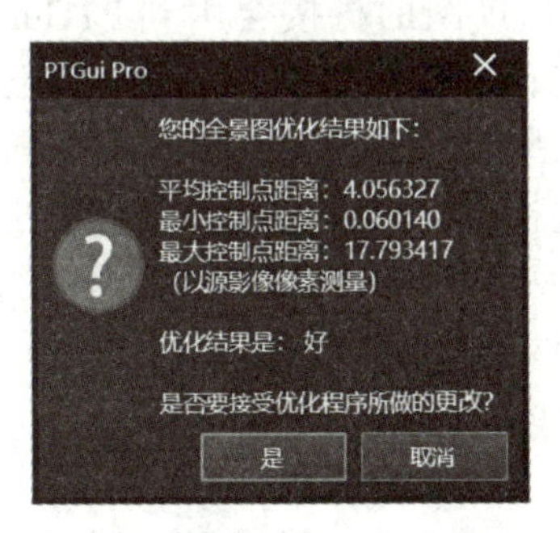

图 2-146　优化结果

5）单击“对齐影像”按钮，打开“全景编辑”窗口，如图2-147所示，拼接完毕。

图2-147　完成拼接

2.2.3　实例3　倾斜校正

微课

1）双击PTGui Pro X64 12图标，启动PTGui Pro X64 12。在“工程助理”窗口内，单击“加载影像”按钮，打开“添加影像”对话框，选择“信息馆”的9张图片，单击“打开”按钮。

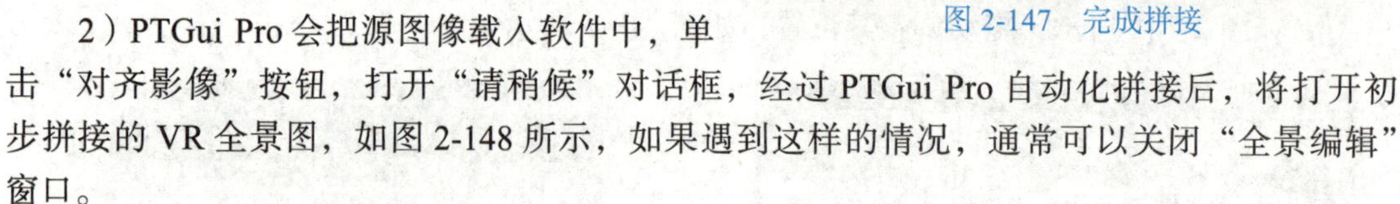

2）PTGui Pro会把源图像载入软件中，单击“对齐影像”按钮，打开“请稍候”对话框，经过PTGui Pro自动化拼接后，将打开初步拼接的VR全景图，如图2-148所示，如果遇到这样的情况，通常可以关闭“全景编辑”窗口。

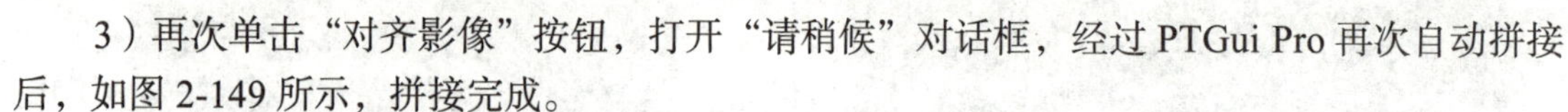

3）再次单击“对齐影像”按钮，打开“请稍候”对话框，经过PTGui Pro再次自动拼接后，如图2-149所示，拼接完成。

图2-148　没有对齐

图2-149　完成拼接，图片倾斜

4）图片稍微有点倾斜，按住鼠标右键上下拖动右边缘或左边缘的垂直中心位置，进行旋转，如图2-150所示，完成倾斜校正，关闭“全景编辑”窗口。

图2-150　校正图片

【任务实施】

实训1　小场景VR全景图的拼接

VR全景图的拼接会用到PTGui大部分核心功能，通过拍摄实践我们应该已经拍摄好1组源图像，使用JPEG格式的图片进行讲解。这些操作可以让你的作品更加出彩，如图2-151所示为7.5mm等效焦距索尼微单镜头拍摄的图片素材。

1）双击PTGui Pro X64 12图标，启动PTGui Pro X64 12，如图2-152所示。在“工程助理”窗口内，单击“加载影像”按钮，打开“添加影像”对话框，选择“白公馆内”9张图片，单击“打开”按钮。

2）PTGui Pro将会把源图像载入软件中，如图2-153所示，也可以直接将源图像拖入软件中，共加载了 9 张图片，其中包含每转动 72° 平行拍摄 1 次的 5 张图片，2 张朝地面拍摄的图片以及 2 张朝天空拍摄的图片。

图 2-151　全景素材

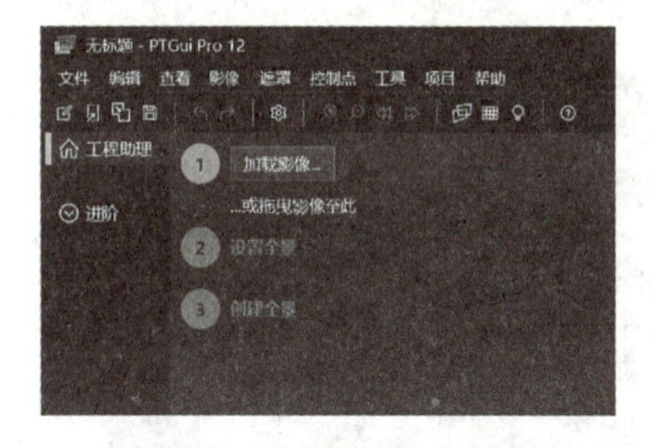

图 2-152　PTGui Pro 12 窗口

图 2-153　加载影像

3）单击“对齐影像”按钮，打开“全景编辑”窗口，如图 2-154 所示，两边低，中间高，将鼠标放在中间位置，按住鼠标左键不放，往下拖动。

4）将指针放在图片右边的中心位置进行上下拖动，可实现水平倾斜校正，如图 2-155 所示，单击“关闭”按钮。

图 2-154　两边低中间高的图像

图 2-155　初步拼接的 VR 全景图

5）单击“预览”选项卡，打开“预览”窗口，单击“预览”按钮，从弹出的快捷菜单中选择“在 PTGui 查看器中打开”选项，打开“请稍候”对话框，生成之后，打开“PTGui 查看器”窗口，如图 2-156 所示，可以看到地面有三脚架。

6）关闭“PTGui 查看器”窗口，单击“工程助理”选项卡，在“工程助理”窗口分别右击图片 8 和 9，从弹出的快捷菜单中选择“激活此影像视点优化”选项，将其激活，如图 2-157 所示。

图 2-156　地面三脚架

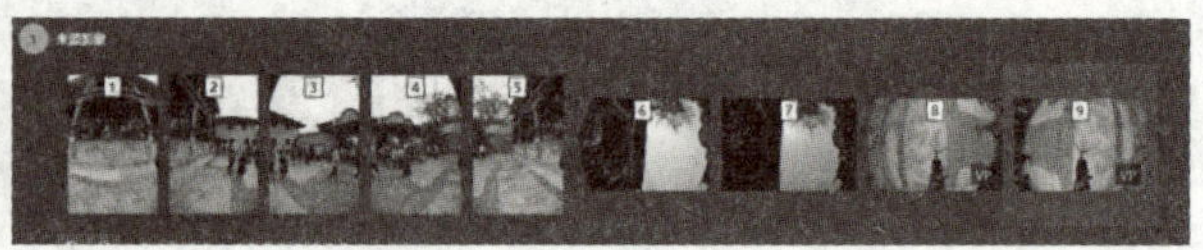

图 2-157　激活补地图片

7）单击“遮罩”选项卡，打开“遮罩”窗口，左窗格选择图片 8，右窗格选择图片 9，如图 2-158 所示。

8）在左边的窗格中单击云台的右下方，之后按住 <Shift> 键，单击云台的边缘，连成一条线，沿云台和三脚架的边缘单击一圈，包围云台和三脚架，松开 <Shift> 键。

9）右击闭合回路，从弹出的快捷菜单中选择“填满”选项，填满红色，如图 2-159 所示。

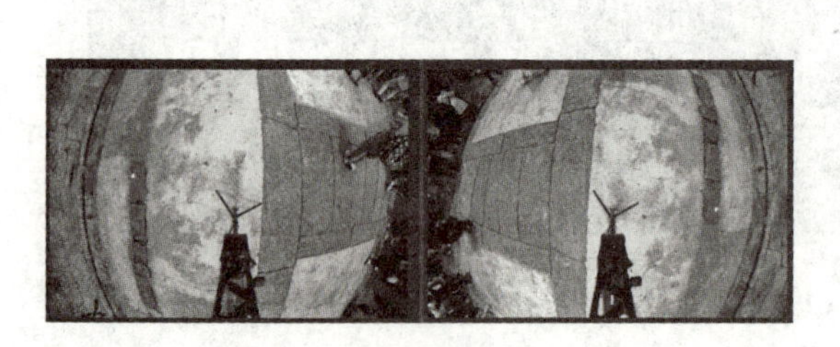

图 2-158　选择图片

图 2-159　填充左边图片

10）用相同的方法在右窗格画一条闭合回路，右击，从弹出的快捷菜单中选择“填满”选项，填满红色，如图 2-160 所示。

11）单击“优化”选项卡，打开“优化”窗口，单击“运行优化程序”按钮，打开优化结果对话框，单击“是”按钮，完成优化。

12）单击“预览”选项卡，打开“预览”窗口，单击“预览”按钮，从弹出的快捷菜单中选择“在 PTGui 查看器中打开”选项，弹出“请稍候”对话框，随着进度条加载完毕，就可将合成好的图片通过播放器打开查看，没有看到地面底部云台和三脚架，如图 2-161 所示。

13）单击“创建全景”选项卡，切换到“创建全景”窗口，根据需要对输出内容进行参数设置，默认“宽 × 高”为 9796×4898 像素，“输出文件”为 D：\VR 素材 \ 全景图 \ 白公馆内 2.jpg，如图 2-162 所示。

图 2-160　填充右边图片

图 2-161　消除云台和三脚架

14）设置完毕，单击“创建全景”按钮，这时会弹出“请稍候”对话框，随着进度条加载完毕，VR 全景图拼接处理完成。如图 2-163 所示，地面上有一个条形小孔。

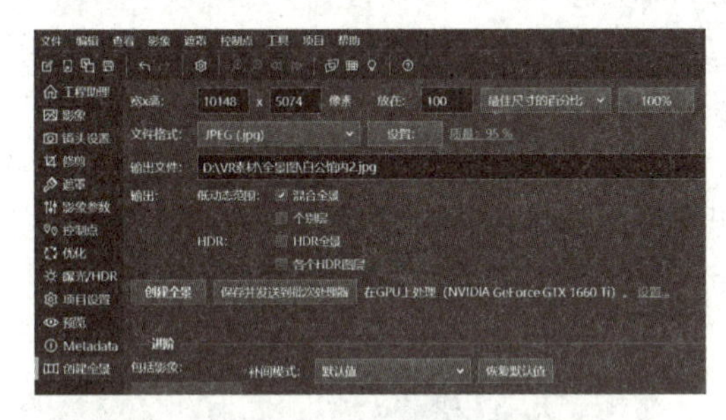

图 2-162　参数设置

图 2-163　完成拼接

15）在桌面上双击 Photoshop 图标，打开 Photoshop 窗口，单击“打开”按钮，打开“打开”对话框，选择“白公馆内 2”图片，单击“打开”按钮，选择“仿制图章工具”，“大小”调节为 108，如图 2-164 所示。

16）按住 <Alt> 键的同时单击小孔附近区域，松开 <Alt> 键，涂抹小孔区域，如图 2-165 所示。

图 2-164　打开“白公馆内 2”图片

图 2-165　涂抹小孔区域

17）执行菜单命令“文件”→“存储为”，打开“保存在您的计算机上或保存到云文档”对话框，单击“保存在您的计算机上”按钮，打开“另存为”对话框，在“文件名”框内输入“白公馆 2”，单击“保存”按钮。

18）在 PTGui Pro 12 中，执行菜单命令“工具”→“PTGui 查看器”，打开“PTGui 查看器”窗口，执行菜单命令“文件”→“加载全景”，打开“加载全景”对话框，选择“白公馆 2”全景图片，单击“打开”按钮，如图 2-166 所示，小黑孔没有了。

实训 2　大场景全景图的拼接

对大场景拍摄全景图后，拼接完成后也有可能出现某些图片和补天没有对齐的情况，这就需要添加控制点或手动对齐图片。

1）双击 PTGui Pro X64 12 图标，启动 PTGui Pro X64 12。在“工程助理”窗口内，单击“加载影像”按钮，打开“添加影像”对话框，选择“足球场”除最后一张补天外的 33 张图片，单击“打开”按钮。

图 2-166　已无黑色小孔

2）PTGui Pro 将会把源图像载入软件中，单击“对齐影像”按钮，打开“请稍候”对话框。

3）经过 PTGui Pro 自动化拼接后，将打开初步拼接的 VR 全景图，如图 2-167 所示，补天图片没有按照对应的位置融合起来，单击“关闭”按钮。

4）在“工程助理”窗口中，如图 2-168 所示，单击“控制点助手”按钮，打开“控制点助手”窗口，在窗口中提示图像 20 和 31 没有和其他图片形成控制点，如图 2-169 所示，导致补天图片和其他图片无法放到对应的位置，单击“关闭”按钮。

图 2-167　没有对齐

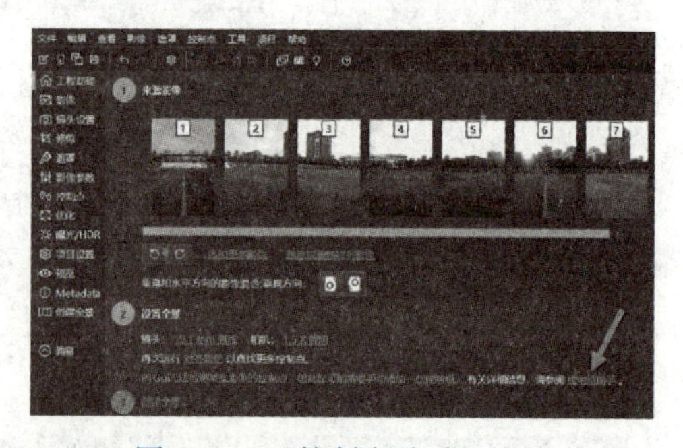
图 2-168　“控制点助手”按钮

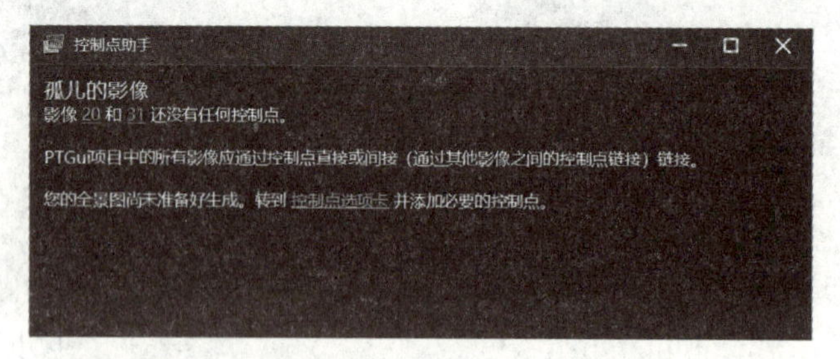

图 2-169　“控制点助手”窗口

1. 添加控制点

1）单击“控制点”选项卡，打开“控制点”窗口，在左边窗口选择全景图片 19，在右边窗口选择全景图片 20，如图 2-170 所示。当指针处在图片 19 有细节和纹理的位置上时，指针会变为“+”状，在图片 20 时也会变为“+”状，如图 2-171 所示。

图 2-170　选择图片 19 和 20

图 2-171　指针变为“+”状

2）分别在图片 19 和 20 上单击，增加第一对点，再分别在图片 19 和 20 上单击，增加第二对点，以此类推，增加三对点，执行菜单命令“控制点”→“为影像 19 和 20 生成控制点”，如图 2-172 所示。

3）在左边窗口选择全景图片 20，在右边窗口选择全景图片 11。分别在图片 20 和 11 上单击，增加第一对点，再分别在图片 20 和 11 上单击，增加第二对点，以此类推，共增加三对点，执行菜单命令“控制点”→“为影像 11 和 20 生成控制点”，如图 2-173 所示。

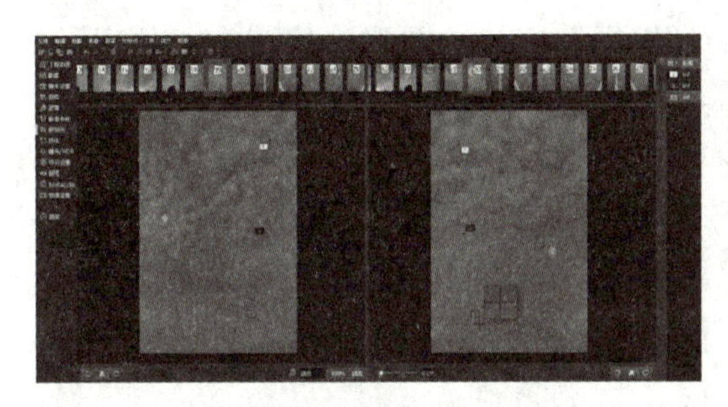

图 2-172　图片 19 和 20 生成控制点

图 2-173　图片 20 和 11 生成控制点

4）在左边窗口选择全景图片 16，在右边窗口选择全景图片 31。分别在图片 16 和 31 上单击，增加第一对点，再分别在图片 16 和 31 上单击，增加第二对点，以此类推，共增加三对点，执行菜单命令“控制点”→“为影像 16 和 31 生成控制点”，如图 2-174 所示。

5）在左边窗口选择全景图片 17，在右边窗口选择全景图片 31。分别在图片 17 和 31 上单击，增加第一对点，再分别在图片 17 和 31 上单击，增加第二对点，以此类推，共增加三对点，执行菜单命令“控制点”→“为影像 17 和 31 生成控制点”，如图 2-175 所示。

图 2-174　图片 16 和 31 生成控制点

图 2-175　图片 17 和 31 生成控制点

6）再次检查控制点是否正确，检查无误，单击“工程助理”选项卡，打开“工程助理”窗口，如图 2-176 所示，单击“运行优化器”按钮，打开“你想跑‘初始化和优化’吗？”

提示对话框，单击“是”按钮。

7）打开优化结果对话框，如图 2-177 所示，单击“是”按钮。

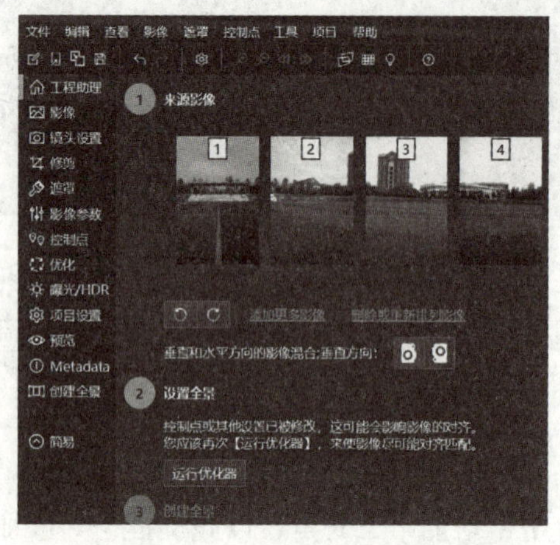

图 2-176 “工程助理”窗口

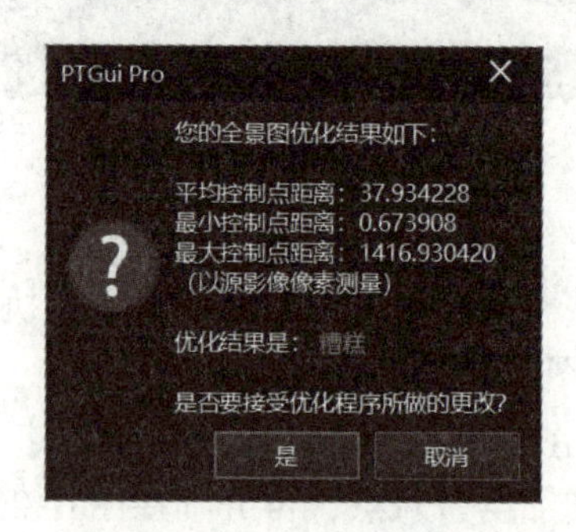

图 2-177 优化结果

8）单击“全景编辑器”按钮，打开“全景编辑”窗口，图片已偏离中心位置，如图 2-178 所示。

9）用鼠标左键按住图片水平中心位置往右边拖动，直到拖到中间位置为止，如图 2-179 所示。

图 2-178 中心位置偏移

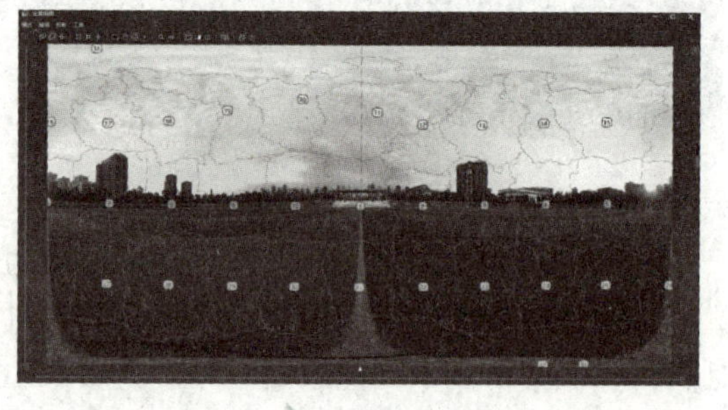

图 2-179 对齐效果

2. 手动对齐

如果无法自动对齐画面，可以手动将其对齐。

1）单击“开新项目”按钮，打开“是否保存项目”对话框，单击“不保存”按钮，单击“加载影像”按钮，打开“添加影像”对话框，选择“足球场”33 张图片，单击“打开”按钮。

2）单击“对齐影像”按钮，开始对齐，之后打开“全景编辑”窗口。

3）在“全景编辑”窗口中，单击“编辑单张影像”按钮，选择图片 31，拖动其位置，如图 2-180 所示。

4）选择图片 20，拖动其位置，如图 2-181 所示，单击“关闭”按钮。

5）单击“对齐影像”按钮，打开“全景编辑”窗口，如图 2-182 所示，单击“显示影像编号”按钮，关闭影像编号，如图 2-183 所示。

图 2-180　手动补天

图 2-181　手动对齐

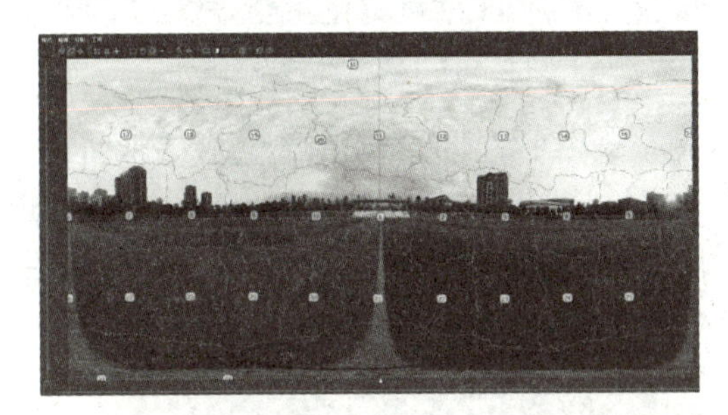

图 2-182　对齐效果

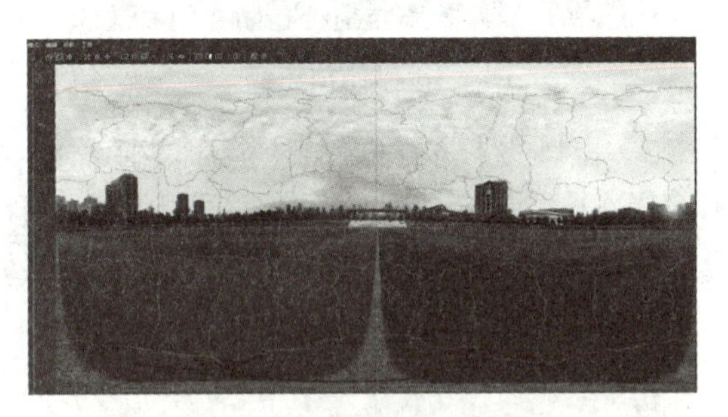

图 2-183　去掉编号效果

3. 水平校正

VR 全景图的拼接基本处理完毕了，如果在“全景编辑”窗口中观看全景状态下的效果，会发现图片是倾斜的，如图 2-183 所示。这是拍摄原始照片时相机倾斜导致的失真，为了保证“所见即所得”的效果，所制作出的 VR 全景图与真实空间的景象应是相同的，这就需要对 VR 全景图进行水平校正。

1）图片稍微有点倾斜，按住鼠标右键上下拖动左边缘的中心位置，进行旋转，如图 2-184 所示，完成水平校正，关闭“全景编辑”窗口。

2）单击“预览”选项卡，打开“预览”窗口，单击“预览”按钮，从弹出的快捷菜单中选择“在 PTGui 查看器中打开”选项，弹出“请稍候”对话框，随着进度条加载完毕，就可将合成好的图片通过播放器打开查看，如图 2-185 所示，可以看到地面有三脚架。

图 2-184　校正后的效果

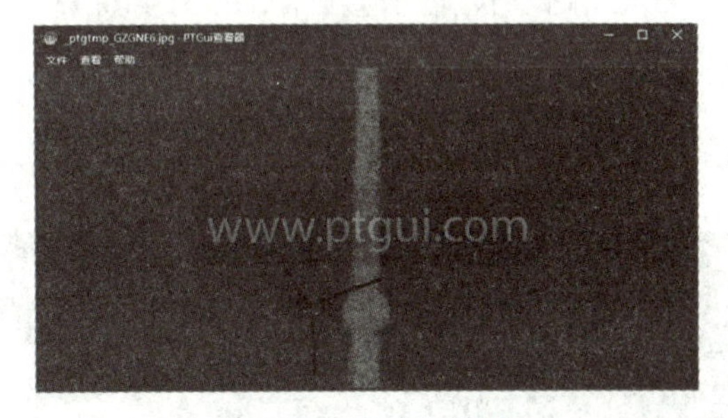

图 2-185　地面三脚架

4. 遮罩应用

在补地拍摄时可以看到三脚架，这时需要使用遮罩功能，对不想要的物体进行擦除处理。

1）在“工程助理”窗口中，分别右击第 32 和 33 张图片，从弹出的快捷菜单中选择“激活此影像视点优化”选项，如图 2-186 所示。

2）单击“遮罩”选项卡，在左窗口中选择图片32，在右窗口中选择图片33，如图2-187所示。

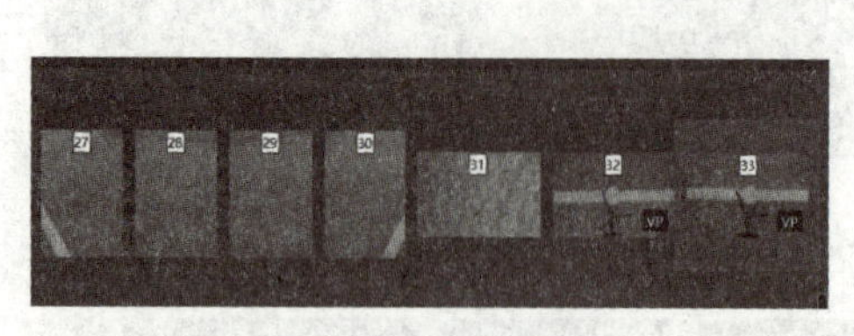

图 2-186　激活影像

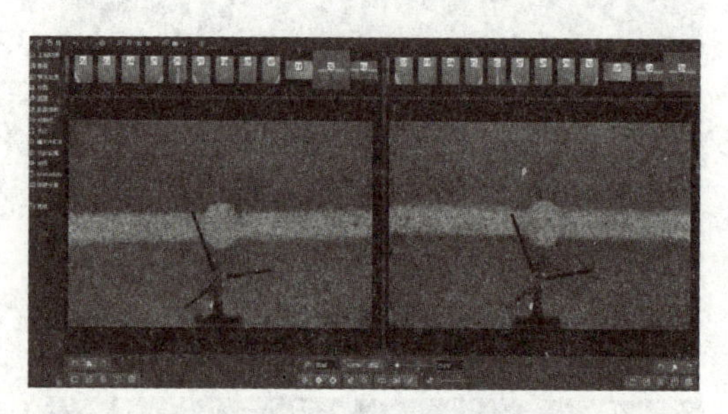

图 2-187　选择补地图片

3）窗口的下方红色代表消除，能隐藏混合 VR 全景图中的某些部分，绿色代表保留，表示希望在全景图中看见的部分，可以调整画笔尺寸来涂抹图像或使用油漆填充整个图像。选择红色按钮，如图 2-188 所示，适当调节铅笔尺寸，如图 2-189 所示。

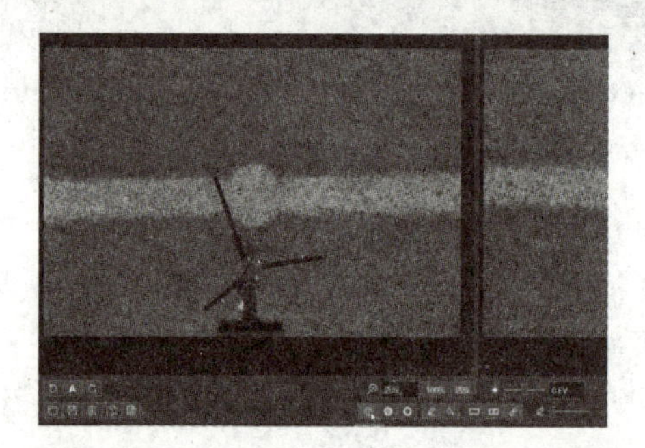

图 2-188　选择红色按钮

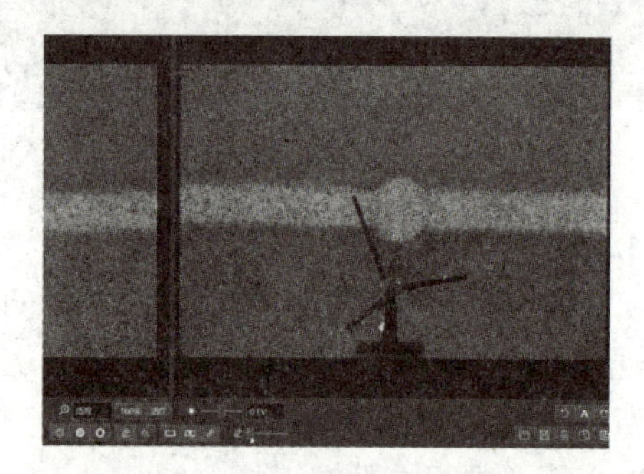

图 2-189　调整铅笔尺寸

4）单击起始点，再按住 <Shift> 键单击三脚架上的端点，会出现一条直线，以此方法形成一个三脚架的封闭区域，使用填充工具可以填充封闭区域，红色遮罩区域形成后，可按鼠标右键，从弹出的快捷菜单中选择“填满”选项，即可快速填充需要填充的位置，如图2-190所示。

5）单击“优化”选项卡，打开“优化”窗口，单击“运行优化程序”按钮，打开优化结果对话框，单击“是”按钮。

6）单击“预览”选项卡，单击“预览”按钮，从弹出的快捷菜单中选择“在 PTGui 查看器中打开”选项，开始生成全景图片，已经看不到三脚架了，如图 2-191 所示。

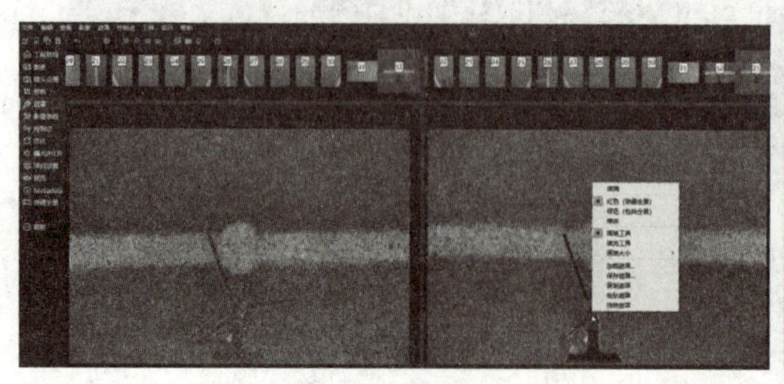

图 2-190　填满红色

图 2-191　生成全景图

5. 创建 VR 输出全景图

1）单击“创建全景”按钮，设置“宽 × 高”为 30000 × 15000 素材，单击“输出文件”后面的“浏览”按钮，打开“保存全景”对话框，在“文件名”文本框内输入“足球场”，如图 2-192 所示，单击“保存”按钮。参数设置如图 2-193 所示。

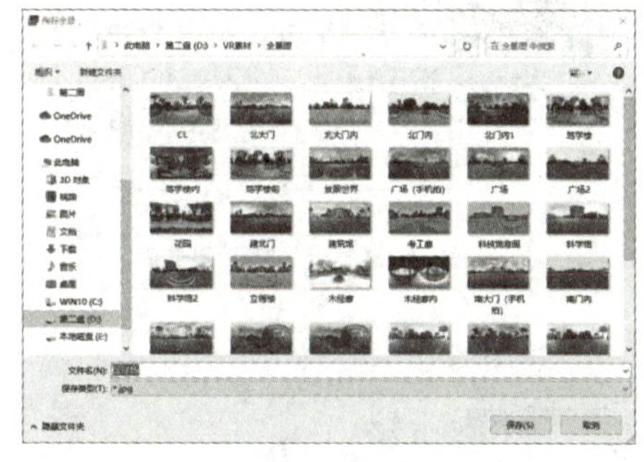

图 2-192　保存全景

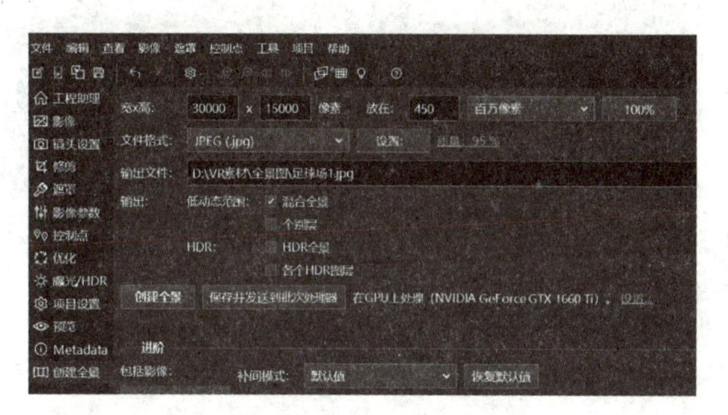

图 2-193　创建全景参数设置

2）单击“创建全景”按钮，弹出“请稍候”对话框，随着进度条加载完毕，VR 全景图拼接处理完成。

3）找到保存地址，将指针放到上面，可以看出，输出文件较大，如图 2-194 所示。而 720 云中只支持 120MB 以下的文件，可以用 Photoshop 进行压缩。

6. 用 Photoshop 软件进行处理

1）在桌面上双击 Photoshop 图标，启动 Photoshop 软件，单击“打开”按钮，打开“打开”对话框，选择“足球场”全景图，单击“打开”按钮，打开后如图 2-195 所示。

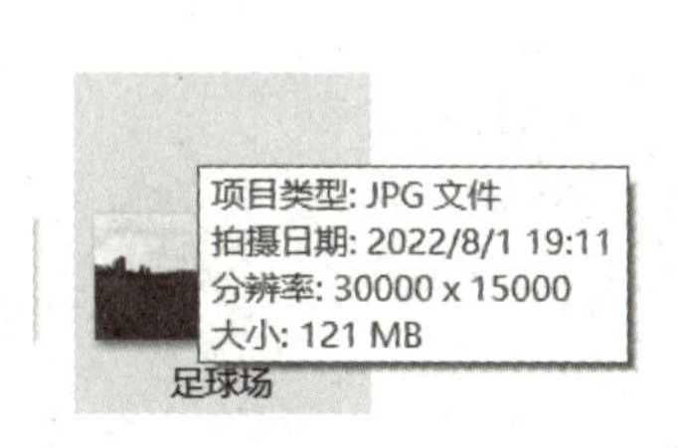

图 2-194　文件大小

图 2-195　导入全景图

2）如果颜色不对，可执行菜单命令“图像”→“自动对比度”“自动颜色”“自动色调”，颜色校正效果如图 2-196 所示。

3）执行菜单命令“文件”→“存储”，开始保存，保存以后的文件只有 49.1MB，如图 2-197 所示。

图 2-196 颜色校正效果

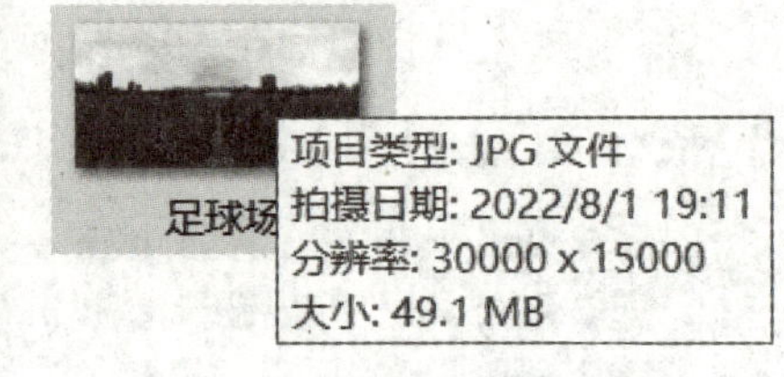

图 2-197 文件减小

【任务拓展】

用 PTGui 拼接 3 张 VR 全景图。要求：处理好云台和三脚架。

【思考与练习】

1. 后期处理所使用的软件及具体步骤是什么？
2. PTGui 软件的功能是什么？
3. PTGui 的特点是什么？
4. 软件的拼接流程是什么？
5. 如何应用遮罩功能？
6. 怎样进行水平校正？

项目 3 无人机、运动相机 VR 全景图与拼接

项目导读

无人机的快速发展，使得人人都可以航拍 VR 全景图。地面 VR 全景拍摄有很多技术难点，需要配合全景云台、调整镜头节点才能实现完美拼接。而无人机可以让不会拍摄地面 VR 全景的初学者快速拍摄出一幅航拍 VR 全景作品，尤其是无人机的球形全景功能使得航拍 VR 全景图变得更加便捷，这标志着 VR 全景图广泛运用的时代已经来临。

学习目标：了解无人机拍摄的基本知识，掌握使用无人机拍摄 VR 全景图片，掌握无人机 VR 全景图片的拼接，掌握运动相机的拍摄与输出。

技能目标：能熟练利用无人机、运动相机拍摄 VR 全景图片，利用 PTGui 软件拼接 VR 全景图。

素养目标：在使用无人机、运动相机进行 VR 全景图拍摄与拼接的过程中，要有钻研精神，要有严谨的科学态度和实事求是的工作态度。

思政目标：要求学生熟悉无人机和运动相机的使用方法，培养学生实事求是、严谨认真的科学精神。选用展示我国大好山河和特色建筑的 VR 全景作品作为示例，引导学生感受祖国山河、建筑之美，激发学生的爱国情怀。

无人机的广泛使用涉及飞行安全、隐私保护、数据安全、环境保护等多方面的问题。在使用无人机学习的过程中，应该了解和关注无人机使用的社会责任和影响，并始终坚持以人为本，以安全为先为重要理念，培养敬业精神、责任意识和服务意识。同时，无人机的使用本身是一种文化，我们应该了解和尊重不同文化的差异，学会用包容、合作、尊重的态度对待不同的文化和社会群体。

任务 3.1 用无人机、运动相机拍摄 VR 全景图

【任务描述】

与地面拍摄 VR 全景图相同，航拍 VR 全景图也是相机环绕一个圆心进行 360° 取景拍摄；不同的是，航拍 VR 全景图需要使用无人机进行拍摄，风险较地面拍摄更大。根据这些特点，本任务会依次讲解航拍 VR 全景图的前期准备、飞控及参数设置、拍摄方法、返航降落、注意事项、不使用全景云台拍摄以及拍摄视点选择等内容。

无人机的操控虽然比较简单，但操作失误会炸机。初学者可以先用无人机飞行模拟器进行练习，充分了解无人机的操作原理后再进行实践操作。

运动相机拍摄 VR 全景图片和视频，只需将运动相机安装在三脚架上，调好参数，就可以拍摄了。

【任务要求】

- 了解航拍注意事项。
- 掌握无人机参数的设置。
- 掌握无人机飞行前的准备。
- 掌握无人机球形全景图片的拍摄。
- 掌握运动相机 VR 全景图的拍摄。

【知识链接】

3.1.1 航拍设备

航拍时通常会使用无人机进行拍摄，无人机会附带由无线电操控的云台和平面相机，市面上拍摄 VR 全景图常用大疆品牌的无人机。

1. 便携式无人机

大疆 Mini3 Pro 专业版无人机（见图 3-1）支持一键拍摄 VR 全景图片，可以轻松拍摄出比较优质的 VR 全景图。机身小是它的一个非常大的优势，每次飞行结束之后，只需要将无人机机臂折叠起来就可以随身携带，而不需要将桨叶拆下。它的重量为 249g，能够达到 34min 的最长飞行时间与每小时 75km 的飞行速度，其附带的相机是与高端影像品牌哈苏合作的云台相机。它拥有 1/1.3in 的 CMOS，最大 ISO 值为 12800，暗光条件下拍摄也很清晰。它既可以用于商业用途，又可以作为摄影爱好者的日常拍摄设备，是很值得使用的一款无人机，其机臂展开时如图 3-2 所示。

2. 专业级无人机

大疆“悟”Inspire 2 无人机如图 3-3 所示，是大疆“悟”系列的可变型无人机，其飞行的稳定性和影像画质都远超“精灵”系列，并且可更换镜头较多，如 ×3、×5、×7 等系列的镜头均可。它的缺点是续航能力弱、价格偏高，高要求的商业拍摄可选大疆“悟”系列无人机。

图 3-1 大疆 Mini3 Pro 专业版无人机

图 3-2 大疆 Mini3 Pro 机臂展开

图 3-3 大疆“悟”Inspire 2 无人机

3.1.2 航拍注意事项

1. 一般航拍注意事项

1）起飞前确定电池电量，起飞后时刻观察电量，低电量后停止拍摄，避免为了一张图片导致无人机坠毁或丢失的情况发生。

2）启动无人机之前要确保遥控器已经打开，关闭遥控器之前要确保无人机已经关闭。

一定不要在遥控器处于关闭状态时启动无人机，因为如果无人机识别到一些干扰信号，而控制系统又没有处于打开状态，无人机就会偏离航线并失去控制。

3）高度保持在 50 ~ 125m，当无人机起飞后，必须将无人机保持在距离人群、车辆、建筑物、大型结构及受保护的纪念碑等 50m 以外的位置。

4）一般无人机在非限飞禁飞区内，在遥控器模式（RC）下最高能飞 500m，但是人眼基本无法看清 125m 以外的无人机，所以不建议飞得太高太远，尽可能保证无人机在自己的视线范围内。

5）对于专业的无人机操作手来说，最大操作的距离是 500m，再远就无法操作无人机了，建议不要使无人机处于自己的操作范围外。如果超出操作范围一定要密切关注雷达显示，实时了解无人机所在的位置和方向。

6）拍摄时，通过观察监视器，保证相机拍摄到水平的照片。进行旋转时，无人机、云台会有一定波动，此时等待一会，可以确保在这个角度拍到画面水平的照片。

7）在日光条件下对地面拍摄，尽可能遵行“宁欠勿曝”的原则，保证后期制作时的画面细节完整。

8）一般后期拼接航拍照片的重合范围要尽量大一些才能顺利拼接，所以拍摄的照片张数越多越好。

2. 无人机球形全景注意事项

1）球形全景目前只支持全程固定使用一个曝光值，在太阳所处位置不高的情况下将出现顺光和逆光，两种大光比的强光值无法做到同时准确。如果以太阳高光部分为准进行曝光，那地面将严重欠曝。如果以地面顺光部分为准进行测光，那太阳将严重过曝。

2）球形全景具备自动拍摄、自动合成的功能，是在无人机上完成的。整个过程大约需要 1min。拼接完成会合成总像素为 8192 × 4096 像素的 VR 全景图。

3）自动拍摄结束后，无人机会在同一机位采集原片素材，用于后期手动拼接。可提高 VR 全景图成片的最高精度，即 17934 × 8976 像素，这比自动合成长边 8192 像素的球形全景成片（3300 万像素 VR 全景图）的像素增加了近 5 倍。

3.1.3　前期准备

1. 飞行前的环境检查

1）在操控无人机飞行前要做好航拍规划，如从什么位置起飞，到什么位置悬停拍摄，并对周边环境做到了如指掌，确保飞行安全和设备安全。

2）天气良好，无风（无人机具备一定的抗风能力，但是在大风情况下不要起飞）无雨、能见度高。

3）所在的区域开阔，远离人群、高大建筑、主干道等。

4）周边安全，注意不要在禁飞区或机场附近使用无人机。

5）信号正常，避免靠近大型金属建筑物等会干扰无人机罗盘的物体。

2. 飞行前的机身检查

1）在操控无人机飞行前要对无人机的各个部件做相应的检查，任何一个小问题都有可能导致无人机在飞行途中出现事故或损坏，因此在飞行前应该做好检查，防止意外发生。

2）检查无人机的磨损程度，确保无人机及其他装置没有肉眼可见的损坏，包括检查螺旋桨上有无缺口、无人机外壳上有无裂痕等。无人机的螺旋桨如果出现了缺口或变形，飞行时就会影响机身平衡，还会造成相机震动，拍摄出来的照片就会非常模糊。

3）检查零件的牢固性，确保无人机所有的零件，尤其是螺旋桨紧紧固定并且状态良好，确保无人机在飞行时不会有部件松动、脱落的情况出现。检查云台扣锁是否取下，确认云台上没有其他杂物。

4）检查电池状态，确保所有设备的电池电量都已充满，包括遥控器、监视器、移动设备以及无人机的电池等。

5）如果连接手机，则可以将手机调至飞行模式，防止有电话呼入导致传图中断。

3. 飞行前的准备操作

1）安装电池。在为无人机安装电池之前，应确保无人机遥控器的操作杆放置在中间位置，这样无人机的电动机就不会在装上电池后突然起动。

2）遥控器。左边的拨杆控制上升降落以及飞机转向，右边的拨杆控制前后左右的平行移动，遥控杆呈内“八”字状则是解锁状态，即内八解锁，也就是两个摇杆同时向内下侧拨到最底，此时电机进入怠速。

3）云台的滚轮。上下滚动时能控制云台的俯仰。

3.1.4 VR 全景相机

VR 全景相机可分为单目 VR 全景相机、双目 VR 全景相机、多目 VR 全景相机和组合式 VR 全景相机，这些类型的相机各有各的定位。例如，单目 VR 全景相机用于拍摄高质量的全景图片，双目 VR 全景相机的特点是方便快捷、便于记录日常生活，多目 VR 全景相机用于拍摄 VR 视频内容。可根据下面的介绍来选择自己需要的相机。

1. 单目 VR 全景相机

单镜头相机是很常见的，例如单反相机、运动相机等都是一个镜头，但是这里提到的单目 VR 全景相机是指专门用于拍摄全景的单镜头相机。例如小红屋单镜头全景相机，如图 3-4 所示，可以拍摄出分辨率为 8K 的全景图片。它利用相机的鱼眼镜头，通过机身自带的电机进行转动并前后左右取景 4 次，将拍摄的图片传到 720 云软件中进行拼接处理，最终合成一个完整的 VR 全景图。由于其拍摄时围绕的节点更加准确，因此使用该相机拍摄全景图片比较有优势。

2. 双目 VR 全景相机

双目 VR 全景相机，顾名思义就是拥有 2 个镜头的相机，镜头通常为鱼眼镜头。通过拆解 Insta360 ONE X2 全景相机的硬件可知，双目 VR 全景相机具备 2 个鱼眼镜头和 2 块传感器，如图 3-5 所示。

这类全景相机通常是通过连接移动 Wi-Fi 的方式来控制相机进行拍摄的，拍摄完毕后相机会自动合成一张画面比例为 2:1 的 VR 全景图。目前主流的双目 VR 全景相机有理光 THETA、Insta360 ONE X2 全景相机等。在做极限运动时可以用双目 VR 全景相机来全方位记录运动过程，再通过后期剪辑生成平面视频。双目 VR 全景相机还是 Vlog（Video blog，视频博客）的一种很好的协助拍摄设备。双目 VR 全景相机可以快速地获取全景视频和图片内容，通过 720 云软件可以快速上传分享。但是如果想用它拍摄出高质量的 VR 全景图就会略显吃力。

图 3-4　小红屋单镜头全景相机

图 3-5　Insta360 ONE X2 全景相机

3. 多目 VR 全景相机

多目 VR 全景相机是包含 4 个及以上镜头的相机，它能通过多个镜头同时取景并拼接组成 VR 全景图。目前多目 VR 全景相机主要用于全景视频的拍摄，目前主流的多目 VR 全景相机品牌有 Insta360 泰科易、KanDao、Jaunt。图 3-6 所示为 Insta360 Por 2 VR 全景相机，图 3-7 所示为 Jaunt VR 全景相机。

图 3-6　Insta360 Por2 VR 全景相机

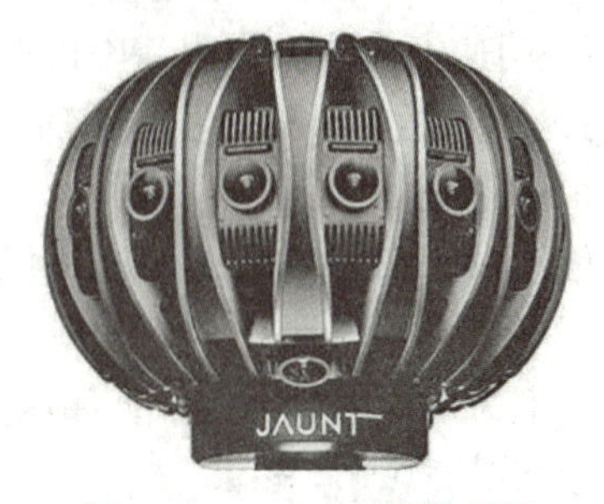

图 3-7　Jaunt VR 全景相机

一般多目 VR 全景相机会自动拼接出分辨率为 4K 的全景图，机内拼接功能可以用于 VR 直播服务。对多目 VR 全景相机中每个镜头所单独采集的视频内容进行后期拼接，可以使画质更优良。例如 Jaunt VR 全景相机拥有 24 个镜头，通过计算机软件拼接甚至可以制作出分辨率达到 20K 的全景视频，但是这种影视级的设备价格也是非常高昂的。

多目 VR 全景相机也可以用于 VR 全景图的拍摄，但是质量无法与单反相机媲美。多目 VR 全景相机已经是目前使用最广泛的全景视频拍摄设备之一了，它可以有效地帮助创作者节约前期拍摄的时间成本，让创作者把更多的精力投入内容表达及内容制作中。

4. 组合式 VR 全景相机

组合式 VR 全景相机由多个独立相机组合而成，这类相机通常将 Gopro 或者其他品牌的运动相机或单反相机通过支架固定组合形成 VR 全景相机，如图 3-8 所示。组合式 VR 全景相机所含目数不同，如 6 目、12 目等。

图 3-8　组合式 VR 全景相机

3.1.5 实例 1 飞控及参数设置

微课

本任务以大疆 Mini3 Pro 无人机为例进行参数调节，一方面是解决动态范围较大的问题（天空相对于光线较暗的地面显得非常明亮，这就很难在高光部分和阴影部分之间做好平衡）；另一方面是确保飞行安全，在开始拍摄之前应对相机进行设置。大疆 Mini3 Pro 无人机如图 3-9 所示。

1. 飞行前的相机参数设置

航拍相机的参数设置与单反相机的参数设置原理是一样的，曝光参数设置参考如下：

1）拍照模式：PRO（专业模式）。

2）光圈：航拍相机的镜头通常使用固定光圈（F1.7），使用此光圈值即可。

由于无人机距被摄物较远，景深较大，地面被摄物通常处在清晰的范围内。

3）快门速度：根据曝光标尺的提示确定快门速度。

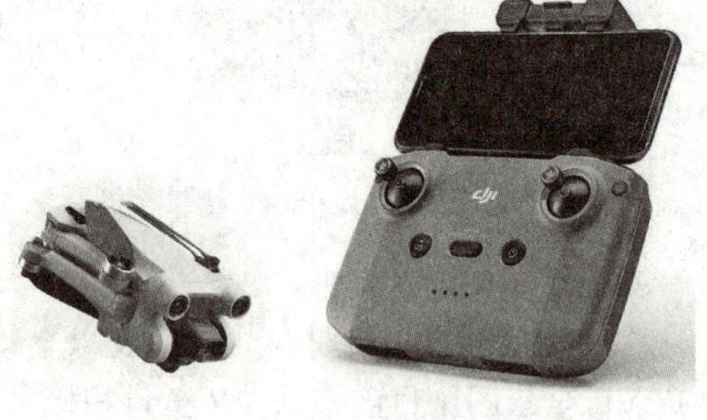

图 3-9 大疆 Mini3 Pro 无人机

平衡性良好、飞行时不配置云台的航拍无人机具备适当的减震功能，通常需要低于 1/250s 的快门速度才能拍摄出清晰的照片。配置不同云台的航拍无人机在最低快门速度方面完全不同，例如配置功能良好的三轴云台的航拍无人机通常在快门速度为几秒的情况下也能拍摄出清晰的照片。

4）感光度：白天日光条件下建议设置 ISO 值为 100，傍晚可根据曝光组合设置，建议不要超过 1600。

5）白平衡：白天日光条件下建议将白平衡参数设置为 5300K。

6）照片尺寸比例：4∶3。

7）照片格式：JPEG，如图 3-10 所示。

2. 飞行前的无人机设置

1）指南针校准。指南针校准一般又称地磁校准，主要作用是消除外界磁场对地磁的干扰。地磁指南针是一种测量航向的传感器，航向是飞行器姿态三维角度中的一个，是组合导航系统中非常重要的一个状态量。

2）将手机连接到遥控器上，在遥控器电源开关上短按一次，再长按 2s，启动遥控器。打开手机界面，选择传输文件选项。将无人机的折叠螺旋桨展开，在无人机电源开关上短按一次，再长按 2s，启动无人机，无人机与遥控器对频，完成对频，进入飞行状态。在飞行窗口中，单击“设置”按钮，打开“安全”窗口。在“安全”窗口中，选择“指南针校准”选项，单击“校准”按钮，打开“指南针校准”窗口，如图 3-11 所示。

3）单击“开始”按钮，将飞机水平旋转 360°，如图 3-12 所示，之后再将飞机垂直旋转 360°，如图 3-13 所示，校准成功，退出校准。

4）IMU 校准。惯性测量单元（Inertial Measurement Unit，IMU）是测量物体三轴姿态角（或角速度）以及加速度的装置。IMU 校准是安全飞行的重要前提，在开机自检后系统提示异常的情况下，一定要先进行校准，再进行下一步。若飞行器受到大的震动或者放置不水平，开机时会显示 IMU 异常，则须重新校准 IMU。

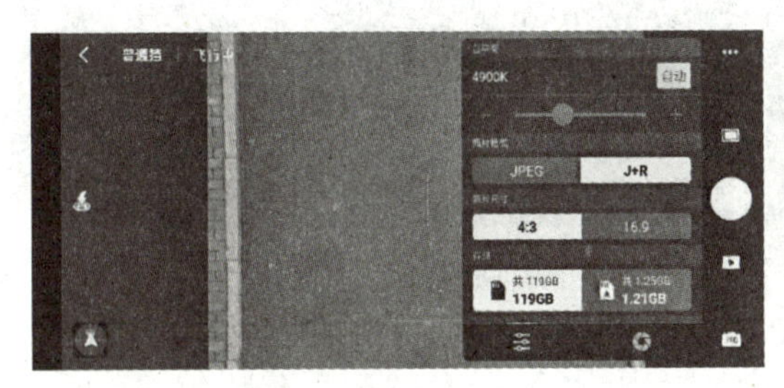

图 3-10　照片格式的设置

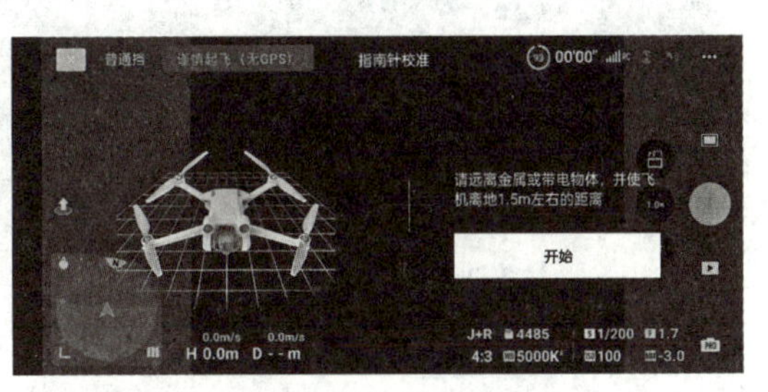

图 3-11　指南针校准

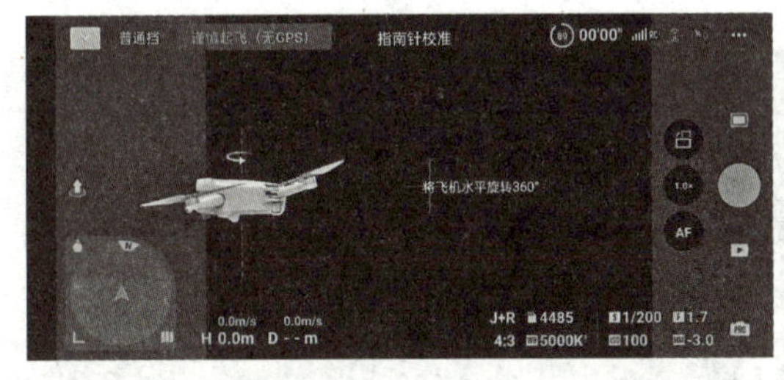

图 3-12　水平旋转 360°

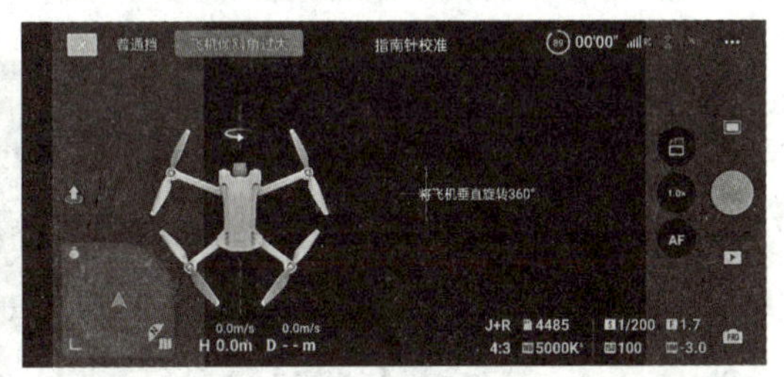

图 3-13　垂直旋转 360°

5）单击“设置”按钮，打开“安全”窗口，选择“IMU 校准”选项，单击“校准”按钮，打开“IMU 校准”窗口，如图 3-14 所示；单击“开始”按钮，开始校准，翻转无人机，分别完成卧姿校准，如图 3-15 所示；侧面校准，如图 3-16 所示；躺平校准，如图 3-17 所示；180° 侧面校准，如图 3-18 所示；垂直校准，如图 3-19 所示。之后显示“正在重启飞机，请稍候”，如图 3-20 所示，校准成功。

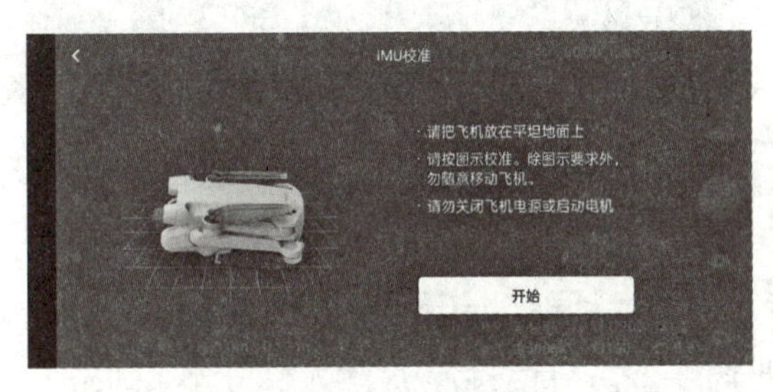

图 3-14　IMU 校准

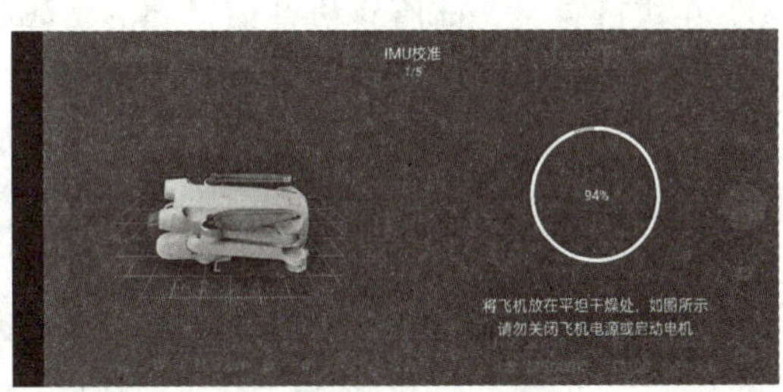

图 3-15　卧姿校准

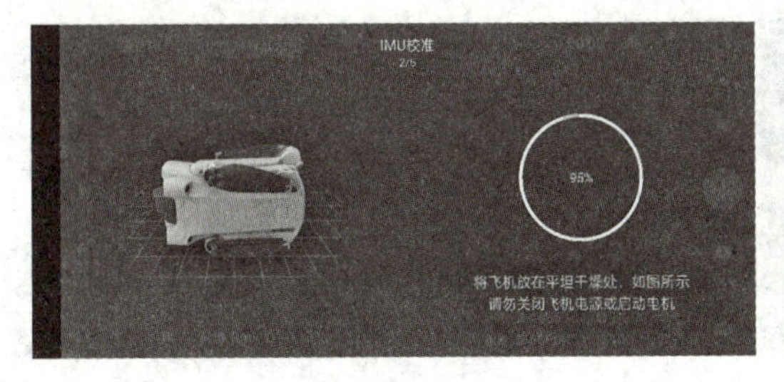

图 3-16　侧面校准

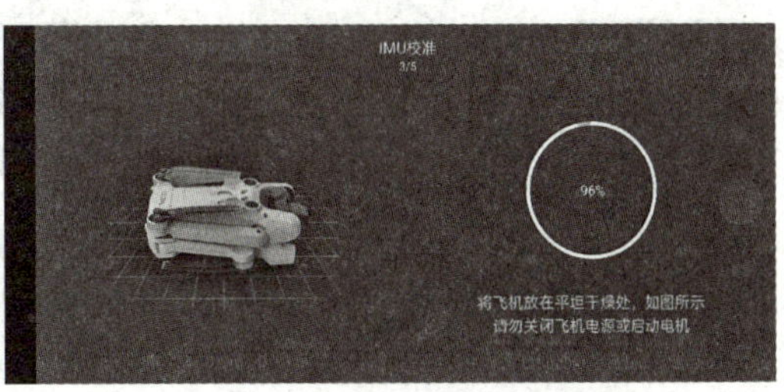

图 3-17　躺平校准

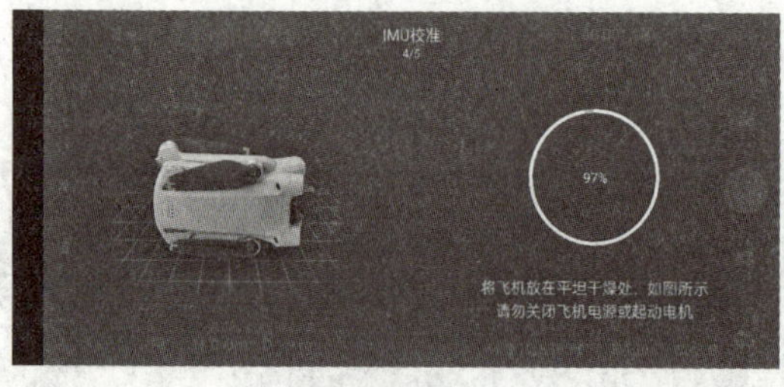

图 3-18　180° 侧面校准

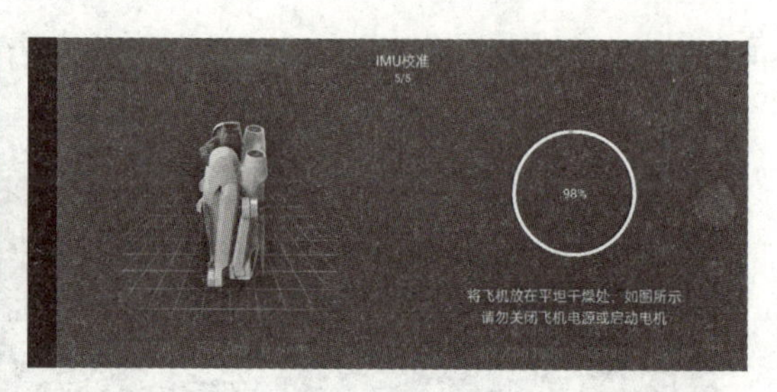

图 3-19　垂直校准

3. 飞行安全设置

1）在飞行窗口中单击“设置”按钮，打开“安全”窗口，选择“避障行为”为“刹停”，如图 3-21 所示，防止误操作导致无人机与障碍物碰撞，保证无人机的安全。

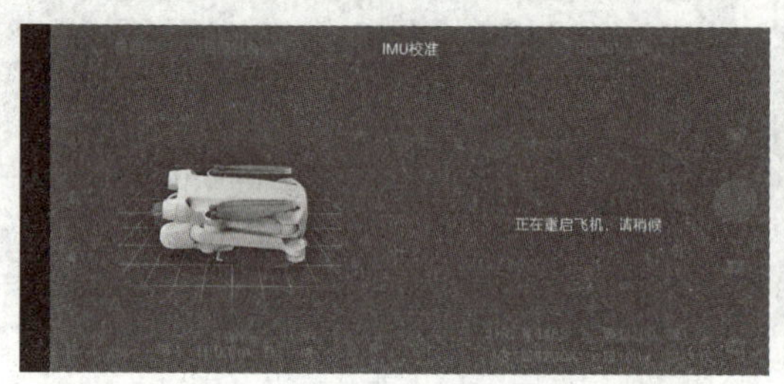

图 3-20　正在重启飞机

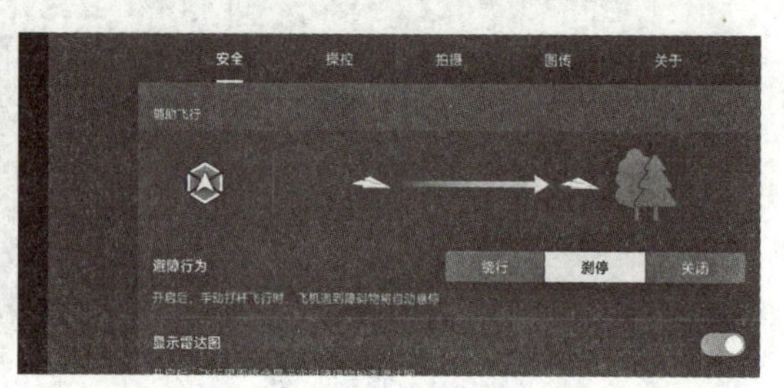

图 3-21　避障设置

2）在飞行窗口中单击“设置”按钮，打开“安全”窗口，设置“最大高度”为 500m，“最远距离”为“无限制”，“返航高度”为 100m，如图 3-22 所示。

3.1.6　实例 2　起飞悬停

在执行完飞行前所有检查项目和准备操作后，把无人机放置在一个远离人群、水平且安全的平台上，在 GPS 模式下等待飞控系统搜索到 15 颗或 15 颗以上卫星，提示“可以起飞”，这时摄影师应远离无人机 10m。

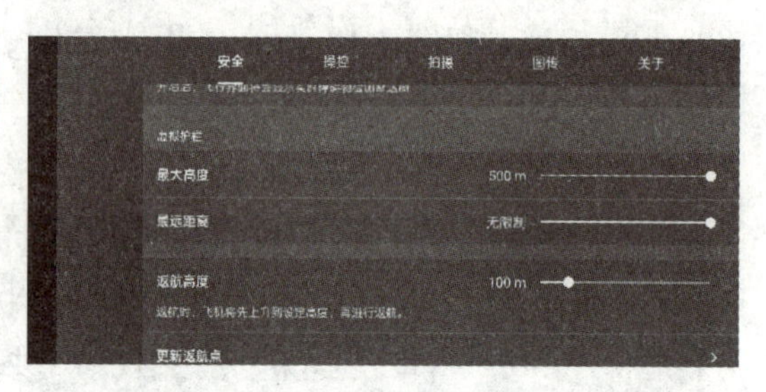

图 3-22　安全设置

1）自动起飞。目前大多数无人机都带有自动起飞功能，单击“箭头”按钮，打开“起飞”窗口（见图 3-23），长按“起飞”按钮（见图 3-24），自动起飞后无人机将先飞到高 1.2m 的位置并悬停，等待下一步指令。

图 3-23　“起飞”窗口

图 3-24　“起飞”按钮

2）手动起飞。也可以手动操作，内八解锁，拨杆起动电机，无人机就已经做好起飞准备，起飞时开启电机，缓慢前推左边的拨杆，让无人机飞到一个安全高度后再飞往目的地。

起飞以后，让无人机在较低高度保持 1min 悬停状态，检查其是否会发生漂移、飞行是否正常。如果发生漂移，将无人机收回，重新进行校准。

3）悬停无人机。无人机飞至一定的安全高度后，就可以通过操控右边的拨杆让无人机飞行以寻找满意的拍摄位置，可以通过目测查看无人机所在的位置，也可以通过无人机的图传画面查看无人机是否位于拍摄位置。确定好位置后精准悬停（不拨操作杆即为悬停）。拍摄前可根据实际情况构图，同时从各个角度测试一下，防止悬停不稳、高空风速过快等使画面抖动。

关于拍摄高度的选择，可以从两个方面考虑：一方面，无人机一定要高于物体，并且因为没办法真正做到在一个位置完全不漂移，所以需要在拍摄时尽可能与被摄物拉开一段距离，不要离得太近；另一方面，拍摄高度也不是越高越好，无人机飞出视线范围，飞行风险也会增大，并且要注意不要飞入民航飞行领域，所以给初学者的建议拍摄高度为 50 ~ 125m。

3.1.7　实例 3　用无人机拍摄 VR 全景图

微课

用大疆 Mini3 Pro 的球形全景功能拍摄 VR 全景图片，操作简单，过程自动化，后期拼接的 VR 图片可达 1.6 亿像素，拍摄过程如下：

1. VR 全景图片拍摄

1）找好拍摄地点，将手机连接到遥控器上，在遥控器电源开关上短按一次，再长按 2s，启动遥控器，打开手机界面，选择传输文件选项，将无人机的折叠螺旋桨展开，在无人机电源开关上短按一次，再长按 2s，启动无人机，无人机与遥控器，完成对频后，进入飞行状态。

2）将遥控器的两个拨杆往内下角推，无人机螺旋桨开始旋转，上推左侧拨杆，无人机起飞，放开左侧拨杆，无人机悬停。

3）单击“拍照模式”按钮，展开“拍摄模式”，如图 3-25 所示，向下滑动“拍摄模式”，选择“全景”→“球形”，如图 3-26 所示。

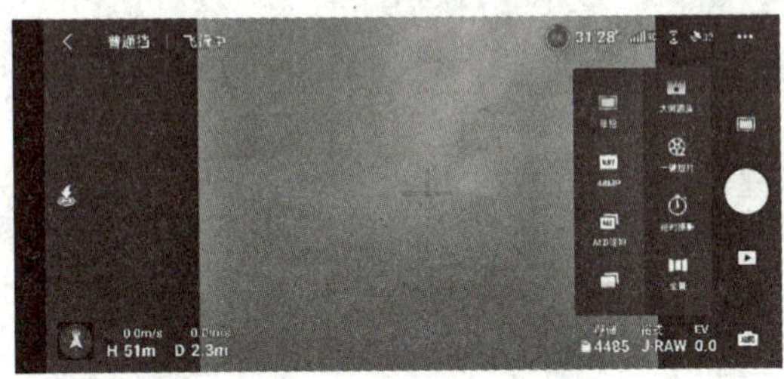

图 3-25　拍摄模式

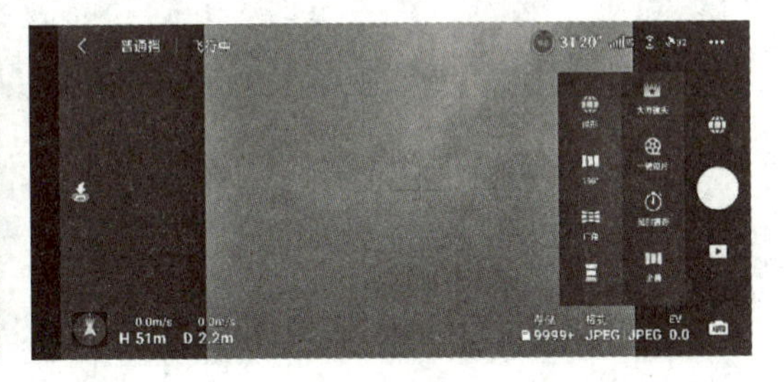

图 3-26　选择“球形”

4）此时“拍摄模式”为 AUTO，EV 为 0.0，“白平衡”为自动，如图 3-27 所示。

5）设置“原片”为 JPEG，“成片”为 JPEG，如图 3-28 所示，关闭设置窗口。

6）上推左侧拨杆，无人机上升；左推左侧拨杆，无人机向左转；右推左侧拨杆，无人机向右转；下推左侧拨杆，无人机下降。上推右侧拨杆，无人机前行；左推右侧拨杆，无人机向左飞行；右推右侧拨杆，无人机向右飞行；下推右侧拨杆，无人机向后飞行；将无人机飞行到合适高度（2m）及位置，且远离人群。

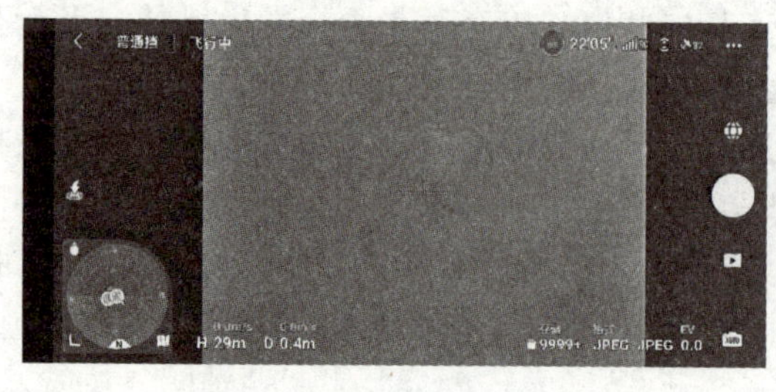

图 3-27　拍摄模式设置

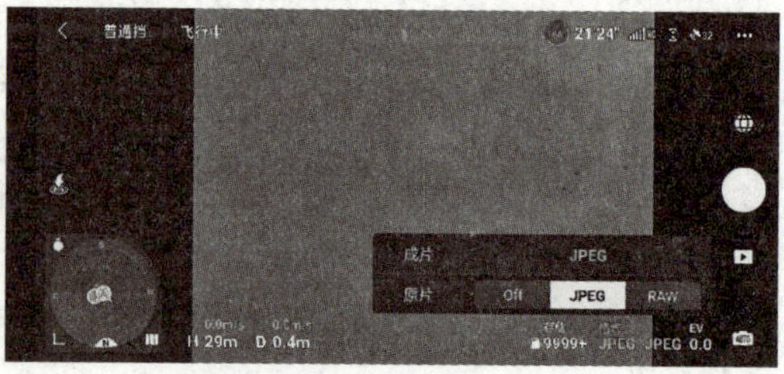

图 3-28　设置成片和原片格式

7）单击“快门”按钮，即可自动拍摄。大疆无人机的球形全景拍摄效率很高，配合自动旋转和镜头仰俯可拍摄完成全部照片，拍摄过程这里不再赘述。

8）记录下全部影像，整个过程花费 1min 左右，然后开始自动合成一张球形全景图，分辨率为 8196 × 4096 像素，大小为 8.18MB，水平和垂直分辨率为 72dpi，如图 3-29 所示。

9）在另一个文件夹（PANORAMA）中还保留着拼接图片素材 35 张，每张图片分辨率为 4032 × 3024 像素，大小为 4.86MB。将它们导入拼接软件，通过拼接前的图片编号可以看出航拍时相机转动拍摄的基本流程，如图 3-30 所示。拍摄完毕后无人机会悬停在原地。

图 3-29　无人机合成的 VR 全景图片

2. 返航（手动降落）

1）先使无人机返航，飞回计划降落的位置，然后缓慢下调左侧拨杆，使无人机缓慢降落到地面，等待无人机关闭引擎。

2）在无人机电源开关上短按一次，再长按 2s，关闭无人机，折叠无人机螺旋桨，在遥控器电源开关上短按一次，再长按 2s，关闭遥控器，本次拍摄完成。

图 3-30　全景图片素材

图 3-30　全景图片素材（续）

3.1.8　实例 4　用 Insta360 ONE X2 进行 VR 全景拍摄

用 Insta360 运动相机拍摄全景是非常方便的，可以不用后期拼接，直接合成 VR 全景图片和全景视频，操作步骤如下：

1）用手机扫描说明书上的二维码下载并安装 Insta360 软件，并进行配对连接。

2）如果没有说明书，可在手机上打开软件商店，搜索、下载并安装 Insta360 软件，如图 3-31 所示，并进行配对连接。

3）将 Insta360 ONE X2 运动相机安装在三脚架上，调整好高度，如图 3-32 所示。长按电源开关键，如图 3-33 所示，即可开机。

图 3-31　下载 Insta360

图 3-32　运动相机安装在三脚架上

图 3-33　开机

4）在手机上打开 Insta360 APP（见图 3-34），单击连接相机按钮，打开上次连接的设备，单击“点击连接”按钮（见图 3-35），开始连接（见图 3-36），连接完成，单击“拍摄”按钮（见图 3-37）。

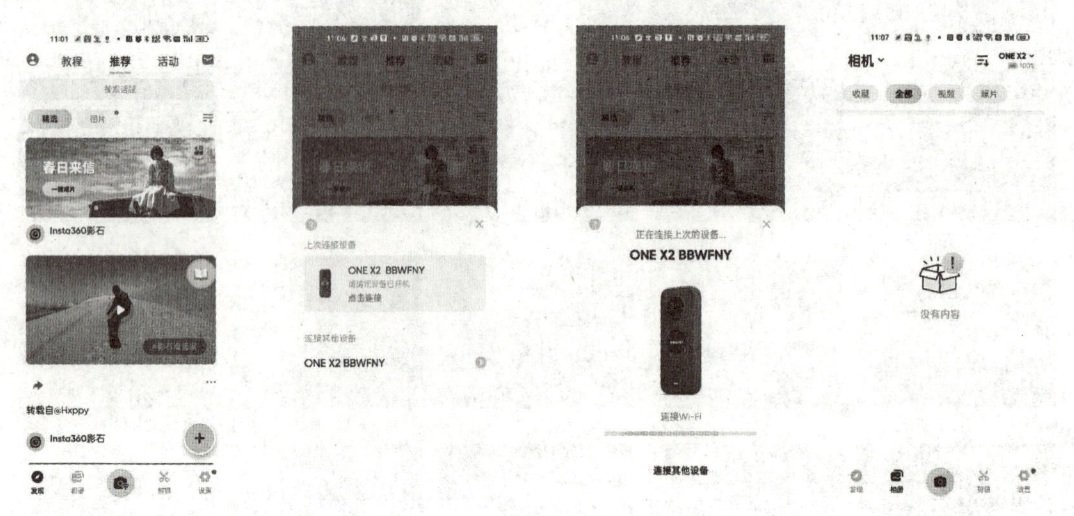

图 3-34 打开 APP　图 3-35 单击“点击连接”按钮　图 3-36 正在连接　图 3-37 单击“拍摄”按钮

5）进入拍摄状态，有普通录像、普通拍照、HDR 录像和 HDR 拍照模式，如图 3-38 和图 3-39 所示，还有延时摄影、子弹时间、移动延时、直播、平面直播、超级夜景、间隔拍照和连拍模式等。

图 3-38 普通录像、普通拍照

图 3-39 HDR 录像、HDR 拍照

6）选择“普通拍照”模式，单击 AUTO MODE 模式，可选择自动曝光、手动曝光、ISO 优先、快门优先及全景独立曝光等，选择“自动曝光”选项（见图 3-40），单击 EV（曝光）按钮（见图 3-41），根据光线强弱，调节曝光参数，正数时图像变亮，负数时图像变暗。

7）单击“返回”按钮，回到“普通拍照”模式，单击“倒计时”设置按钮，打开“倒计时”设置窗口，选择“倒计时”为 5s，如图 3-42 所示。单击“返回”按钮，回到“普通拍照”模式，如图 3-43 所示。

图 3-40　自动曝光　　图 3-41　单击 EV　　图 3-42　设置倒计时　　图 3-43　延时 5s 拍照

8）单击“全景模式”按钮，展开“模式”选项，如图 3-44 所示；单击“外镜头模式”按钮，切换到“外镜头模式”窗口，如图 3-45 所示；单击“外镜头模式”按钮，展开“模式”选项，单击“360 模式”，切换到“360 模式”窗口，如图 3-46 所示；单击“360 模式”按钮，展开“模式”选项，单击“全景模式”，回到“全景模式”窗口。

9）单击窗口右下角的图标，打开“拍摄模式”对话框（见图 3-47），单击“普通拍照”模式。

图 3-44　模式　　图 3-45　外镜头模式　　图 3-46　360 模式　　图 3-47　拍摄模式

10）构好图，取好景，单击“拍照”按钮，拍摄者找一个地方躲起来，不要将自己拍入画面，5s 后开始拍摄，几秒钟后拍摄完毕。

11）退出拍摄，选择“相册”→“照片”，单击刚才拍摄的全景图片（见图 3-48），即可预览全景图片，如图 3-49 所示。

12）拍摄时遇到逆光等大光比情况时，选择“HDR 拍照”模式，连续拍摄 3 张照片，欠曝、正常、过曝情况下照片各 1 张，再通过后期软件从 3 张照片中取其各自准确光的地方合成 1 张照片（自动完成），这样就可以解决大光比环境下拍摄出的照片曝光不准的问题，如图 3-50 所示。

图 3-48　全景照片

图 3-49　预览全景图片

图 3-50　HDR 拍摄

13）选择“普通录像”模式，设置“分辨率”为 4K，“帧率”为 30，如图 3-51 所示。构好图，取好景，单击“录像”按钮，拍摄者找一个地方躲起来，不要将自己拍入画面，拍摄 10s 左右，单击“停止录像”按钮，完成全景视频拍摄。

14）拍摄时遇到逆光等大光比情况，选择“HDR 录像”模式，设置“分辨率”为 5.7K，“帧率”为 25，如图 3-52 所示，这样就可以解决大光比环境下拍摄出的照片曝光不准的问题。

15）退出拍摄，选择“相册”→“视频”，单击刚才拍摄的视频（见图 3-53），即可预览视频，如图 3-54 所示。

图 3-51　普通录像

图 3-52　HDR 录像

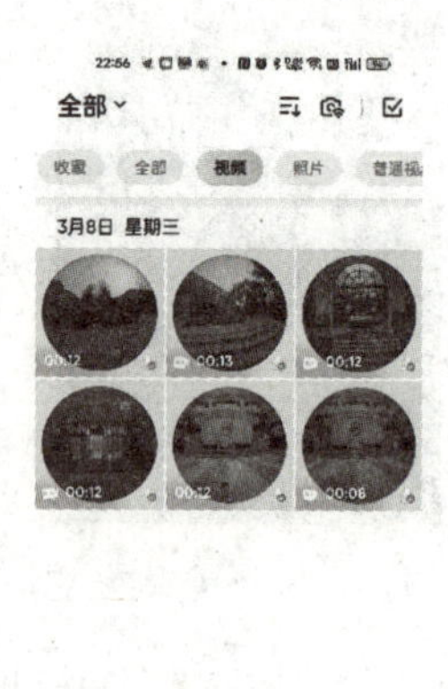

图 3-53　视频

图 3-54　预览视频

【任务实施】

实训 自动拍摄 VR 全景图

大疆 Mini3 Pro 的球形全景功能可自动合成并自动补天，合成一张 VR 全景图，也可以用素材拼接，提高分辨率。拍摄过程如下。

1. 自动拍摄

1）将手机连接到遥控器上，在遥控器电源开关上短按一次，再长按 2s，启动遥控器，打开手机界面，选择传输文件选项，将无人机的折叠螺旋桨展开，在无人机电源开关上短按一次，再长按 2s，启动无人机，无人机与遥控器对频成功后，进入飞行状态。

2）单击左侧箭头按钮，打开“起飞”窗口，长按“起飞”按钮，自动起飞后无人机将先飞到高 1.2m 的位置并悬停，等待下一步指令。

3）单击“拍照模式”按钮，展开“拍摄模式”，如图 3-55 所示，向下滑动“拍摄模式”，选择“全景”→“球形”。

4）如果拍摄环境光差别不大，可选择“拍摄模式”为 PRO，调节 ISO 与快门速度使 MM 为 0，“白平衡”为自动。设置“原片”为 JPEG（如果设置为 RAW，分辨率太低），“成片”为 JPEG，关闭设置窗口。

5）上推左侧拨杆，无人机上升；左推左侧拨杆，无人机向左转；右推左侧拨杆，无人机向右转；下推左侧拨杆，无人机下降；上推右侧拨杆，无人机前行；左推右侧拨杆，无人机向左飞行；右推右侧拨杆，无人机向右飞行；下推右侧拨杆，无人机向后飞行；将无人机飞行到适合高度（2m）及位置，且远离人群。

6）取好景，单击“快门”按钮，即可自动拍摄，如图 3-56 所示。大疆无人机的球形全景拍摄效率很高，配合自动旋转和镜头仰俯可拍完全部照片。

图 3-55 设置拍摄模式

图 3-56 开始拍摄

7）记录下全部影像，整个过程花费 1min 左右，然后开始自动合成一张球形全景图，分辨率为 8196×4096 像素，大小为 8.18MB，水平和垂直分辨率为 72dpi。

8）操作无人机到新的拍摄地点，取好景，单击“快门”按钮，即可重新自动拍摄。

拍摄完毕后无人机会悬停在原地，可以开始准备返航。

2. 返航

拍摄完毕后，应进行返航操作。返航时一定要注意无人机的机头（镜头）方向，建议初学者使机头（镜头）方向与自己所站的方向一致，这样在操控无人机前后飞行时的方向是正向的，不然会出现反向的情况，容易发生意外。我们可以通过遥控器监视屏的 GPS 定位图观察，箭头所指方向是机头（镜头）方向，通过箭头所指方向可以判断无人机机头（镜头）方向是否与自己所站的方向一致。

3. 降落

当无人机飞回适合降落的位置上方后，就要准备降落了。当在进行降落操作时，一定要注意控制下降速度，最好是缓慢下降，防止无人机落地时损坏。与起飞对应，降落也有两种方式：自动降落、手动降落。

1）自动降落。自动降落需要先设置自动返航的高度。可以先估计一下附近最高的建筑大概有多高，设定的高度要尽量高于这个高度（例如 50m），这样无人机就会先上升到设定的最低安全高度后再返航。

自动返航的高度设定完毕后单击屏幕左侧的“自动返航”图标，向右滑动解锁，无人机就会启动自动返航程序，当无人机飞回起飞点正上方时，会缓慢自动降落。大疆 Mini3 Pro 无人机有自动感应功能，如果机身下方有障碍物，无人机就会向上升（如果用手去接无人机，无人机也会感应到周围障碍物而自动上升，所以千万不要用手去抓无人机使其降落）；如果地面平整，到达地面后它会感应并自动关闭引擎。自动降落可以有效减少倾翻等事故的发生，适合初学者使用。

2）手动降落。先使无人机返航，飞回到自己计划降落的位置，然后缓慢下调左侧拨杆，使无人机缓慢接近地面。在离地面 5 ~ 10cm 处稍微推动拨杆，降低下降速度，直至无人机触地，将拨杆降到最低锁定，等待无人机关闭引擎。

【任务拓展】

用无人机拍摄 2 张球形全景图片。

要求：一张高度 100m 左右，另一张高度 1.8m 左右。

【思考与练习】

1. 有哪些无人机可以进行 VR 全景图拍摄？
2. 大疆 Mini3 Pro 无人机自动合成 VR 全景图的总像素是多少？
3. 大疆 Mini3 Pro 无人机手动合成 VR 全景图的总像素是多少？
4. 无人机拍摄球形全景前如何设置？
5. 怎样使无人机起飞？

任务 3.2 VR 全景图的拼接与输出

【任务描述】

无人机自动合成的 VR 全景图片分辨率只有 3200 万像素，并且有些 VR 全景图片在自动拼接时还有瑕疵，因此，要想得到更高的分辨率和拼接完整的 VR 全景图，可以用无人机保存的原片来手动拼接，这样可以提高 VR 全景图片的分辨率和完整度。

【任务要求】

掌握用 PTGui 拼接无人机拍摄的 VR 全景图片。

【知识链接】

3.2.1　实例 1　补天操作

1）双击 PTGui Pro X64 12 图标，启动 PTGui Pro X64 12。在“工程助理”窗口内，单击“加载影像”按钮，打开“添加影像”对话框，选择“100_0629”文件夹中的 35 张图片，单击“打开”按钮，共加载了 35 张图片。

2）单击“对齐影像”按钮，开始对齐，之后打开“全景编辑”窗口，补天没有拼接完成，如图 3-57 所示。

3）在“全景编辑”窗口中，单击“编辑单个影像”按钮，选择图片 3（见图 3-58），拖动其位置到补天处，如图 3-59 所示。

图 3-57　对齐影像

图 3-58　选择补天图片

4）关闭“全景编辑”窗口，回到“工程助理”窗口，单击“运行优化器”按钮，打开运行结果对话框，单击“是”按钮，如图 3-60 所示。

图 3-59　移动图片到补天位置

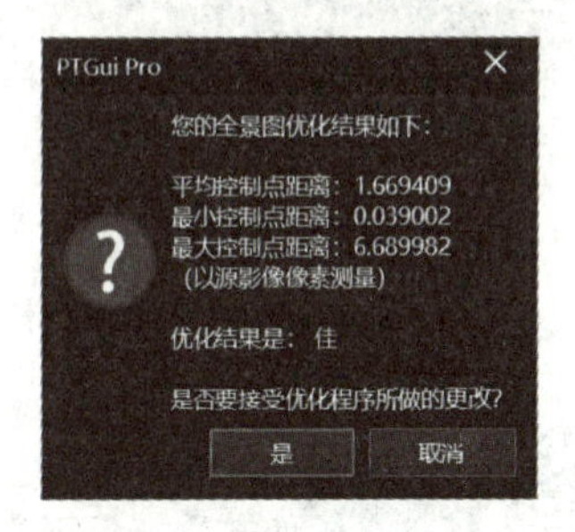

图 3-60　优化结果

5）再次单击“对齐影像”按钮，打开“全景编辑”窗口，完成补天操作，但古镇不在正前方，如图 3-61 所示。

6）按住鼠标左键拖动，将古镇放在中心位置，如图 3-62 所示。

3.2.2　实例 2　低空补天操作

1）双击 PTGui Pro X64 12 图标，启动 PTGui Pro X64 12。在“工程助理”窗口内，单击“加载影像”按钮，打开“添加影像”对话框，选择“100 _ 0125”文件夹中的 35 张图片，单击“打开”按钮，共加载了 35 张图片。

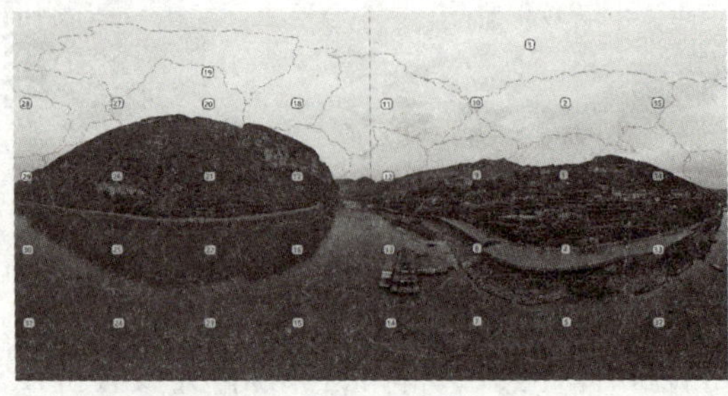
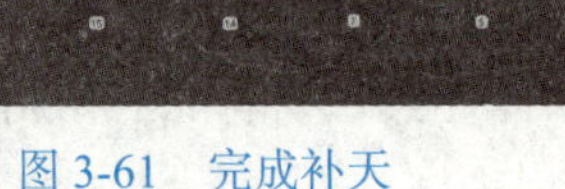

图 3-61　完成补天

图 3-62　将古镇放在中心位置

2）单击“对齐影像”按钮，开始对齐，之后打开“全景编辑”窗口，补天没有拼接完成，但也没有找到纯天空的图片，如图 3-63 所示。

3）从另外一组 VR 全景图片中找一张纯天空图片，复制到桌面，改名为 PANO0036，关闭“全景编辑”窗口，回到“工程助理”窗口，单击“添加更多影像”按钮，打开“添加影像”对话框，在桌面上选择 PANO0036 文件，单击“打开”按钮。

4）单击“运行优化器”按钮，打开优化结果对话框，单击“是”按钮，如图 3-64 所示。

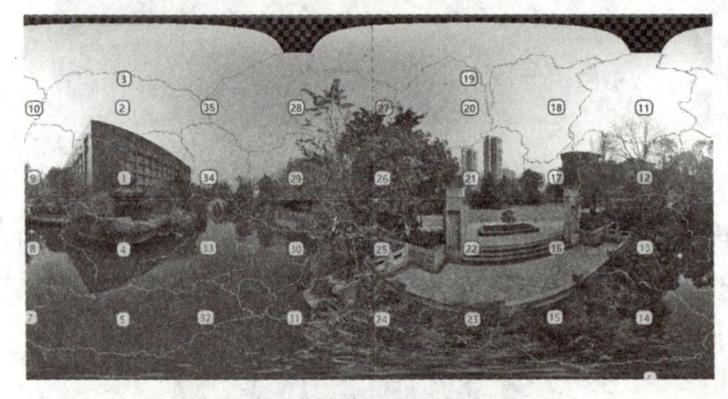

图 3-63　对齐影像

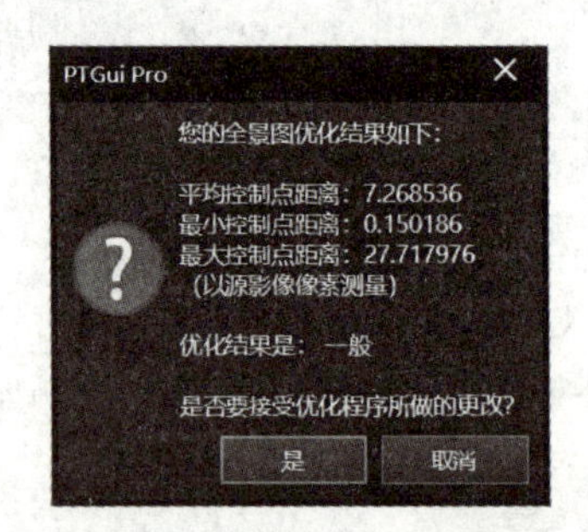

图 3-64　优化结果

5）单击“对齐影像”按钮，打开“全景编辑”窗口，单击“编辑单个影像”按钮，选择图片 36（见图 3-65），拖动到补天处，如图 3-66 所示。

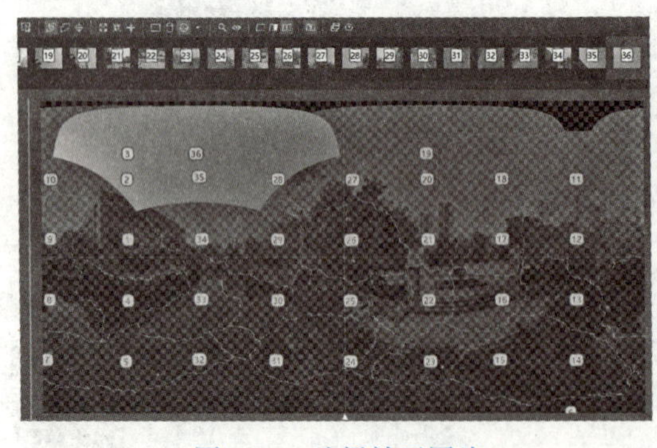

图 3-65　选择补天图片

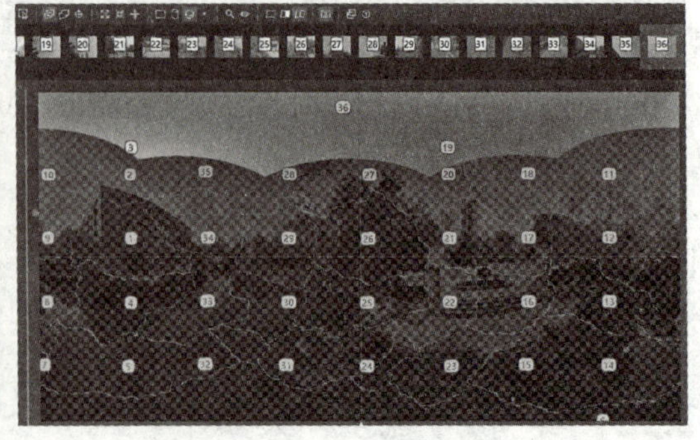

图 3-66　移动补天图片

6）关闭“全景编辑”窗口，回到“工程助理”窗口，单击“运行优化器”按钮，打开运行结果对话框，单击“是”按钮，如图 3-67 所示。

7）再次单击“对齐影像”按钮，打开“全景编辑”窗口，完成补天操作，但科技楼不在正前方。

8）按住鼠标左键拖动，将科技楼放在中心位置，如图 3-68 所示。

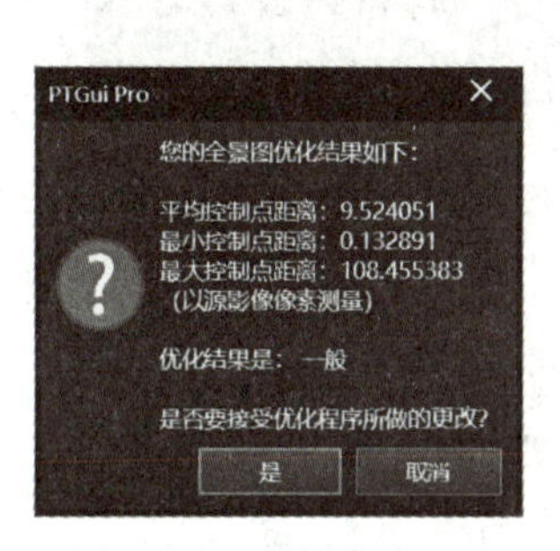

图 3-67　优化结果

图 3-68　将科技楼放在中心位置

3.2.3　实例 3　投影输出

1）双击 PTGui Pro X64 12 图标，启动 PTGui Pro X64 12。在“工程助理”窗口内，单击“加载影像”按钮，打开“添加影像”对话框，选择“100 _ 0510”文件夹中的 35 张图片，单击“打开”按钮，共加载了 35 张图片。

2）单击“添加更多影像”按钮，打开“添加影像”对话框，在桌面上选择 PANO0036 文件，单击“打开”按钮。

3）单击“对齐影像”按钮，开始对齐，之后打开“全景编辑”窗口，补天没有拼接完成，如图 3-69 所示。

4）在“全景编辑”窗口中，单击“编辑单个影像”按钮，选择图片 36（见图 3-70），拖动其位置到补天处，如图 3-71 所示。

图 3-69　对齐影像

图 3-70　选择补天图片

5）关闭“全景编辑”窗口，回到“工程助理”窗口，单击“运行优化器”按钮，打开运行结果对话框，单击“是”按钮。

6）再次单击“对齐影像”按钮，打开“全景编辑”窗口，完成补天操作，但烈士墓不在正前方。

7）按住鼠标左键拖动，将主体放在中心位置，执行菜单命令“投影”→“直线”，效果如图 3-72 所示。

图 3-71 完成补天

图 3-72 直线效果

8）执行菜单命令“投影”→“圆柱形”，效果如图 3-73 所示。

9）执行菜单命令“投影”→“圆形鱼眼”，效果如图 3-74 所示。

10）执行菜单命令“投影”→“全幅鱼眼”，效果如图 3-75 所示。

图 3-73 圆柱形效果

图 3-74 圆形鱼眼效果

图 3-75 全幅鱼眼效果

11）关闭“全景编辑”窗口，回到“工程助理”窗口，单击“预览”选项卡，单击“预览”按钮，从弹出的快捷菜单中选择“在 .jpg 文件的默认应用程序中打开”选项，打开“预览”对话框，单击“关闭”按钮。

12）单击“创建全景”选项卡，在右边的窗口单击“浏览”按钮，打开“保存全景”对话框（见图 3-76），选择存储盘，在“文件名”处输入“直线”，单击“保存”按钮，单击“创建全景”按钮（见图 3-77），开始输出。

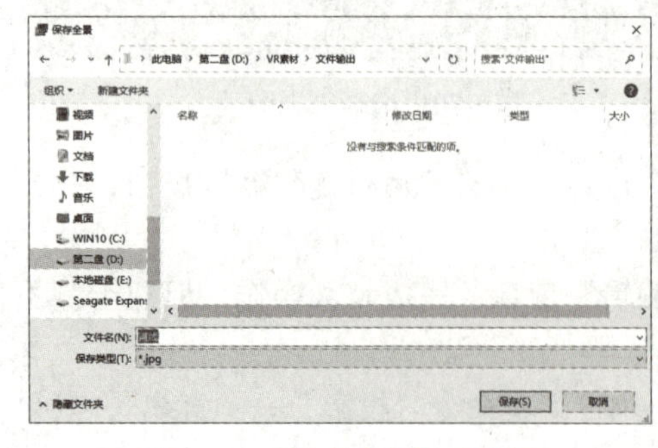

图 3-76 “保存全景”对话框

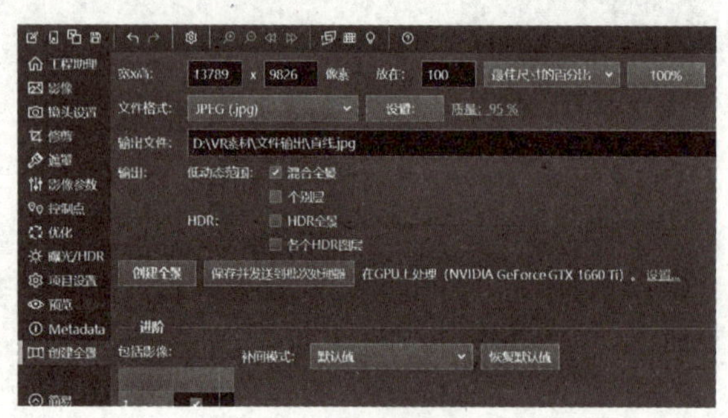

图 3-77 创建全景

3.2.4　实例 4　Insta360 ONE X2 运动相机的输出

运动相机拍摄出来的 VR 全景图片和全景视频是不能直接导出的，必须借助 Insta360 Studio 2023 软件才能导出，之后全景视频才能在 Premiere 中进行编辑。

1. Insta360 Studio 2023 软件

1）从网上下载 Insta360 Studio 2023 软件，双击 Insta360 Studio 2023 安装图标，打开“选择语言”对话框，单击“确定”按钮，如图 3-78 所示。

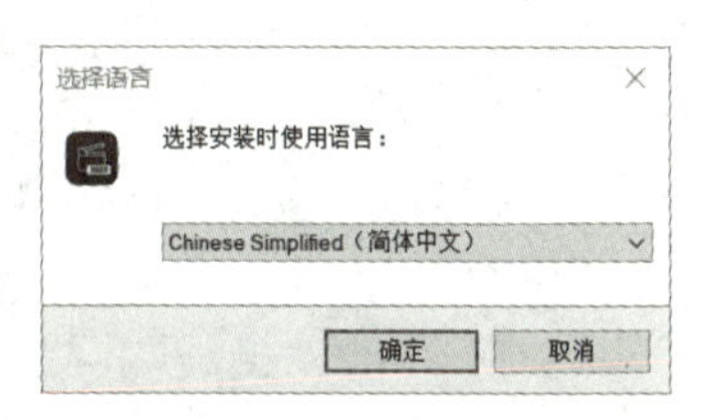

图 3-78　语言选择

2）打开“许可协议”界面，选中“我接受协议”单选按钮，单击“下一步”按钮，如图 3-79 所示。

3）打开“信息”界面，单击“下一步”按钮，如图 3-80 所示。

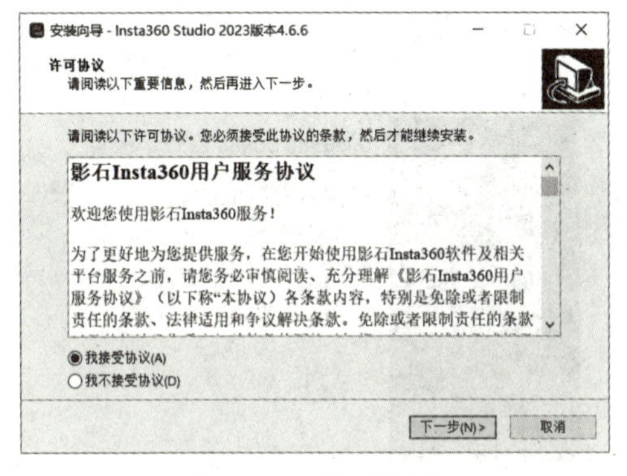

图 3-79　许可协议

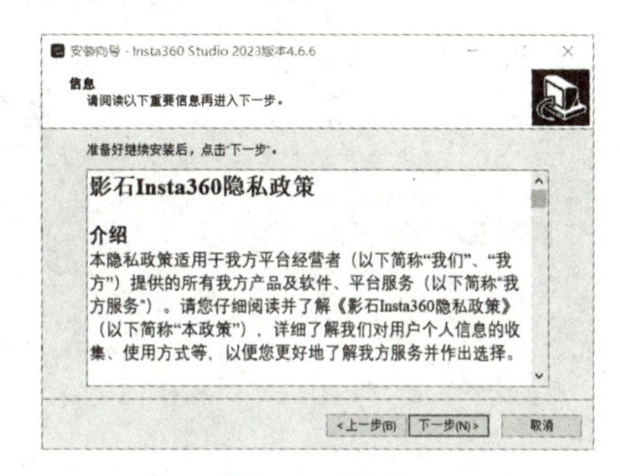

图 3-80　信息

4）打开“选择安装位置”界面，使用默认安装位置，单击“下一步”按钮，如图 3-81 所示。

5）打开“选择开始菜单文件夹”界面，使用默认文件夹，单击“下一步”按钮，如图 3-82 所示。

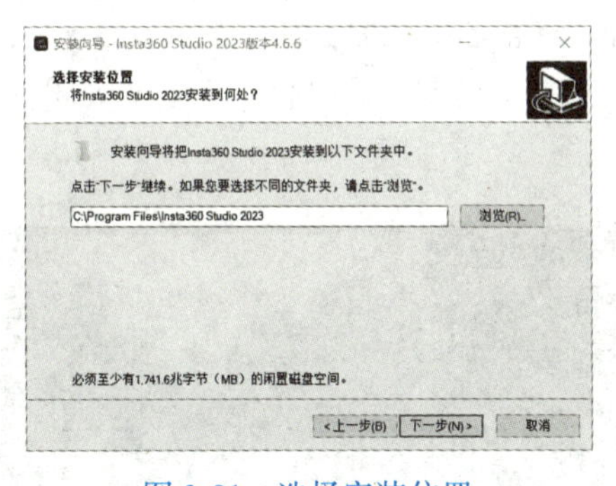

图 3-81　选择安装位置

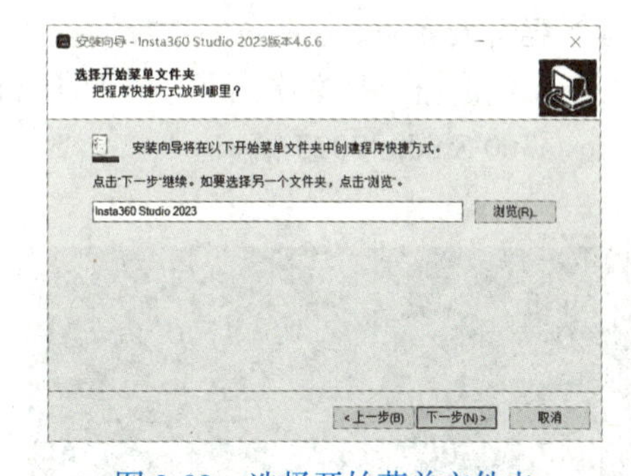

图 3-82　选择开始菜单文件夹

6）打开“选择附加任务”界面，选中“创建桌面快捷方式”等全部复选框，单击“下一步”按钮，如图 3-83 所示。

7）打开“准备安装完毕”界面，检查一次，是否设置正确，单击“安装”按钮，如

图 3-84 所示。

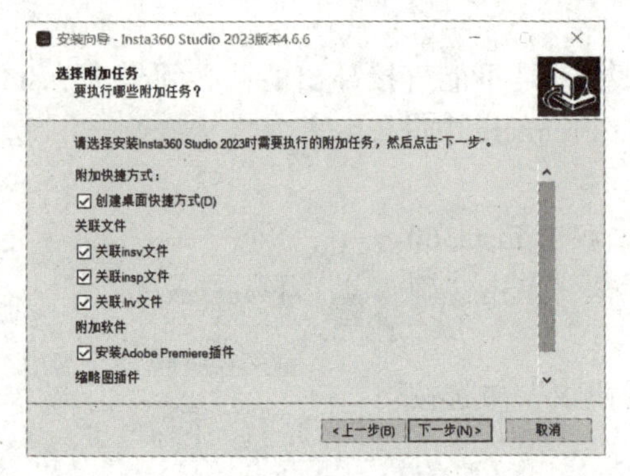

图 3-83 选择附加任务

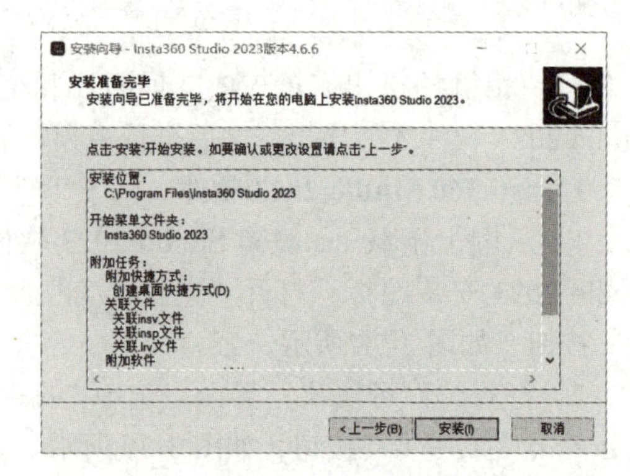

图 3-84 安装准备完毕

8）打开“正在安装”界面，如图 3-85 所示，安装完毕，打开“Insta360 Studio 2023 安装完成”界面，单击“结束”按钮，完成安装，如图 3-86 所示。

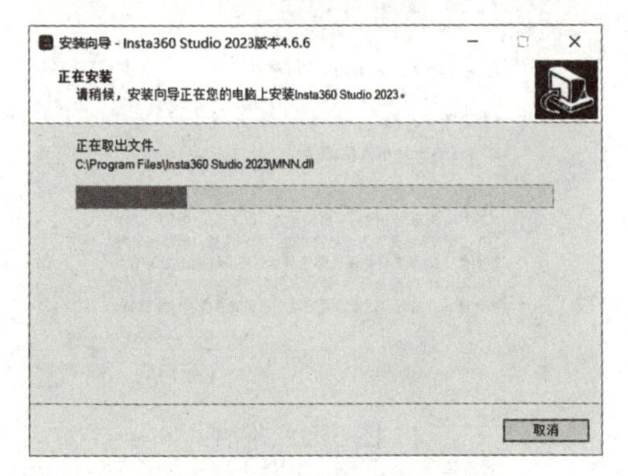

图 3-85 正在安装

图 3-86 安装完成

9）将运动相机的 USB 插头插到计算机的 USB 接口，长按“电源”开关，打开运动相机，听到“咔擦”一声，与计算机连接成功。

2. 全景图片的导出

1）双击 Insta360 Studio 2023 图标，打开 Insta360 Studio 2023 窗口（见图 3-87），单击“导入全部”按钮，将本次所拍全景图片和视频全部导入（见图 3-88），单击“关闭”按钮，关闭 Insta360 Studio 2023 窗口。

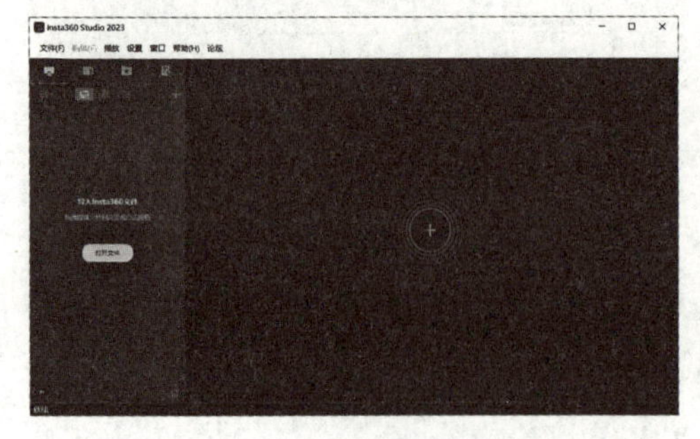
图 3-87 Insta360 Studio 2023 窗口

图 3-88 全部导入

2）双击 Insta360 Studio 2023 图标，打开 Insta360 Studio 2023 窗口，单击“手动选择”按钮，打开“Camera01”文件夹（见图 3-89），双击要打开的全景图片或视频，即可打开该全景图片或视频，如图 3-90 所示。单击“关闭”按钮，关闭 Insta360 Studio 2023 窗口。

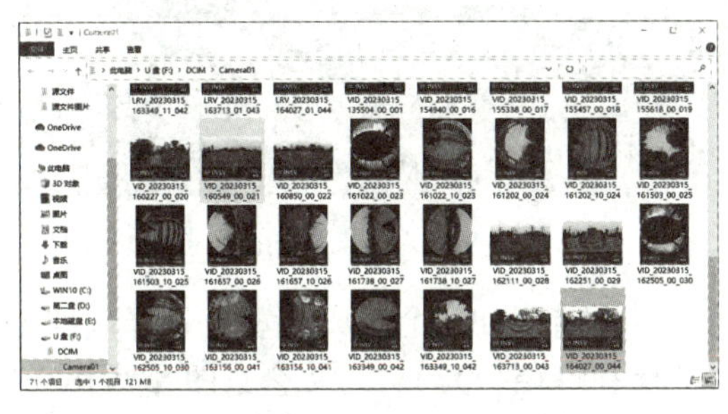

图 3-89　手动选择

图 3-90　单独导入

3）双击 Insta360 Studio 2023 图标，打开 Insta360 Studio 2023 窗口，关闭“是否自动导入素材”按钮，然后单击“打开文件”按钮，打开“打开文件”对话框，按住 <Ctrl> 键，选择需要打开的图像文件，如图 3-91 所示，单击“打开”按钮，现在是“鱼眼”投影，如图 3-92 所示。

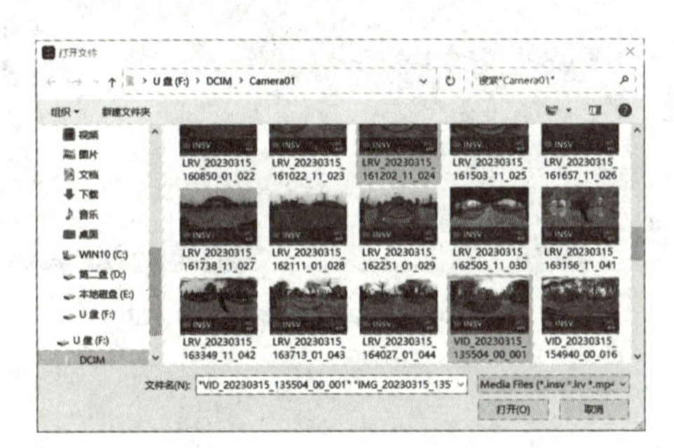

图 3-91　选择需要打开的文件

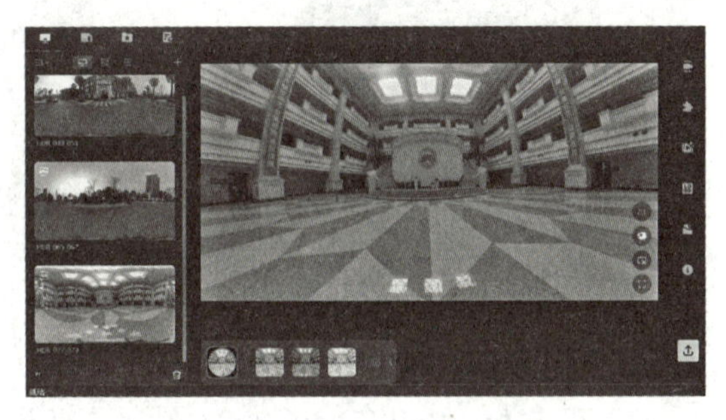

图 3-92　打开多个文件

4）单击“切换投影”按钮，从弹出的快捷菜单中选择图 3-93 所示的“小行星”按钮，打开“小行星”投影。

5）单击“水晶球”按钮，打开“水晶球”投影，如图 3-94 所示；单击“透视”按钮，打开“透视”投影，如图 3-95 所示。

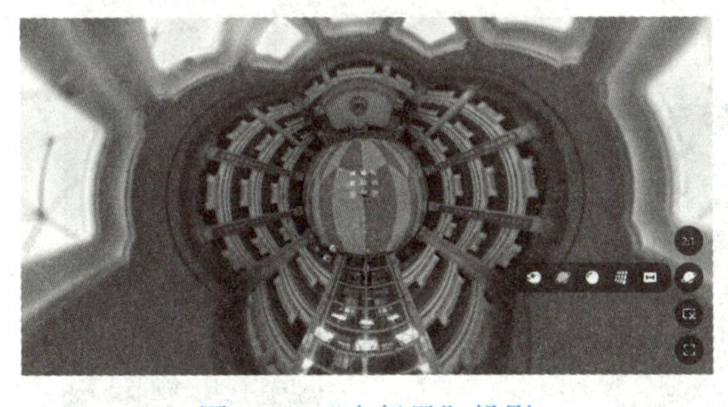

图 3-93　“小行星”投影

图 3-94　“水晶球”投影

6）单击“全景平铺图”按钮，打开“全景平铺图”投影，如图 3-96 所示。

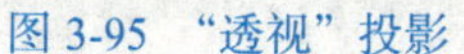

图 3-95 “透视”投影

图 3-96 “全景平铺图”投影

7）单击右下角的“开始导出”按钮，打开“图片导出设置”对话框，选择“导出全景图片”选项，“文件名”设置为“智慧大厅”，“保存路径”为 F：/VR 全景图片 /VR 全景，如图 3-97 所示。单击“开始导出”按钮，开始导出，导出完毕，生成 JPG 文件，查看效果如图 3-98 所示。VR 全景图片导出到此为止。

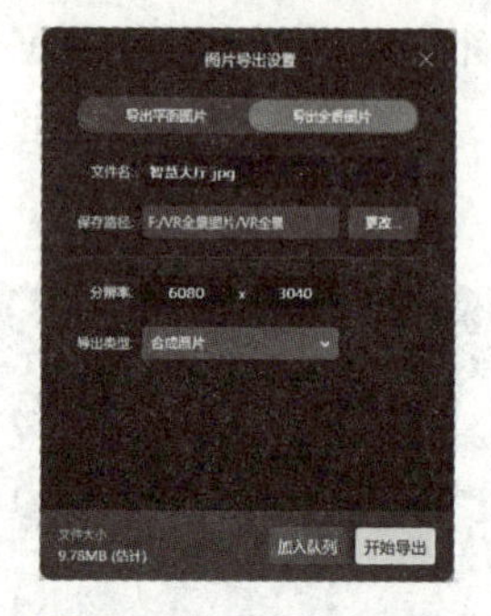

图 3-97 图片导出设置

图 3-98 导出效果

3. 全景视频的导出

1）双击 Insta360 Studio 2023 图标，打开 Insta360 Studio 2023 窗口，关闭“是否自动导入素材”按钮，然后单击“打开文件”按钮，打开“打开文件”对话框，按住 <Ctrl> 键，选择需要打开的全景视频文件，单击“打开”按钮，导入后如图 3-99 所示。

2）单击右下角的“开始导出”按钮，打开“视频导出设置”对话框，选择“导出全景视频”选项，“文件名”设置为“考工廊”，“保存路径”为 E：/VR 全景视频，如图 3-100 所示。单击“开始导出”按钮，开始导出，导出完毕，生成 MP4 文件，VR 全景图片导出到此为止。

图 3-99 导入全景视频

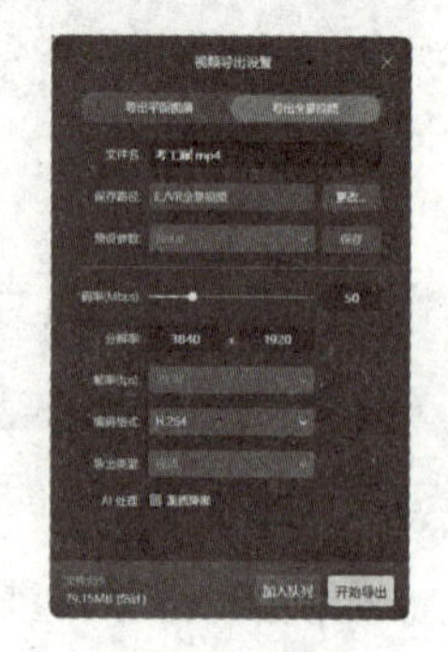

图 3-100 视频导出设置

3）在桌面上双击 Premiere Pro 2022 启动图标，打开“主页”对话框，单击“新建项目”按钮，打开“新建项目”对话框，在“名称”文本框中输入全景视频编辑，选择一个文件夹，单击“确定”按钮，如图 3-101 所示。

4）打开“Premiere Pro 2022 编辑”窗口，执行菜单命令“文件”→“新建”→“序列”，打开“新建序列”对话框，在“可用预设”中选择 VR → Monoscopic 29.97 → 3840×1920（见图 3-102），“序列名称”为“全景视频编辑”，单击“确定”按钮，回到“Premiere Pro 2022 编辑”窗口。

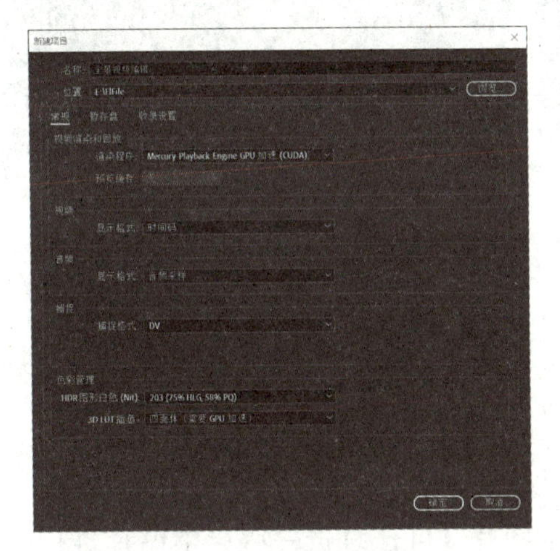

图 3-101　新建项目设置

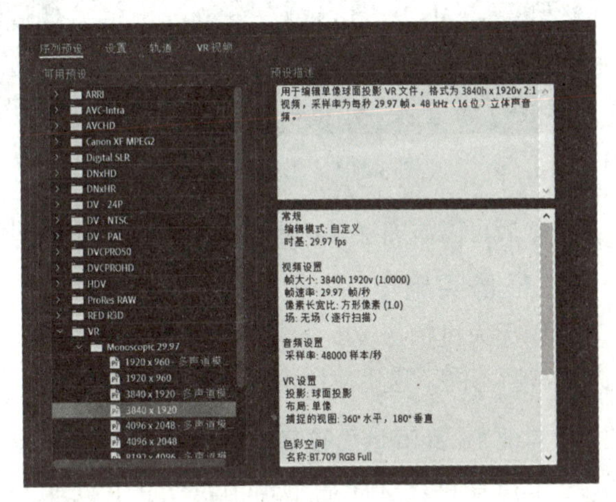

图 3-102　序列设置

5）按 <Ctrl+I> 组合键，打开“导入”对话框，选择要导入的源文件，单击“打开”按钮，如图 3-103 所示。

6）全景视频素材被导入到项目窗口，双击第一个素材，就可在源监视器上显示，如图 3-104 所示。

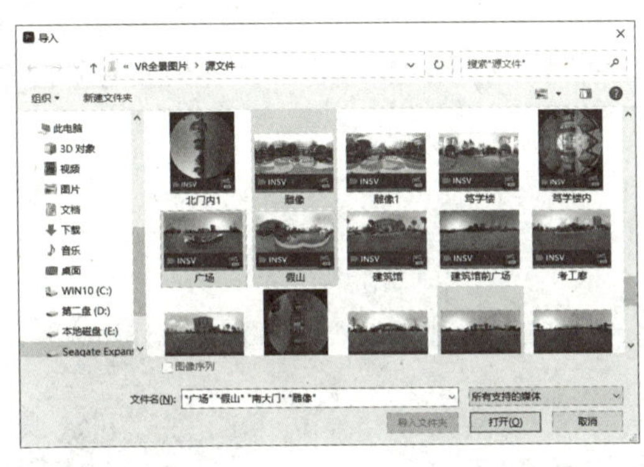

图 3-103　“导入”对话框

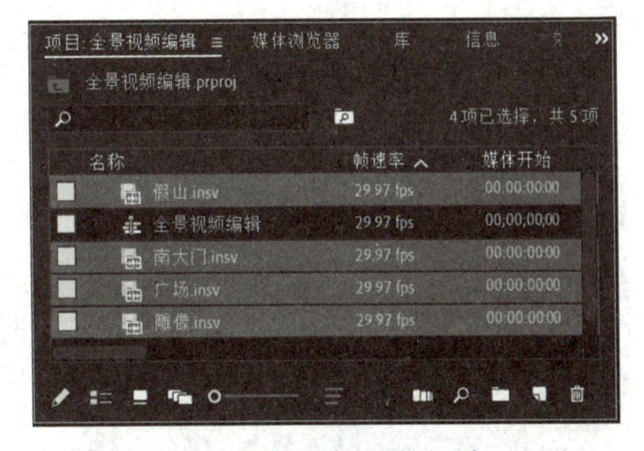

图 3-104　导入素材到项目窗口

7）在项目窗口中双击“雕像”，在源监视器窗口中设置入点为 2:00s，单击“标记入点”按钮。

8）在源监视器窗口中设置时间为 13:00s，并单击“标记出点”按钮，如图 3-105 所示。

9）在时间线窗口中将播放指针定位在 0s 处，在源监视器窗口中单击“覆盖”按钮，即可将所选素材添加到时间线窗口，如图 3-106 所示。周而复始，可将全部全景视频导入项目进行编辑。

图 3-105　源监视器窗口

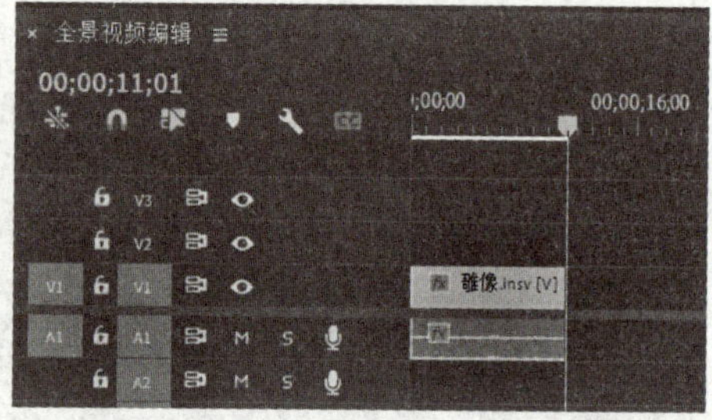

图 3-106　添加到时间线窗口

之后可以添加字幕、音乐、解说词、VR 转场、视频特效等效果，这里不再赘述。

【任务实施】

用无人机拍摄 VR 全景图片可以高空拍摄，也可以低空拍摄。高低空拍摄的原片，拼接方法有所不同，这里使用两种方法进行拼接。

实训 1　距离地面较高的拼接

本原片是在开阔的平坝拍摄的，有两张天空图片，可任意选一张天空图片进行补天操作。

1）双击 PTGui Pro X64 12 图标，启动 PTGui Pro X64 12。在“工程助理”窗口内，单击“加载影像”按钮，打开“添加影像”对话框，选择“100_0505”文件夹中的 35 张图片，单击“打开”按钮。

2）PTGui Pro 将会把源图像载入软件中。如图 3-107 所示，也可以直接将源图像拖入软件中，共加载了 35 张图片。

3）单击“对齐影像”按钮，开始对齐，之后打开“全景编辑”窗口，补天没有拼接完成，如图 3-108 所示。

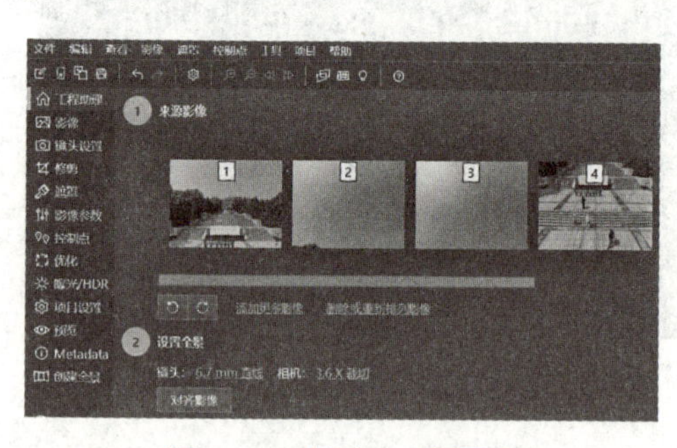

图 3-107　导入 35 张图片

图 3-108　补天有问题

4）在“全景编辑”窗口中，单击“编辑单张影像”按钮，选择图片 3，拖动到补天处，如图 3-109 所示。

5）关闭“全景编辑”窗口，回到“工程助理”窗口，单击“运行优化器”按钮，打开运行结果对话框，单击“是”按钮。

6）再次单击“对齐影像”按钮，打开“全景编辑”窗口，在水平线条上按住鼠标左键，将图片中心向右拖动到拍摄中心，如图 3-110 所示。单击“显示影像编号”按钮，关闭影像编号，如图 3-111 所示。

图 3-109　手动补天

图 3-110　完成补天

7）关闭“全景编辑”窗口，回到“工程助理”窗口。选择“预览”选项卡，单击“预览”→“在 PTGui 查看器中打开”选项，打开“PTGui 查看器”窗口，查看球形全景图，如图 3-112 所示。

图 3-111　关闭影像编号

图 3-112　查看效果

8）关闭“PTGui 查看器”窗口，单击“创建全景”选项卡，设置“宽 × 高”为 15000 × 7500 像素（见图 3-113），单击“浏览”按钮，打开“保存全景”对话框，在“文件名”中输入文件名，单击“保存”按钮。

9）单击“创建全景”按钮，开始创建全景图片。打开球形全景图片所在的文件夹，可以看到其文件大小是 20619KB，如图 3-114 所示。

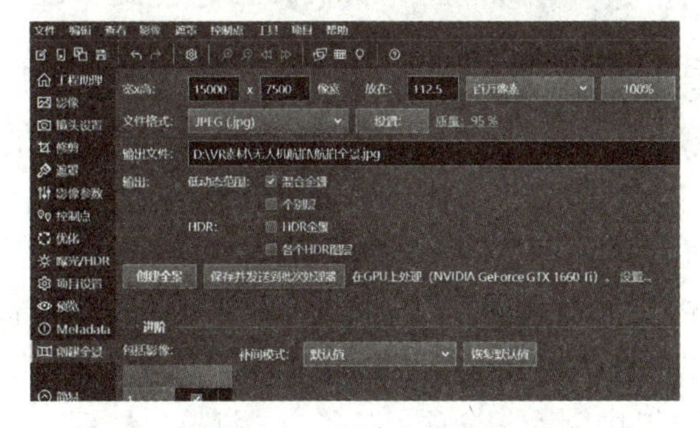

图 3-113　创建全景设置

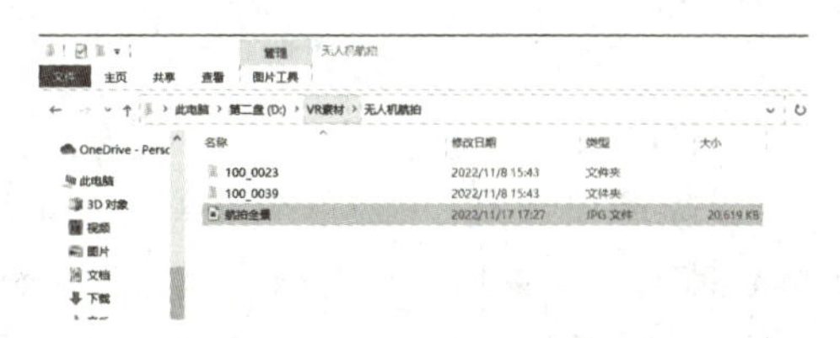

图 3-114　创建全景文件的大小

实训 2　距离地面较低的拼接

本原片是在低空 2m 处拍摄的，在补天拍摄时，没有完整拍摄天空图片，这样的图片拿去补天，效果欠佳，可在同次高空拍摄的图片中，找一张天空图片，进行更名，导入其中，即可完成补天。

1）双击 PTGui Pro X64 12 图标，启动 PTGui Pro X64 12。在“工程助理”窗口内，单击“加载影像”按钮，打开“添加影像”对话框，选择“100_0531”文件夹中的 35 张图片，单击“打开”按钮。

2）PTGui Pro 将会把源图像载入软件中。如图 3-115 所示，也可以直接将源图像拖入软件中，共加载了 35 张图片。

3）单击“添加更多影像”按钮，打开“添加影像”对话框，在桌面上选择“PANO0036”补天图片，单击“打开”按钮。

4）单击“对齐影像”按钮，开始对齐，之后打开“全景编辑”窗口，补天没有拼接完成，如图 3-116 所示。

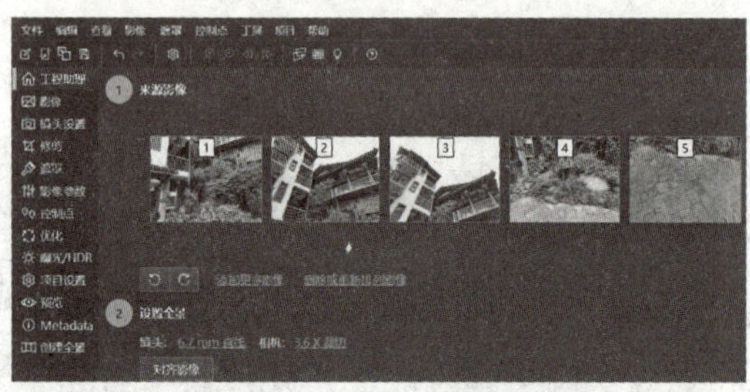

图 3-115　导入原片

图 3-116　补天没有拼接完成

5）在“全景编辑”窗口中，单击“编辑单张影像”按钮，选择图片 36，拖动到补天处，如图 3-117 所示。

6）在水平线条上按住鼠标左键，将图片中心向右拖动到拍摄中心，如图 3-118 所示。关闭“全景编辑”窗口，回到“工程助理”窗口。

图 3-117　手动补天

图 3-118　图片居中

7）单击“运行优化器”按钮，打开运行结果对话框，单击“是”按钮。

8）选择“预览”选项卡，单击“预览”→“在 PTGui 查看器中打开”选项，打开“PTGui 查看器”窗口，查看球形全景图，如图 3-119 所示。

9）关闭“PTGui 查看器”窗口，单击“创建全景”选项卡，单击“浏览”按钮（见图 3-120），打开“保存全景”对话框，在“文件名”中输入文件名，单击“保存”按钮。

图 3-119　预览效果

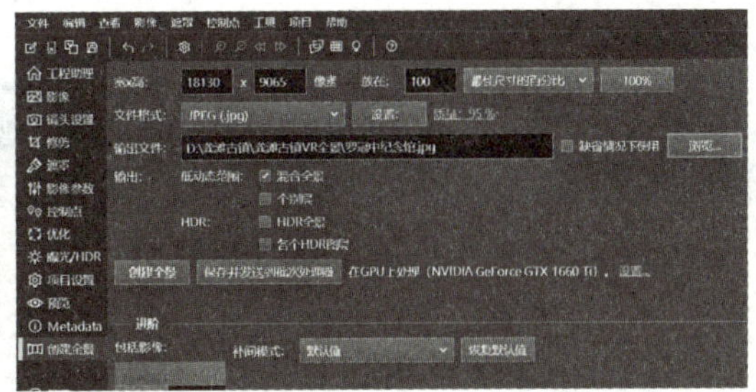

图 3-120　输出设置

10）单击“创建全景”按钮，开始创建全景图片。打开球形全景图片所在的文件夹，可以看到其文件大小是 47MB 左右。

【任务拓展】

到传统教育基地用无人机拍摄球形全景图片素材，手动拼接成 VR 全景图。

【思考与练习】

1. 高空拍摄的 VR 全景图怎样进行补天？

2. 低空拍摄的 VR 全景图怎样进行补天？

项目 4 VR 全景漫游

项目导读

拍摄、拼接完成，得到一张张 VR 全景图片之后，还只是 VR 全景图片素材，如何才能将其以可交互的 VR 全景图片展示并分享给其他人呢？可用 Pano2VR Pro 软件和全景互动工具 720 云来进行展示。

学习目标：了解 Pano2VR Pro 软件，了解全景互动工具 720 云，掌握 Pano2VR Pro 软件的使用，掌握全景互动工具 720 云的使用。

技能目标：能熟练利用 Pano2VR Pro 软件、全景互动工具 720 云，制作 VR 全景图片漫游。

素养目标：提高美学的认知，重视美育思想，培养良好的视觉艺术感。

思政目标：在拼接好 VR 图片后借助 Pano2VR Pro 软件和 720 云进行漫游加工和优化，培养学生精益求精的工匠精神。通过对校园漫游作品设计、构思和处理技巧的生动讲解，提高学生的审美素养，激发学生的创造创新活力。

任务 4.1 用 Pano2VR Pro 制作 VR 全景漫游

【任务描述】

Pano2VR Pro 是一个全景图像转换应用软件，可以把全景图像转换成 QuickTime 或者 Adobe Flash 格式。该软件允许几分钟内发布全景图像。不管在做什么类型的项目，无论是千兆像素全景图还是有数百个节点的虚拟旅游，Pano2VR 都能在桌面和移动设备上快速启动和运行项目。动画编辑器功能强大，可以将皮肤元素连接到动画，例如字幕或文本框，可以在动画中的特定时间出现和消失。皮肤编辑器最显著的特性是对映射元素，以前只能向 map 元素添加一个映射。当前版本的查看器能够播放 360° 视频，使其更易于使用媒体。

【任务要求】

- 了解 Pano2VR 软件的安装。
- 掌握热点的应用。
- 掌握皮肤设置及户型图节点的应用。
- 掌握外加缩略图的应用。
- 掌握指示方向的添加。
- 了解添加视频。
- 掌握音乐、配音的添加。
- 掌握作品的输出。

【知识链接】

4.1.1 实例 1 软件安装

1）下载数据包然后解压，双击 Pano2VR_install64_6_1_13.exe，打开“欢迎使用 Pano2VR6 64bit 安装程序”对话框，如图 4-1 界面，单击“下一步”按钮。

2）打开“许可证协议”界面，如图 4-2 所示，单击“我接受”按钮。

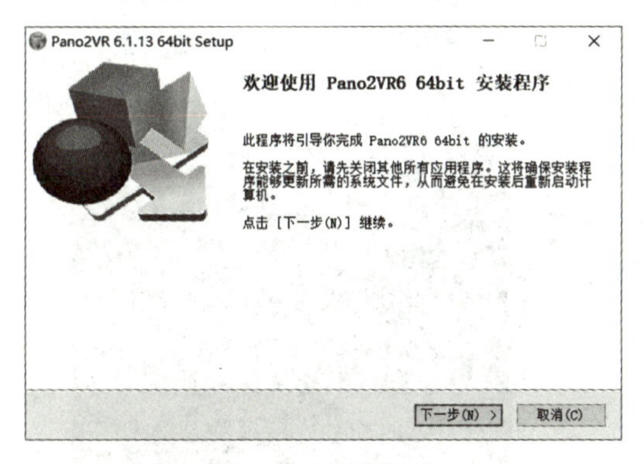

图 4-1 欢迎界面

图 4-2 许可证协议

3）打开“选择安装位置”界面，如图 4-3 所示，单击“安装”按钮。

4）打开“正在安装”界面，请耐心等待，如图 4-4 所示。

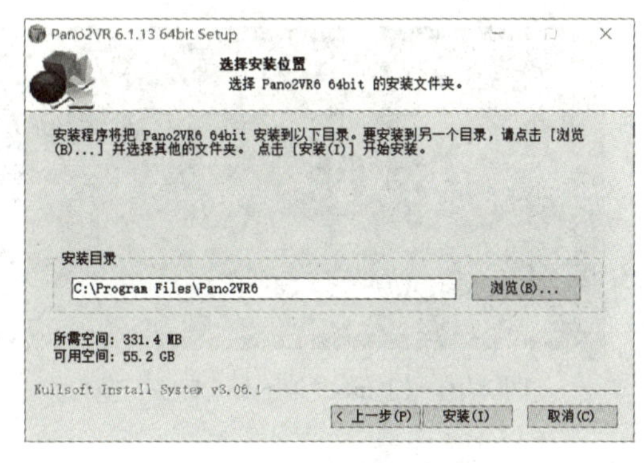

图 4-3 选择安装位置

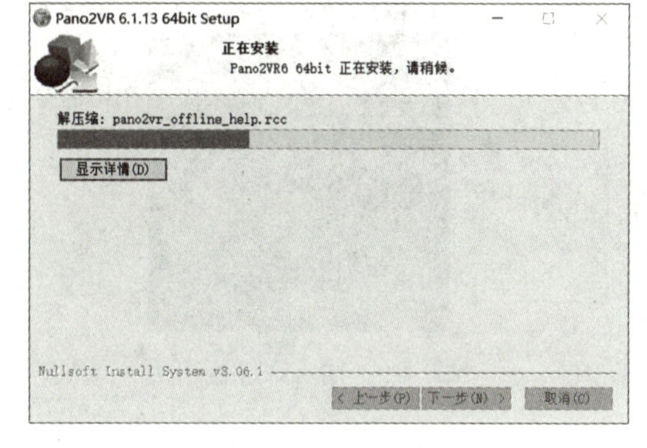

图 4-4 正在安装

5）打开“Pano2VR6 64bit 安装程序结束”界面，如图 4-5 所示，单击“完成”按钮。

6）找到并选择文件 pano2vr.exe，右击，从弹出的快捷菜单中选择“复制”命令。

7）右击桌面 Pano2VR6 64bit 图标，从弹出的快捷菜单中选择“打开文件所在的位置”命令，如图 4-6 所示。打开 Pano2VR6 文件夹，右击，从弹出的快捷菜单中选择“粘贴”命令，替换其中的同名文件，如图 4-7 所示。

8）在桌面上双击 pano2VR6 64bit 图标，打开“欢迎使用 Pano2VR”对话框，如图 4-8 所示，找到注册码，并复制，单击“输入许可证密钥”按钮，打开“输入许可证密钥”对话框，在“许可密钥”文本框内粘贴注册码，如图 4-9 所示，单击“OK”→“OK”按钮。

9）打开“Pano2VR pro 6.1.13”窗口，如图 4-10 所示。

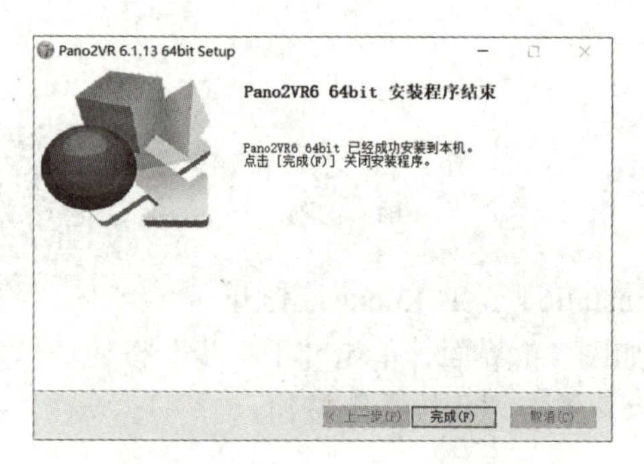

图 4-5　完成安装

图 4-6　打开文件所在的位置

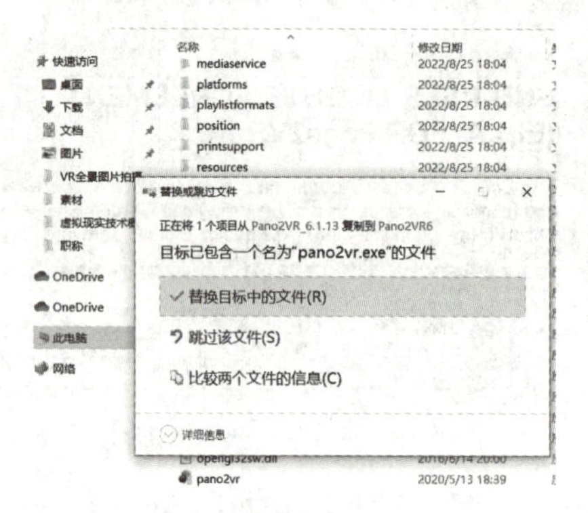

图 4-7　替换 pano2vr.exe 文件

图 4-8　软件欢迎界面

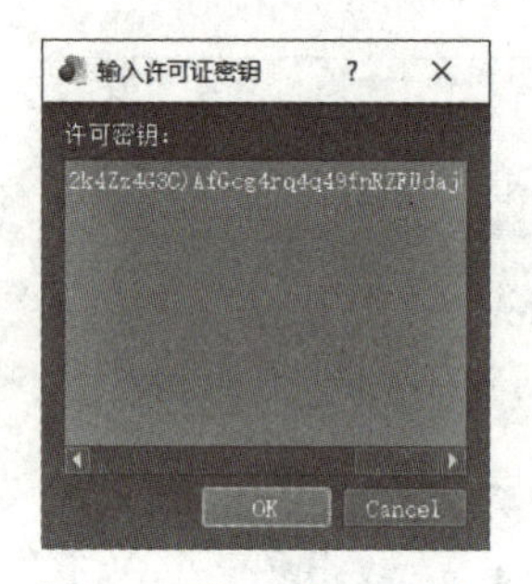

图 4-9　输入许可证密钥

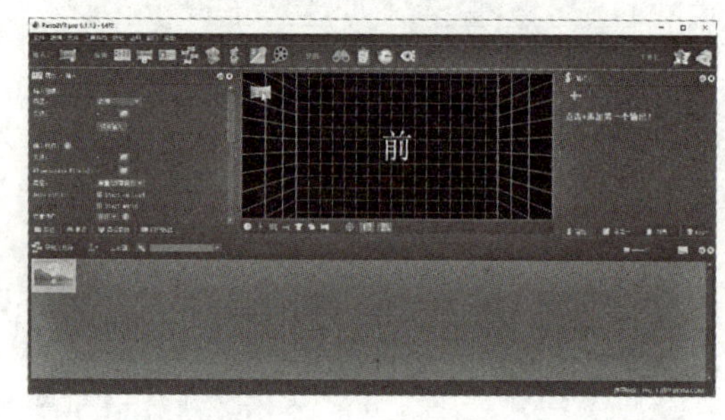

图 4-10　“Pano2VR pro 6.1.13”窗口

4.1.2　实例 2　热点设置

微课

热点是指用户在观看全景图期间可以在图片中单击图形或对象，单击后用户可以查看弹出信息、跳转到网站或其他 360° 全景图。

1）在桌面上双击 Pano2VR 64bit 图标，打开 Pano2VR 软件，单击“输入”按钮，打开“插入全景图”对话框，选择“陈列馆”“台阶中段”“烈士墓”“渣滓洞”四个全景图片，单击“打开”按钮。

2）拖曳全景图片排序（陈列馆→台阶中段→烈士墓→渣滓洞）。

3）选择第一张图，右击，从弹出的快捷菜单中选择“设定初始场景全景”选项。

4）单击背景声音选项卡中的文件选项后面的图标，打开“音乐文件”对话框，选择一首音乐“红梅赞”，单击“打开”按钮。设置“循环”次数为 0（无限循环）。

5）将指针放在预览窗口的图标上，从弹出的快捷菜单中选择“指定热点”选项（见图 4-11），在适当的位置双击，如图 4-12 所示。

6）在属性栏中将“类型”设置为“导览节点”，“标题”设置为“台阶中段”，“链接目标网址”设置为“台阶中段”，这样一个热点就设置好了，如图 4-13 所示。

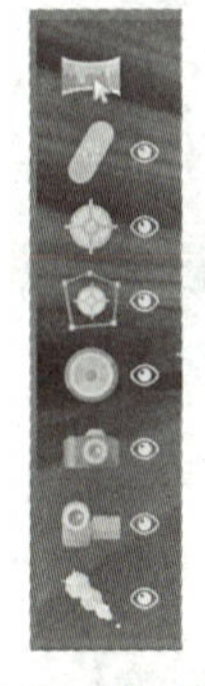

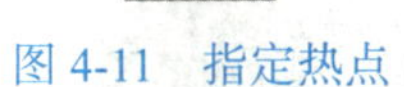

图 4-11　指定热点

图 4-12　设置热点

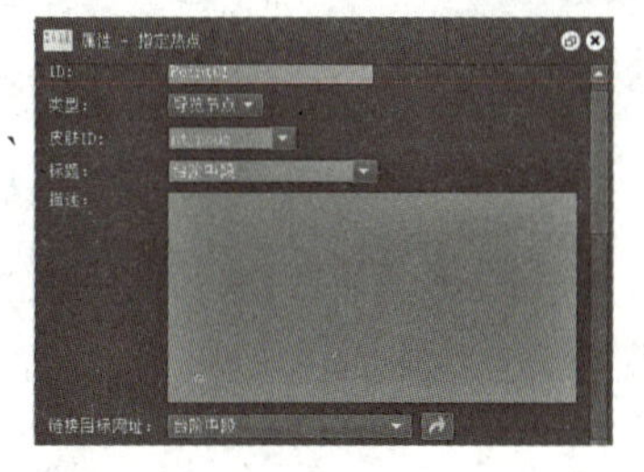

图 4-13　属性设置（台阶中段）

7）选择台阶中段，在适当的位置双击，如图 4-14 所示，在属性栏中将“类型”设置为“导览节点”，“标题”设置为“烈士墓”，“链接目标网址”设置为“烈士墓”，如图 4-15 所示。

图 4-14　台阶中段热点（一）

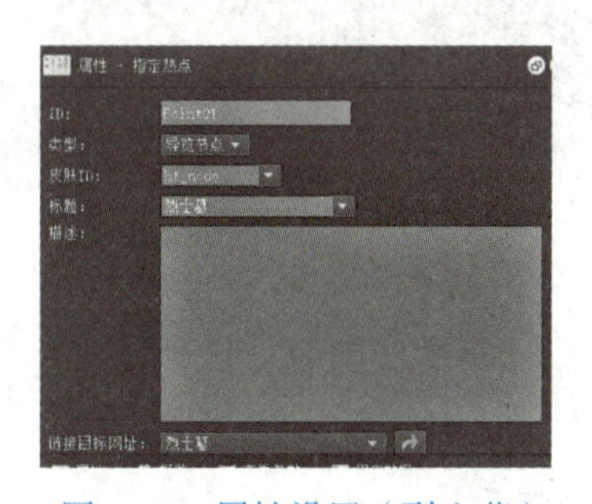

图 4-15　属性设置（烈士墓）

8）旋转台阶中段到适当位置，在台阶中段的适当位置双击，如图 4-16 所示，在属性栏中将“类型”设置为“导览节点”，“标题”设置为“陈列馆”，“链接目标网址”设置为“陈列馆”，如图 4-17 所示。

图 4-16　台阶中段热点（二）

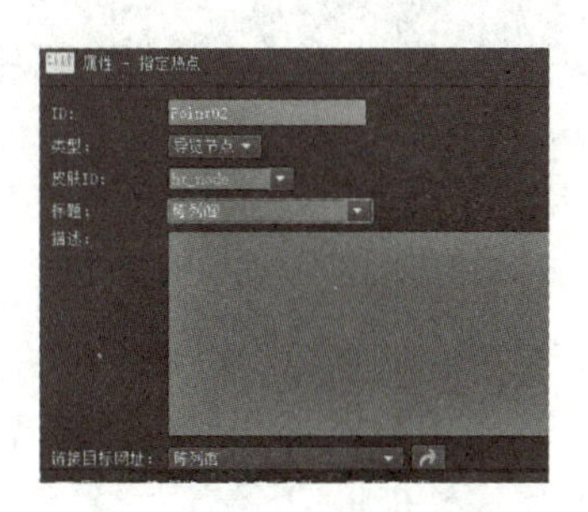

图 4-17　属性设置（陈列馆）（一）

9）在烈士墓的适当位置双击，如图 4-18 所示。在属性栏中将“类型”设置为“导览节点”，“标题”设置为“台阶中段”，“链接目标网址”设置为“台阶中段”，如图 4-19 所示。

图 4-18　烈士墓热点

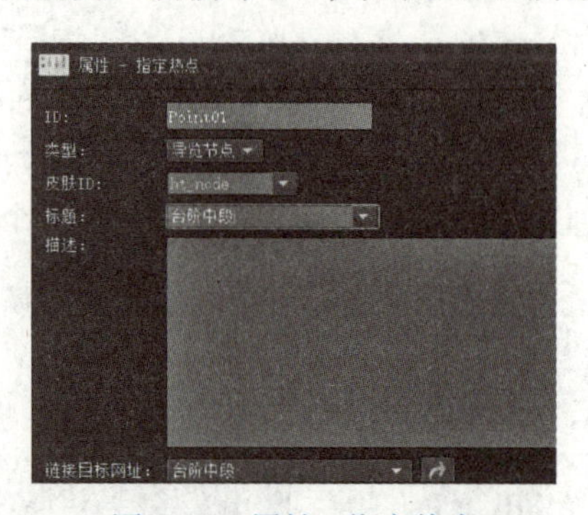

图 4-19　属性 - 指定热点

10）选择陈列馆，在适当的位置双击，如图 4-20 所示，在属性栏中将“类型”设置为“导览节点”，“标题”设置为“渣滓洞”，“链接目标网址”设置为“渣滓洞”，如图 4-21 所示。

图 4-20　陈列馆热点

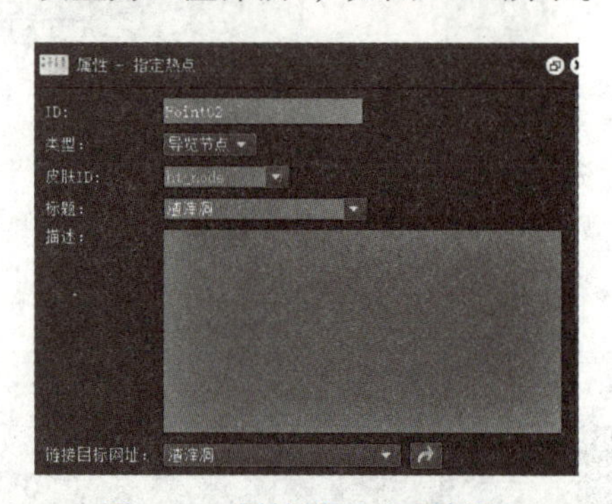

图 4-21　属性设置（渣滓洞）

11）在渣滓洞的适当位置双击，如图 4-22 所示，在属性栏中将“类型”设置为“导览节点”，“标题”设置为“陈列馆”，“链接目标网址”设置为“陈列馆”，如图 4-23 所示。

图 4-22　渣滓洞热点

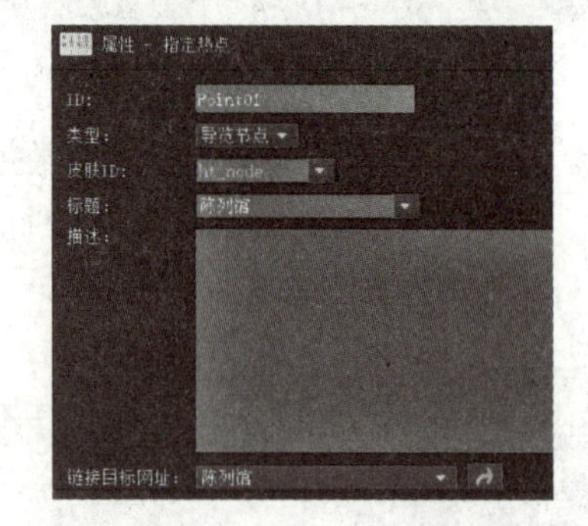

图 4-23　属性设置（陈列馆）（二）

12）选择“陈列馆”全景图，将指针放在热点上，从弹出的快捷菜单中选择“声音”选项，双击预览窗口，打开“选择声音文件”对话框，选择“简介配音”音频，单击“打开”按钮，在属性栏中将“模式”设置为“环绕”，“循环”为“0”。

13）用同样的方法，给其他全景图添加“简介配音”音频。

4.1.3　实例 3　输出

微课

VR 全景漫游制作完成输出后才能观看，只需单击“输出”下面加号右边的小箭头即可，一般情况下只需选择“HTML5”与“动画”，这两者的区别在于 Flash 输出主要包含一个 HTML 文件和一个动画文件，动画文件将所有全景场景压缩在一起，通过 HTML 网页加载 swf 观看，所以手机浏览器是观看不了的，而 HTML5 就能解决这个问题，计算机和手机均支持，根据自己的需要选择输出格式。

1）单击“输出” 按钮，打开“输出”选项，单击加号右边的小三角形，从弹出的快捷菜单中选择“HTML5”选项。

2）单击“自动旋转 & 动画”左边的小三角形按钮，选中“飞入”和“自动旋转”复选框，设置“速度”为“1.00”，“平均速度”为“0.20°/ 帧率”，如图 4-24 所示。

3）单击 Generate Output 按钮，打开 Pano2VR 对话框，单击 OK 按钮，打开“保存 Pano2VR 项目文件”对话框，在文件名处输入“作品 3”，单击“保存”按钮，打开“创建输出”对话框（见图 4-25），单击 Yes 按钮，打开“进度”对话框（见图 4-26），开始输出。

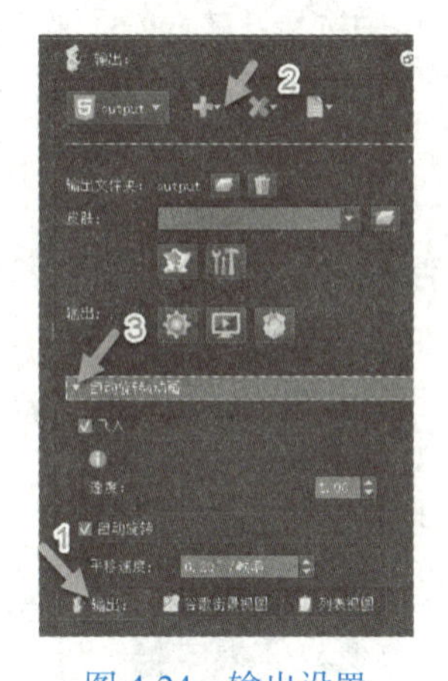

图 4-24　输出设置

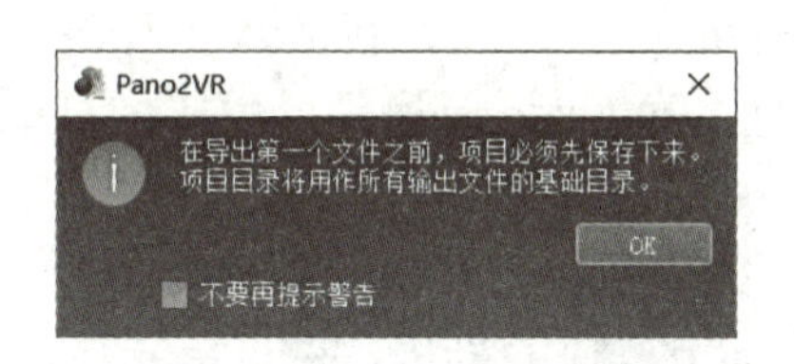

图 4-25　“创建输出”对话框

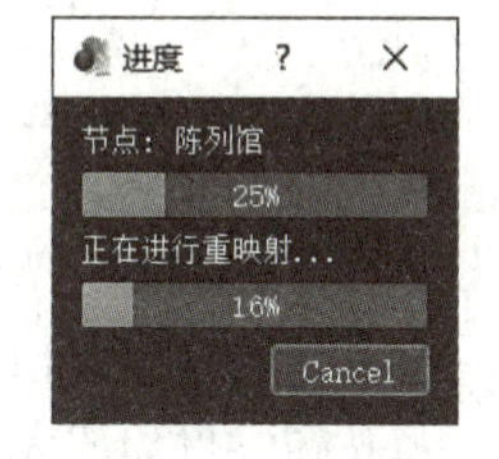

图 4-26　“进度”对话框

4）完成输出，打开浏览网页，开始预览，预览完毕，单击“关闭”按钮，退出预览。

5）单击“生成 Garden Gnome 软件包” 按钮，打开“保存 Garden Gnome 包文件”对话框，在文件名处输入“作品 3”，单击“保存”按钮，打开“进度”对话框，进行输出。

6）打开保存位置文件夹，双击作品 3，打开网页进行预览，预览效果如图 4-27 所示，预览完毕单击“关闭”按钮，退出预览。

图 4-27　预览效果

4.1.4　实例 4　皮肤设置及户型图节点

微课

皮肤设置及户型图节点即导航图。在制作室内房产家装的全景漫游时，常使用平面 CAD 图或平面效果图作为导航和户型示意。在制作室外环境的全景漫游时，常使用平面设计图或者截取第三方地图作为导航图，下面以两个学校的漫游为例。

（1）皮肤设置（导航图）

1）执行菜单命令“文件”→“新建”，新建一个项目，导入全景图片素材北大门、广场1、学子芯和重电南门四个全景图片。

2）选择第一张图，单击背景声音选项卡文件选项后面的图标，打开“音乐文件”对话框，选择一首音乐，单击“确定”按钮。

3）设置“循环”次数为0（无限循环）。

4）将指针放在预览窗口的图标上，从弹出的快捷菜单中选择“指定热点”选项，在适当的位置双击。

5）在属性栏中将“类型”设置为“导览节点”，“标题”设置为“学子芯”。在“链接目标网址”中选择“学子芯”。

6）选择学子芯，在适当的位置双击。在属性栏中将“类型”设置为“导览节点”，“标题”设置为“北大门”，“链接目标网址”选择“北大门”。

7）在输出窗口，单击加号右边的小三角形，从弹出的快捷菜单中选择“HTML5”选项。

8）单击“皮肤”右边的小三角形，从弹出的快捷菜单中选择 simplex_v6.ggsk 选项，单击“编辑皮肤”按钮，打开皮肤编辑器，设置“宽”为“1100”，“高”为“500”，如图 4-28 所示。

9）单击“关闭”→SAVE→OK 按钮，打开“保存皮肤”对话框，在文件名处输入“皮肤设置”，单击“保存”按钮。

10）单击 Generate Output 按钮，打开 Pano2VR 对话框，单击 OK 按钮，打开“保存Pano2VR 项目文件”对话框，在文件名处输入“作品 2”，单击“保存”按钮，打开“进度”对话框，开始输出，输出完毕，打开网页进行浏览，单击“关闭”按钮。

11）单击“打开输出”按钮，打开网页，开始输出，输出完毕，开始浏览，下方会出现一些按钮，例如放大、减小、自动旋转、显示缩略图、改变立体模式、进入全屏（见图 4-29），单击“显示缩略图”按钮（见图 4-30），关闭浏览器。

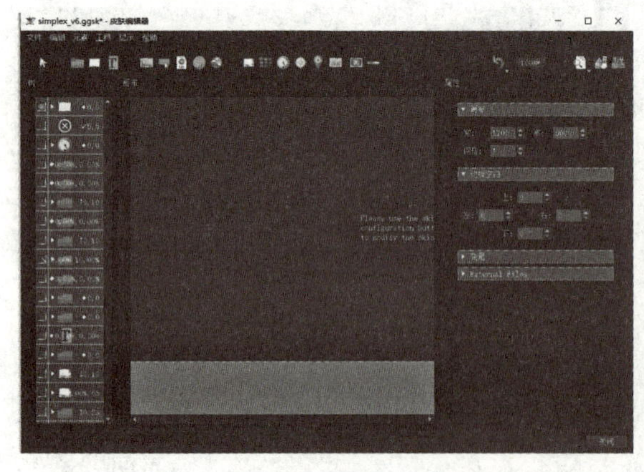

图 4-28　皮肤编辑器

图 4-29　界面出现的一些按钮

图 4-30　缩略图

（2）户型图节点

1）在上述基础上，设置“皮肤”为 cardboard.ggsk 选项，单击“编辑皮肤”按钮，打开皮肤编辑器，画布宽高设置为 1100×500，单击“添加图片”按钮，再单击“画布”，如图 4-31 所示，打开“添加新图片”对话框，选择“电子校沙盘”和“学校沙盘”，单击“打开”按钮，插入两张图片，设置宽和高为 280×140 像素，并调整其位置。

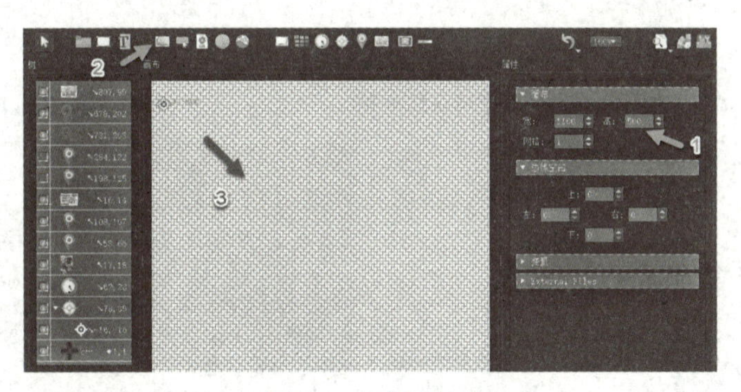

图 4-31　画布设置

2）使两张图片位置重叠，并调节其位置，分别设置“锚点”为右下角，如图 4-32 所示。

图 4-32　设置锚点

3）单击“添加节点标记”按钮，在地形图相应位置上双击，这个节点是没有任何显示的，在上层沙盘图和下层沙盘图各添加两个节点，如图 4-33 所示。

4）导入两个图标，红色为 30×40，灰色为 30×40，红色为激活状态，灰色为未激活状态，如图 4-34 所示。

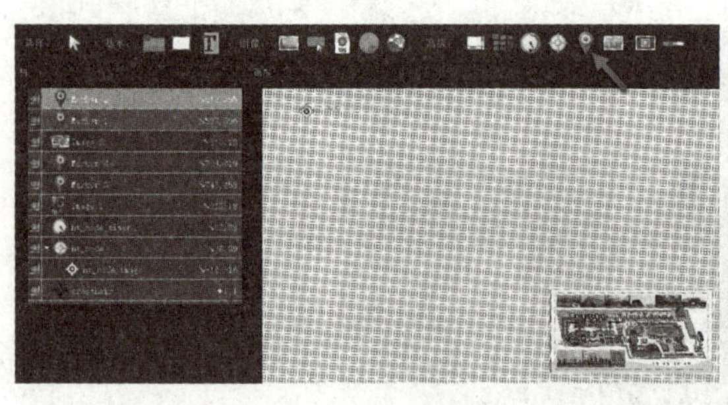

图 4-33　添加节点

5）设置激活状态图标的 ID 为 A-ON，未激活状态为 A-OFF。选择 Marker 1，单击“漫游节点标记”左边的小三角形，设置“漫游节点 / 标签”为“北大门”，“正常方式克隆”为 A-OFF，“克隆并激活”为 A-ON，将节点的“锚点”设置为右下角。

6）选择 Marker 2，单击“漫游节点标记”左边的小三角形，设置“漫游节点 / 标签”为“广场 1”，“正常方式克隆”为 A-OFF，“克隆并激活”为 A-ON，将节点的“锚点”设置为右下角，如图 4-35 所示。

图 4-34　添加两个小图标

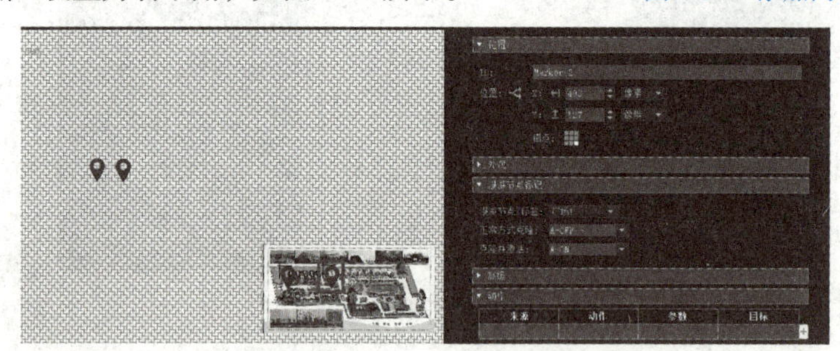

图 4-35　Marker 2 的设置

7）将上层的沙盘图和节点都隐藏起来，用同样的方法再建立两个节点，设置 Marker3 的“漫游节点标记”为“学子芯”，“正常方式克隆”为 A-OFF，“克隆并激活”为 A-ON，将节点的“锚点”设置为右下角。设置 Marker4 的“漫游节点标记”为“重电南门”，“正常方式克隆”为 A-OFF，“克隆并激活”为 A-ON，将节点的“锚点”设置为右下角。设置完之后，将上层的沙盘图和节点的眼睛打开，注意图层的排列，如图 4-36 所示。

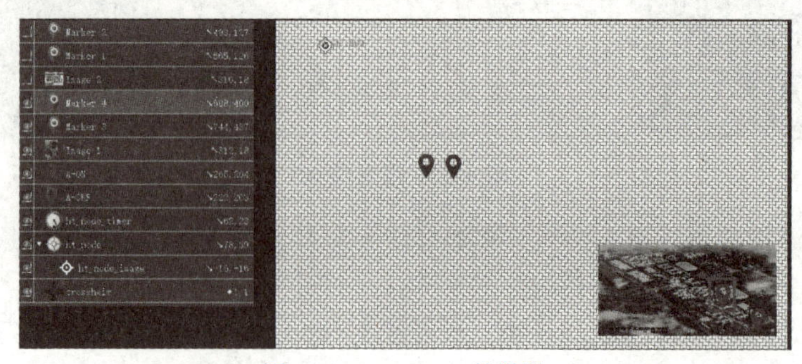

图 4-36　Marker 4 的设置

8）单击“关闭”→Save 按钮，打开“出错”对话框，单击 OK 按钮，打开“保存皮肤”对话框，更改文件名为“沙盘图切换”，单击“保存”按钮。

9）单击 Generate OutPut 按钮，打开“创建输出”对话框，单击 Yes 按钮，开始输出，输出完毕，开始浏览，右下方会出现上层沙盘图，如图 4-37 所示。单击节点按钮，可以进入相应的全景图。

图 4-37　上层沙盘图

4.1.5　实例 5　沙盘图的切换

上述制作完之后，在预览转换学校时，沙盘图还不能相应地转换，如图 4-38 所示，因此还要进行如下操作。

图 4-38　地形图没有转换

1）单击“编辑皮肤”按钮，打开皮肤编辑器，显示上层的地形图和节点，如图 4-39 所示。

图 4-39　地形图与节点排列

2）选择 Image 1 沙盘图，单击“动作”左边的小三角形按钮，展开“动作”选项，双击“来源”下方的空白处，打开“动作设定”对话框，设置“来源”为 Start，“动作”为透明度，“Alpha 值（透明度）”为 1，单击 OK 按钮。

3）右击 Start，从弹出的快捷菜单中选择“拷贝”选项，分别选择 Marker 1、Marker 2 的节点，展开“动作”选项，右击“来源”下方的空白处，从弹出的快捷菜单中选择“粘贴”选项。

4）选择 Marker 2，展开“动作”选项，双击“来源”下方的空白处，打开“动作设定”对话框，设置“来源”为激活，“动作”为透明度，“Alpha 值（透明度）”为 1，“目标”为 Image 2，单击 OK 按钮。

5）选择 Marker 2，展开“动作”选项，双击“来源”下方的空白处，打开“动作设定”对话框，设置“来源”为激活，“动作”为透明度，“Alpha 值（透明度）”为 1，“目标”为 _self，单击 OK 按钮。

6）选择 Marker 2，展开“动作”选项，双击“来源”下方的空白处，打开“动作设定”对话框，设置“来源”为激活，“动作”为透明度，“Alpha 值（透明度）”为 1，“目标”为 Marker 1，单击 OK 按钮，如图 4-40 所示。

7）选择后三项，右击，从弹出的快捷菜单中选择“拷贝”选项，选择 Marker 1，展开“动作”选项，右击“来源”下方的空白处，从弹出的快捷菜单中选择“粘贴”选项。

8）双击最后一项空白处，打开“动作设定”对话框，设置“来源”为激活，“动作”为透明度，“Alpha 值（透明度）”为 1，“目标”为 Marker 2，单击 OK 按钮，如图 4-41 所示。

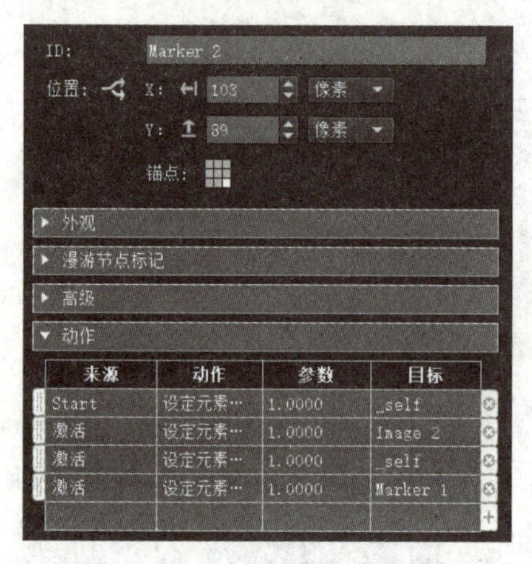

图 4-40 Marker 2 动作设置

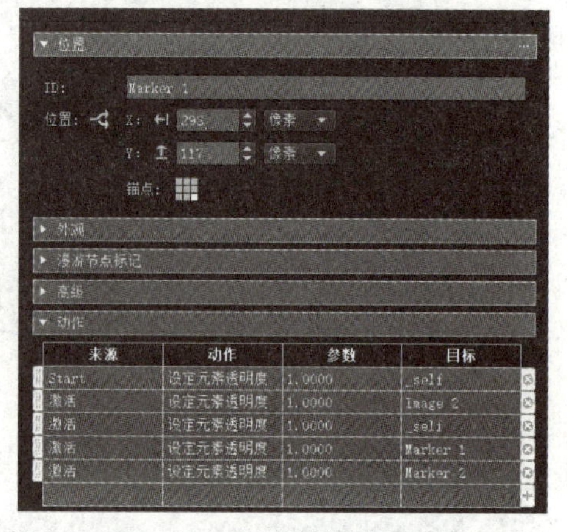

图 4-41 Marker 1 动作设置

9）选择 Marker 3，展开“动作”选项，双击“来源”下方的空白处，打开“动作设定”对话框，设置“来源”为 Start，“动作”为透明度，“Alpha 值（透明度）”为 1，“目标”为 _self，单击 OK 按钮。

10）双击“来源”下方的空白处，打开“动作设定”对话框，设置“来源”为激活，“动作”为透明度，“Alpha 值（透明度）”为 0，“目标”为 Image 2，单击 OK 按钮。

11）双击“来源”下方的空白处，打开“动作设定”对话框，设置“来源”为激活，“动作”为透明度，“Alpha 值（透明度）”为 0，“目标”为 Marker 2，单击 OK 按钮。

12）双击“来源”下方的空白处，打开“动作设定”对话框，设置“来源”为激活，“动作”为透明度，“Alpha 值（透明度）”为 0，“目标”为 Marker 1，单击 OK 按钮，如图 4-42 所示。

13）选择所有的选项，右击，从弹出的快捷菜单中选择“拷贝”选项。

14）选择 Marker 4，展开“动作”选项，右击“来源”下方的空白处，从弹出的快捷菜单中选择“粘贴”选项，结果如图 4-43 所示。

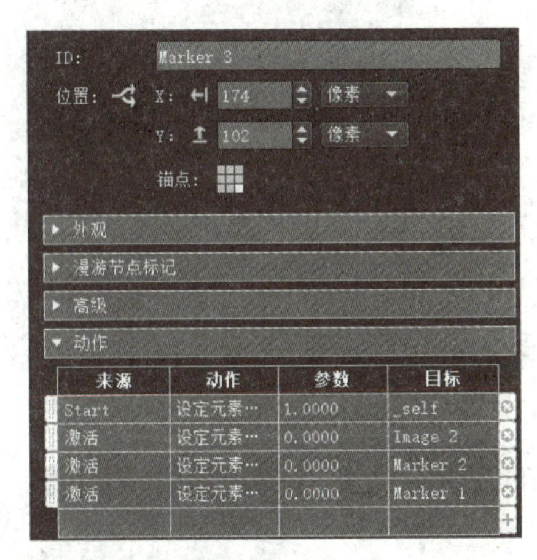

图 4-42　Marker 3 动作设置

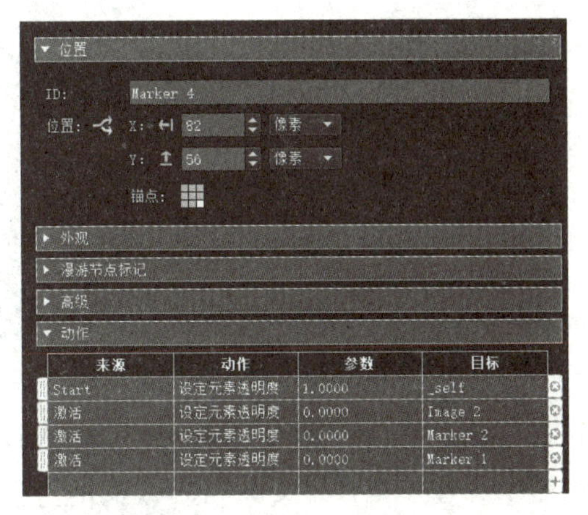

图 4-43　Marker 4 动作设置

15）单击“关闭”按钮，打开“是否将改动保存到皮肤？”对话框，单击“保存”→ OK 按钮，打开“保存皮肤”对话框，在文件名处输入“地形图切换”，单击“保存”按钮。

16）单击 Generate OutPut 按钮，打开“创建输出”对话框，单击 Yes 按钮，开始输出，输出完毕，开始浏览，右下方会出现下层沙盘图，如图 4-44 所示。

图 4-44　沙盘图

4.1.6　实例 6　添加缩略图

外部缩略图是导航图的另一种形式，软件本身的皮肤 simplex_v6.ggsk 自带缩略图，如果想要自创缩略图，可以按下列操作步骤进行：

1）执行菜单命令“文件”→“新建”，新建一个项目，单击“输入”按钮，打开“插入全景图”对话框，选择“南大门”“广场 1”“建筑馆”“放眼世界”四张 VR 全景图片，单击“打开”按钮，按上述顺序进行排列。

2）选择第一张图，单击背景声音选项卡文件选项后面的图标，打开“音乐文件”对话框，选择一首音乐，单击“确定”按钮。

3）设置“循环”次数为 0（无限循环）。

4）调整全景图的位置，如图 4-45 所示，选择“查看参数”选项卡，在默认视图中单击“设置”按钮，如图 4-46 所示。

图 4-45 调整全景图的位置

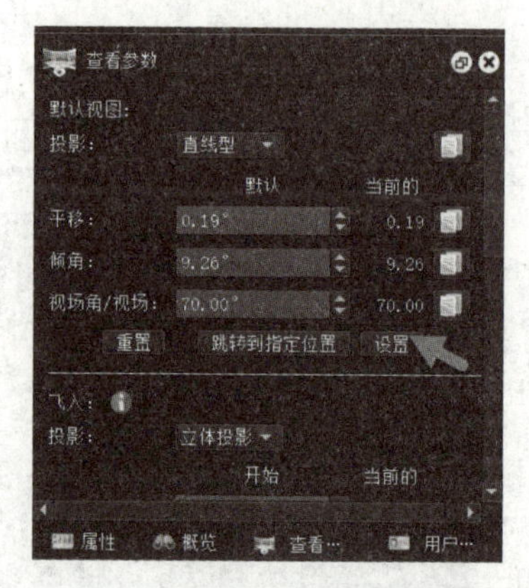

图 4-46 单击“设置”按钮

5）单击“输出”下面的加号右边的小三角形按钮，从弹出的快捷菜单中选择“变换 / 转换 / 变形”选项，单击“变换 / 转换 / 变形”按钮左边的小三角形，展开“变换 / 转换 / 变形”选项，预览缩略图效果，如图 4-47 所示。

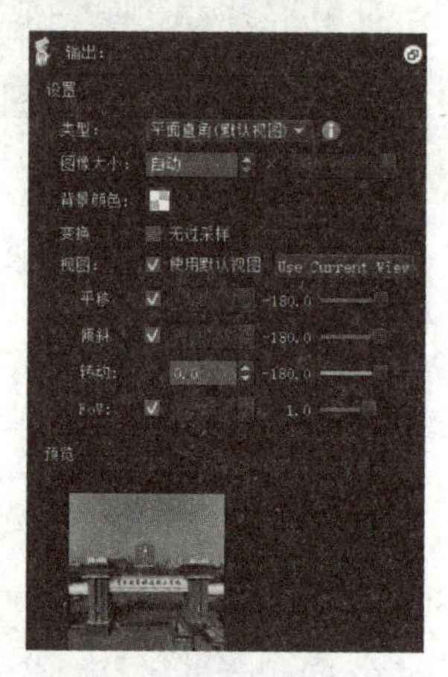

图 4-47 预览缩略图效果

6）单击 Generate OutPut → OK 按钮，打开“保存 Pano2VR 项目文件”对话框，创建一个文件夹，命名为“缩略图”，单击“保存”按钮，开始创建缩略图，创建完成后，打开缩略图，单击上方的“查看更多”按钮，从弹出的快捷菜单中选择“另存为”选项，打开“另存为”对话框，在“文件名”文本框内输入“南大门”，单击“保存”按钮。

7）选择“广场 1”，调整全景图的位置，在默认视图中单击“设置”按钮，然后单击 Generate OutPut → OK 按钮，打开“保存 Pano2VR 项目文件”对话框，创建一个文件夹，命名为“缩略图”，单击“保存”按钮，开始创建缩略图，创建完成后，打开缩略图，单击上方的“查看更多”按钮，从弹出的快捷菜单中选择“另存为”选项，打开“另存为”对话框，在“文件名”文本框内输入“广场 1”，单击“保存”按钮。

8）选择“建筑馆”，调整全景图的位置，在默认视图中单击“设置”按钮，然后单击 Generate OutPut → OK 按钮，打开“保存 Pano2VR 项目文件”对话框，创建一个文件夹，命名为“缩略图”，单击“保存”按钮，开始创建缩略图，创建完成后，打开缩略图，单击上方的“查看更多”按钮，从弹出的快捷菜单中选择“另存为”选项，打开“另存为”对话框，在“文件名”文本框内输入“建筑馆”，单击“保存”按钮。

9）选择“放眼世界”，调整全景图的位置，在默认视图中单击“设置”按钮，然后单击 Generate OutPut → OK 按钮，打开“保存 Pano2VR 项目文件”对话框，创建一个文件夹，命名为“缩略图”，单击“保存”按钮，开始创建缩略图，创建完成后，打开缩略图，单击上方的“查看更多”按钮，从弹出的快捷菜单中选择“另存为”选项，打开“另存为”对话框，在“文件名”文本框内输入“放眼世界”，单击“保存”按钮。

10）单击“输出”下面的加号右边的小三角形按钮，从弹出的快捷菜单中选择“HTML5”选项，设置“皮肤”为 cardboard.ggsk。

11）单击“编辑皮肤”按钮，设置画面“宽度”为“1100”，“高度”为“600”，单击“添加图片”按钮，单击画面，打开“添加新图片”对话框，选择四张缩略图，单击“打开”按钮，设置尺寸“宽”和“高”为“100”，并进行排列，如图 4-48 所示。

图 4-48　缩略图排列

12）选择“添加节点标记”按钮，双击缩略图的左上角，分别给每个缩略图添加一个节点，分别将节点标记拖拽到缩略图的左上角，如图 4-49 所示。再将缩略图分别拖拽到各自节点标记之下，如图 4-50 所示。

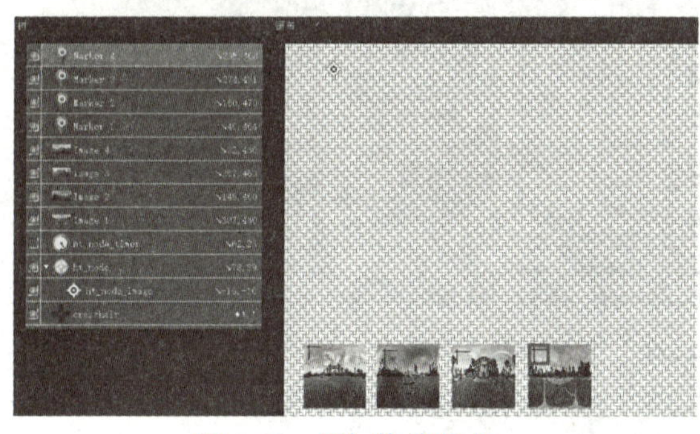

图 4-49　添加拖拽节点

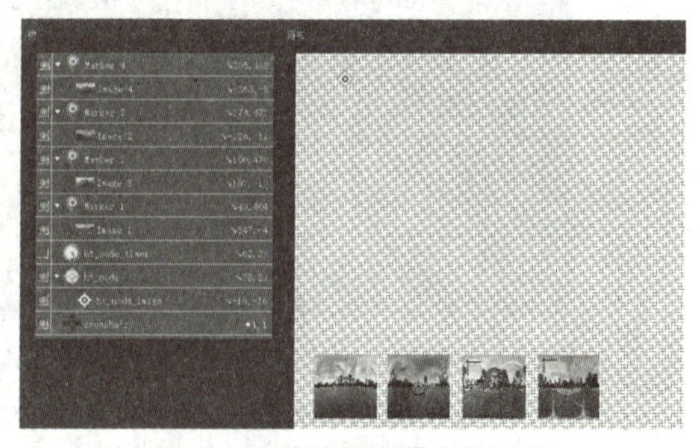

图 4-50　缩略图在节点标记下

13）选择 Marker 1，展开“漫游节点标记”选项，设置“漫游节点 / 标签”为“南大门”；选择 Marker 2，展开“漫游节点标记”选项，设置“漫游节点 / 标签”为“广场 1”；选择 Marker 3，展开“漫游节点标记”选项，设置“漫游节点 / 标签”为“建筑馆”；选择 Marker 4，展开“漫游节点标记”选项，设置“漫游节点 / 标签”为“放眼世界”。

14）选择 Marker 2，展开“动作”选项，双击“来源”下方的空白处，打开“动作设定”对话框，设置“来源”为 Start，“动作”为透明度，“Alpha 值（透明度）”为 0.4，“目标”为 _self，单击 OK 按钮。

15）右击 Start，从弹出的快捷菜单中选择“拷贝”选项，分别选择 Marker 3 和 Marker 4，展开“动作”选项，右击“来源”下方的空白处，从弹出的快捷菜单中选择“粘贴”选项。

16）选择 Marker 1、Marker 2、Marker 3 和 Marker 4，设置“锚点”为左下角。

17）选择 Marker 1，展开“动作”选项，双击“来源”下方的空白处，打开“动作设定”对话框，设置“来源”为激活，“动作”为透明度，“Alpha 值（透明度）”为 1，“目标”为 _self，单击 OK 按钮。

18）双击“来源”下方的空白处，打开“动作设定”对话框，设置“来源”为停用，“动作”为透明度，“Alpha 值（透明度）”为 0.4，“目标”为 _self，单击 OK 按钮，如图 4-51 所示。

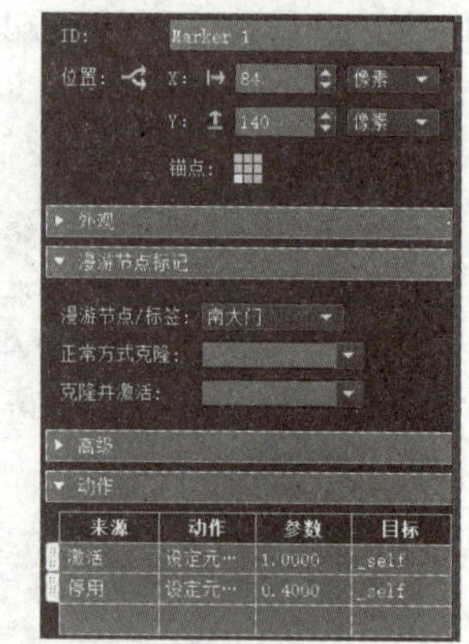

图 4-51 Marker 1 设置

19）选择“激活”和“停用”，右击，从弹出的快捷菜单中选择“拷贝”选项，分别选择 Marker 2、Marker 3 和 Marker 4，展开“动作”选项，右击“来源”下方的空白处，从弹出的快捷菜单中选择“粘贴”选项，结果如图 4-52 所示。

20）单击“关闭”按钮，打开“是否将改动保存到皮肤？”对话框，单击“保存”→OK 按钮，打开“保存皮肤”对话框，在文件名处输入“添加缩略图”，单击“保存”按钮。

21）单击 Generate OutPut 按钮，打开“创建输出”对话框，单击 Yes 按钮，开始输出，输出完毕，开始浏览，左下方会出现缩略图，如图 4-53 所示。

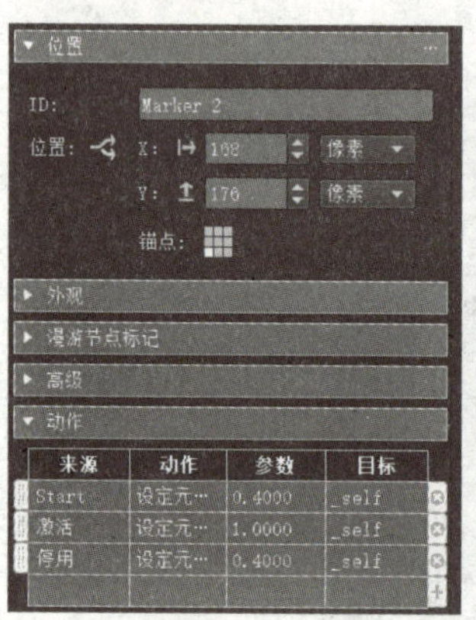

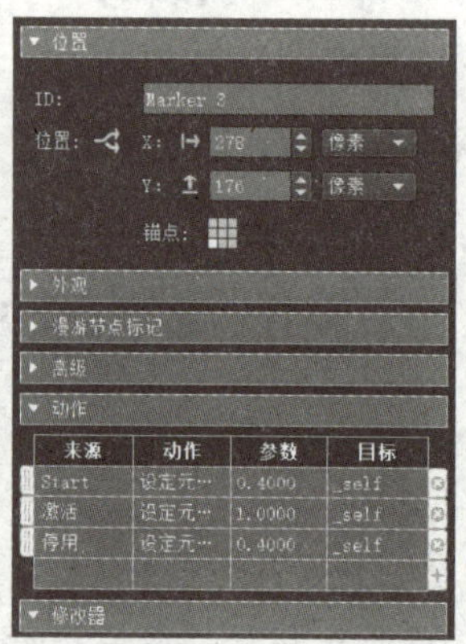

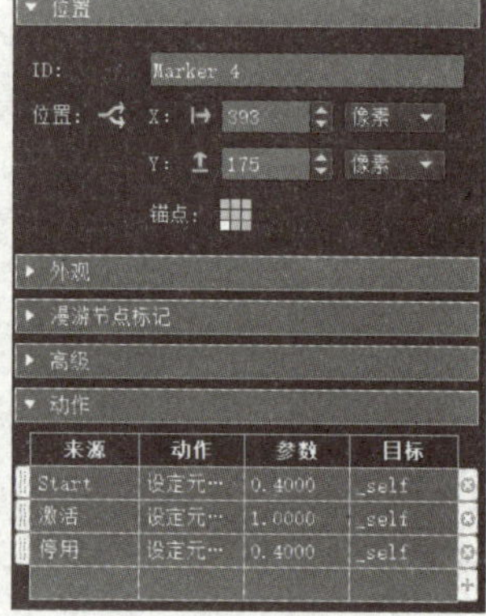

图 4-52 Marker 2、Marker 3 和 Marker 4 设置

图 4-53 添加缩略图效果

4.1.7 实例 7 添加方向指示

微课

前面的热点没有方向指示，会让观者没有方向感，可自己制作各种箭头，或者在网上下载箭头，然后通过皮肤编辑器添加到热点上。本例是在网上下载的箭头，添加到热点上，具

体操作步骤如下：

1）执行菜单命令“文件”→“新建”，新建一个项目，单击“输入”按钮，打开“插入全景图”对话框，选择“广场 1”“放眼世界”“宿舍 1”三张 VR 全景图片，单击“打开”按钮，按上述顺序进行排列。

2）选择第一张图，单击背景声音选项卡文件选项后面的图标，打开“音乐文件”对话框，选择一首音乐，单击“确定”按钮。

3）设置“循环”次数为 0（无限循环）。

4）选择广场 1，将指针放在预览窗口的图标上，从弹出的快捷菜单中选择“指定热点”选项，在适当的位置双击，如图 4-54 所示。

5）在属性栏中将“类型”设置为“导览节点”，“标题”设置为“宿舍 1”，“链接目标网址”设置为“宿舍 1”，如图 4-55 所示。

图 4-54　添加热点 1

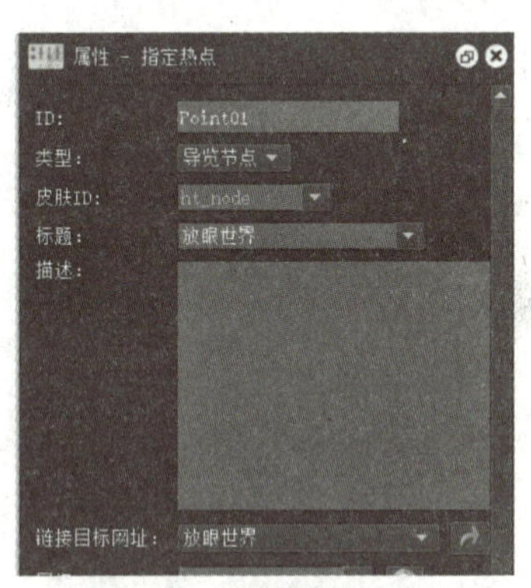

图 4-55　热点属性设置

6）向右旋转广场 1，在适当的位置双击，如图 4-56 所示。在属性栏中将“类型”设置为“导览节点”，“标题”设置为“放眼世界”，“链接目标网址”设置为“放眼世界”。

7）选择放眼世界，在适当的位置双击，添加热点，如图 4-57 所示，在属性栏中将“类型”设置为“导览节点”，“标题”设置为“广场 1”，“链接目标网址”设置为“广场 1”。

图 4-56　添加热点 2

图 4-57　添加热点 3

8）选择宿舍 1，在适当的位置双击，添加热点，如图 4-58 所示，在属性栏中将“类型”设置为“导览节点”，“标题”设置为“广场 1”，“链接目标网址”设置为“广场 1”。

9）在右边的输出选项卡中，单击加号右边的三角形按钮，从弹出的快捷菜单中选择“HTML5”，在“皮肤”中选择 silhouette_cardboard1.ggsk，单击“编辑皮肤”按钮，打开“皮肤编辑器”对话框，设置画面“宽度”为“1100”，“高度”为“600”，将左、右和上三张箭头图拖入画布中，设置尺寸“宽”和“高”为“40”，并进行排列，在工具栏中单击“添加交互热点模板”按钮，分别在箭头图片的上方双击添加热点，如图 4-59 所示。

图 4-58　添加热点 4

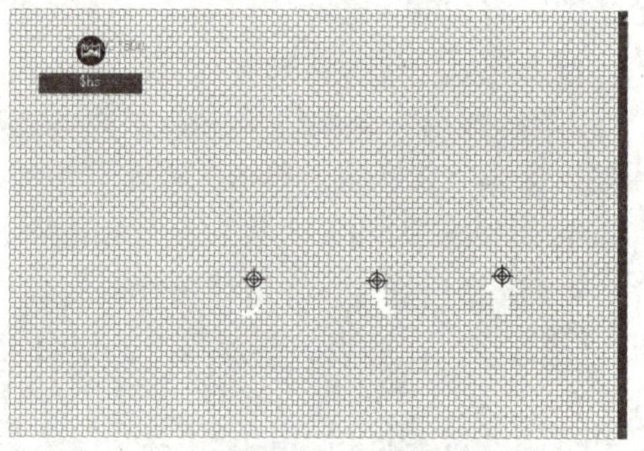

图 4-59　箭头的排列与热点位置

10）将箭头分别拖拽到相应的热点内，并在 ID 内进行相应的命名，如图 4-60 所示。

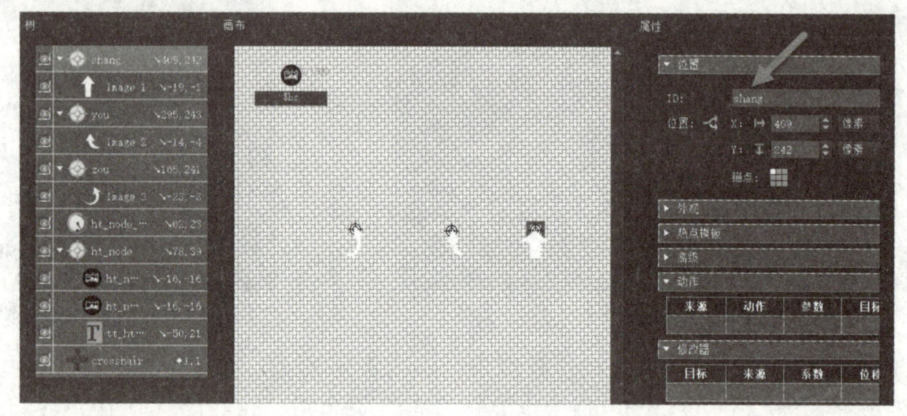

图 4-60　箭头在界面中的位置及热点命名

11）在“树”窗口中选择热点 ht_node，在属性窗口中展开“动作”，全选“来源”下面的选项，右击，从弹出的快捷菜单中选择“拷贝”选项，如图 4-61 所示。

12）分别选择 zuo、you 和 shang 热点，展开“动作”，在“来源”下方右击，从弹出的快捷菜单中选择“粘贴”选项，进行参数粘贴，如图 4-62 所示。

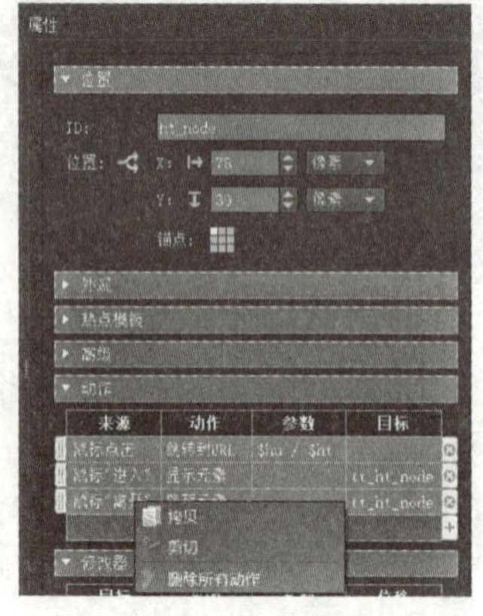

图 4-61　拷贝

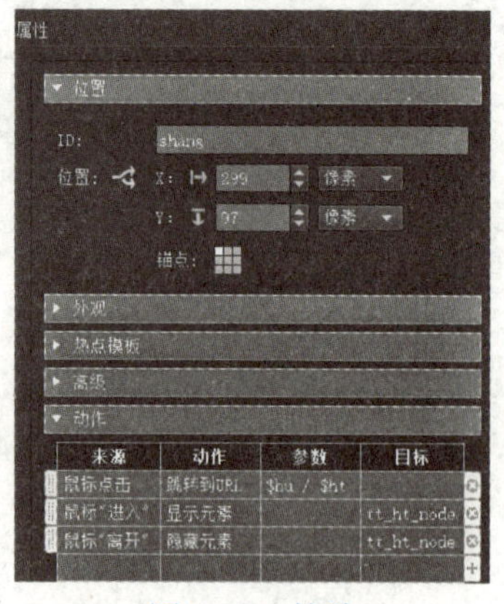

图 4-62　粘贴

13）在“树”窗口中右击 tt_ht_node 文字选项，从弹出的快捷菜单中选择“拷贝”选项，分别选择 zuo、you 和 shang 热点，从弹出的快捷菜单中选择“粘贴元素”选项，如图 4-63 所示。

14）将复制过来的 shang 热点的文字选项，在属性窗口中设置 ID 为 A-shang；将复制过来的 you 热点的文字选项，在属性窗口中设置 ID 为 A-you；将复制过来的 zuo 热点的文字选项，在属性窗口中设置 ID 为 A-zuo，如图 4-64 所示。

15）将 shang、you 和 zuo 热点移动到合适位置，并分别将其热点“动作”中的 tt_ht_node 改为 A-shang、A-you 和 A-zuo，如图 4-65 所示。

图 4-63 粘贴文字信息

图 4-64 设置文字选项 ID

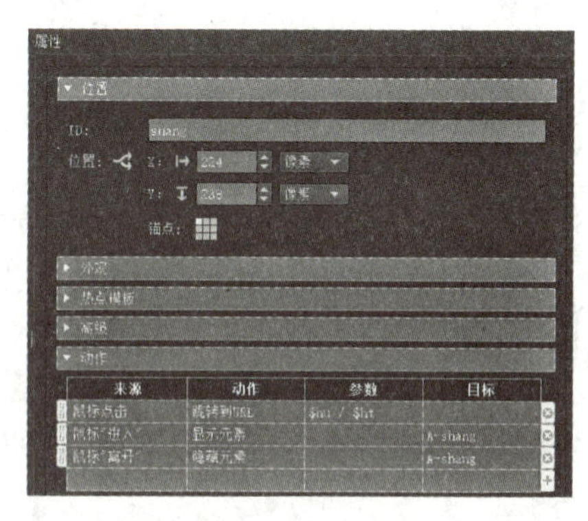

图 4-65 修改目标值

16）将相应的文字位置移动到箭头图形下，如图 4-66 所示。

17）单击“关闭”按钮，打开“是否将改动保存到皮肤？”对话框，单击“保存”→ OK 按钮，打开“保存皮肤”对话框，在文件名处输入“添加方向指示”，单击“保存”按钮。

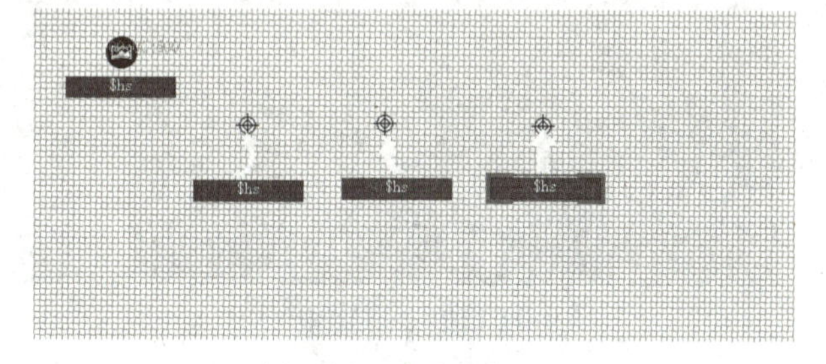

图 4-66 移动文字图标

18）在导览浏览器下方选择“广场 1”全景图，在预览窗口中选择右边的热点，属性窗口中设置“皮肤 ID”为 zuo，在预览窗口中选择左边的热点，属性窗口中设置“皮肤 ID”为 you，如图 4-67 所示。

图 4-67 设置皮肤 ID

19）在导览浏览器下方选择“放眼世界”全景图，在预览窗口中选择热点，在属性窗口中设置“皮肤 ID”为 you。

20）在导览浏览器下方选择“宿舍 1”全景图，在预览窗口中选择热点，在属性窗口中设置“皮肤 ID”为 shang。

21）单击 Generate OutPut 按钮，打开“创建输出”对话框，单击 Yes 按钮，开始输出，输出完毕，开始浏览，右方热点会出现左箭头，如图 4-68 所示。

图 4-68 效果

4.1.8 实例 8 插入视频

微课

1）执行菜单命令“文件”→“新建”，新建一个项目，单击“输入”按钮，打开“插入全景图”对话框，选择“客厅”，单击“打开”按钮，旋转到电视机处，在“查看参数”窗口中单击“设置”按钮，如图 4-69 所示。

2）将指针放在预览窗口的图标上，从弹出的快捷菜单中选择“视频”选项，在电视机上双击，打开“选择视频文件”对话框，选择“视频”文件，单击“打开”按钮，插入视频，如图 4-70 所示。

图 4-69 插入全景图

图 4-70 插入视频

3）在属性栏中，设置“模式”为矩形效果，“循环”为 0，选中“手指光标”，适当调整视频的位置和大小，如图 4-71 所示。

4）单击输出下面的加号右边的三角形按钮，从弹出的快捷菜单中选择“HTLM5”选项，单击 Generate OutPut 按钮，打开 Pano2VR 对话框，单击 OK 按钮，打开“保存 Pano2VR 项目文件”对话框，在“文件名”处输入“6 客厅”，单击“保存”按钮，打开“创建输出”对话框，单击 Yes 按钮，打开“进度”对话框，开始输出，输出完毕，开始浏览，如图 4-72 所示。

图 4-71 调整视频的位置和大小

图 4-72 预览效果

【任务实施】

VR 全景漫游是基于全景图像的真实场景虚拟现实技术，是利用单反、全景相机等摄影器材对真正场景的直接拍摄捕获，经过特定软件的拼合处理，最终实现 360°、720° 全景立体图像、视频。用户可以自由控制 VR 全景视角，随心所欲，仿佛置身真实的环境之中，获得全新视觉体验。

将学校等各个场所的布局进行总览，想去哪个场所单击电子沙盘相应的位置就能看到相应的场所及路线，能快速预览想看的地方。

实训　用 Pano2VR Pro 制作 VR 全景漫游

1）在桌面上双击 Pano2VR6 64bit 图标，打开 Pano2VR 软件，单击“输入”按钮，打开“插入全景图”对话框，选择“南大门”“南门内”“足球场 1”“考工廊”“南转弯处”“建筑馆”“科学馆”“宿舍 1”“广场 1”“立德楼”“北门内”“北大门”12 张 VR 全景图片，单击“打开”按钮，并按此排列，如图 4-73 所示。

图 4-73　全景图片的排列

2）选择第一张图，右击，从弹出的快捷菜单中选择“设定初始场景全景”选项。

3）单击背景声音选项卡文件选项后面的图标，打开“音乐文件”对话框，选择一首音乐，单击“确定”按钮。设置“循环”次数为 0（无限循环）。

4）将指针放在预览窗口的图标上，从弹出的快捷菜单中选择“指定热点”选项，在适当的位置双击，如图 4-74 所示。

5）在属性栏中将“类型”设置为“导览节点”，“标题”设置为“南门内”，“链接目标网址”设置为“南门内”，如图 4-75 所示。

图 4-74　设置热点

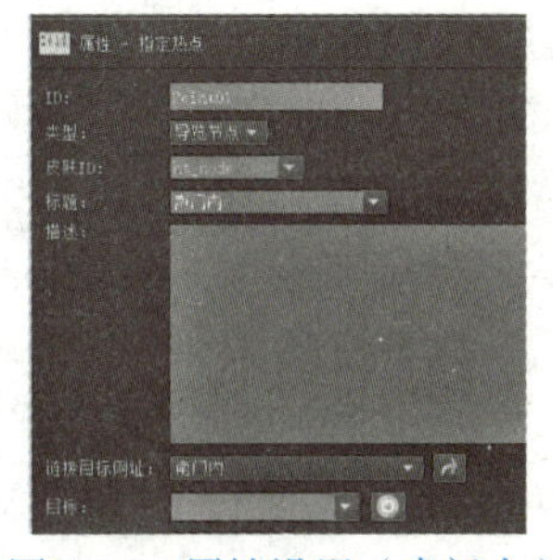

图 4-75　属性设置（南门内）

6）选择“南门内”，在左、右、前、后四处的适当位置双击，添加四个热点，分别到达足球场 1、考工廊、南大门和南转弯处。在属性栏中将“类型”设置为“导览节点”，“链接目标网址”分别设置为“足球场 1”“考工廊”“南大门”“南转弯处”，“标题”分别设置为“足球场 1”“考工廊”“南大门”“南转弯处”，如图 4-76 所示。

a）添加第一个热点

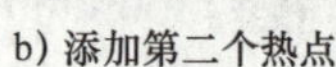

b）添加第二个热点

c）添加第三个热点

d）添加第四个热点

图 4-76　在南门内设置热点

7）选择“足球场 1”，在适当的位置双击，添加四个热点，在属性栏中将“类型”均设置为“导览节点”，“链接目标网址”分别设置为“南大门”“宿舍 1”“广场 1”“科学馆”，“标题”分别设置为“南大门”“宿舍 1”“广场 1”“科学馆”，如图 4-77 所示。

8）选择“考工廊”，在适当的位置双击，添加两个热点，在属性栏中将“类型”均设置为“导览节点”，“链接目标网址”分别设置为“南门内”（红色）和“宿舍 1”（蓝色），“标题”分别设置为“南门内”和“宿舍 1”，如图 4-78 所示。

9）选择“南转弯处”，在适当的位置双击，添加两个热点，在属性栏中将“类型”均设置为“导览节点”，“链接目标网址”分别设置为“南门内”（红色）和“建筑馆”（蓝色），“标题”分别设置为“南门内”和“建筑馆”，如图 4-79 所示。

10）选择“建筑馆”，在适当的位置双击，添加两个热点，在属性栏中将“类型”均设置为“导览节点”，“链接目标网址”分别设置为“南转弯处”和“科学馆”，“标题”分别设置为“南转弯处”和“科学馆”，如图 4-80 所示。

11）选择“科学馆”，在适当的位置双击，添加两个热点，在属性栏中将“类型”均设置为“导览节点”，“链接目标网址”分别设置为“广场 1”（蓝色）和“建筑馆”（红色），“标题”分别设置为“广场 1”和“建筑馆”，如图 4-81 所示。

a）添加第一个热点

b）添加第二个热点

c）添加第三个热点

d）添加第四个热点

图4-77 在足球场1设置热点

图4-78 在考工廊设置热点

图4-79 在南转弯处设置热点

a）添加第一个热点

b）添加第二个热点

图4-80 在建筑馆设置热点

12）选择“宿舍 1”，在适当的位置双击，添加三个热点，在属性栏中将“类型”均设置为“导览节点”，“链接目标网址”分别设置为“广场 1”（后）、“考工廊”（正）和“足球场 1”（右），“标题”分别设置为“广场 1”“考工廊”“足球场 1”，如图 4-82 所示。

图 4-81 在科学馆设置热点

图 4-82 在宿舍 1 设置热点

13）选择“立德楼”，在适当的位置双击，添加两个热点，在属性栏中将“类型”均设置为“导览节点”，“链接目标网址”分别设置为“广场 1”（后）和“北门内”（前）。“标题”分别设置为“广场 1”和“北门内”，如图 4-83 所示。

14）选择“北门内”，在适当的位置双击，添加两个热点，两个热点位置相背，在属性栏中将“类型”均设置为“导览节点”，“链接目标网址”分别设置为“北大门”（前）和“立德楼”（后），“标题”分别设置为“北大门”和“立德楼”，如图 4-84 所示。

图 4-83 在立德楼设置热点

图 4-84 在北门内设置热点

15）选择“北大门”，在适当的位置双击，添加一个热点，在属性栏中将“类型”设置为“导览节点”，“链接目标网址”设置为“北门内”，“标题”设置为“北门内”，如图 4-85 所示。

图 4-85 在北大门设置热点

16）选择“南大门”全景图，将指针放在热点上，从弹出的快捷菜单中选择“声音”选项，双击预览窗口，打开“选择声音文件”对话框，选择“简介配音”音频，单击“打开”按钮，在属性栏中将“模式”设置为“环绕”，“循环”为“0”，如图 4-86 所示。

17）用同样的方法，给其他全景图添加“简介配音”音频。

18）单击加号右边的小三角形，从弹出的快捷菜单中选择“HTML5”选项。

图 4-86　添加声音

19）单击“自动旋转 & 动画”左边的小三角形按钮，选中“飞入”和“自动旋转”复选框，设置“速度”为“1.00”，“平均速度”为“0.20°/ 帧率”。

20）单击 Generate Output 按钮，打开 Pano2VR 对话框，单击 OK 按钮，打开“保存 Pano2VR 项目文件”对话框，在“文件名”处输入校园漫游，单击“保存”按钮，打开“创建输出”对话框，单击 Yes 按钮，打开“进度”对话框，开始输出。

21）在上述基础上，设置“皮肤”为 cardboard.ggsk 选项，单击“编辑皮肤”按钮，打开皮肤编辑器，画布宽高设置为 1100 × 600，单击“添加图片”按钮，再单击画面，打开“添加新图片”对话框，选择“学校沙盘”，单击“打开”按钮，插入一张图片，设置宽和高为 500 × 300 像素，并调整其位置。

22）设置“锚点”为右下角，如图 4-87 所示。

23）单击“添加节点标记”按钮，在地形图相应位置上双击，这个节点是没有任何显示的，在上层地形图和下层地形图各添加两个节点，如图 4-88 所示。

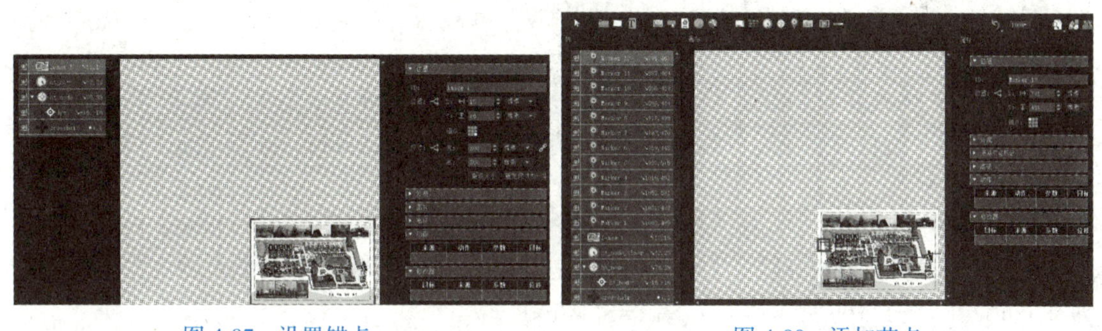

图 4-87　设置锚点　　　　图 4-88　添加节点

24）导入两个图标，红色为 30 × 40，灰色为 30 × 40，红色为激活状态，灰色为未激活状态，如图 4-89 所示。

25）设置激活状态图标的 ID 为 A-ON，未激活状态图标为 A-OFF。选择 Marker 1，单击“漫游节点标记”左边的小三角形，设置“漫游节点 / 标签”为“南大门”，“正常方式克隆”为 A-OFF，“克隆并激活”为 A-ON，将节点的“锚点”设置为右下角。

26）选择 Marker 2，单击“漫游节点标记”左边的小三角形，设置“漫游节点 / 标签”为“南门内”，“正常方式克隆”为 A-OFF，“克隆并激活”为 A-ON，将节点的“锚点”设置为右下角，如图 4-90 所示。

图 4-89　添加两个小图标

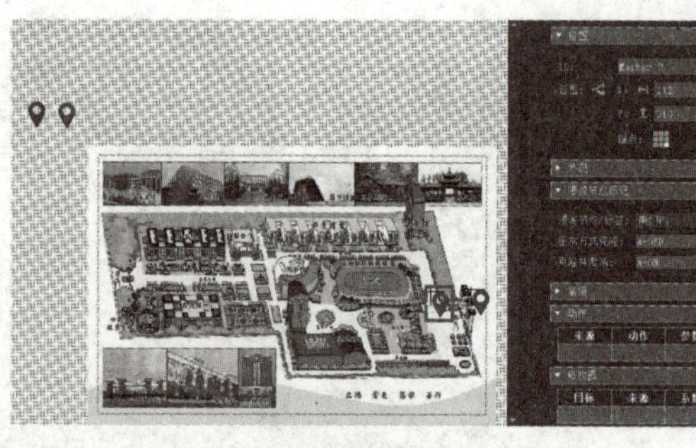

图 4-90　Marker 2 的设置

27）选择 Marker 3，单击“漫游节点标记”左边的小三角形，设置“漫游节点 / 标签”为“南转弯处”，“正常方式克隆”为 A-OFF，“克隆并激活”为 A-ON，将节点的“锚点”设置为右下角。

28）选择 Marker 4，单击“漫游节点标记”左边的小三角形，设置“漫游节点 / 标签”为“考工廊”，“正常方式克隆”为 A-OFF，“克隆并激活”为 A-ON，将节点的“锚点”设置为右下角。

29）选择 Marker 5，单击“漫游节点标记”左边的小三角形，设置“漫游节点 / 标签”为“建筑馆”，“正常方式克隆”为 A-OFF，“克隆并激活”为 A-ON，将节点的“锚点”设置为右下角。

30）选择 Marker 6，单击“漫游节点标记”左边的小三角形，设置“漫游节点 / 标签”为“宿舍 1”，“正常方式克隆”为 A-OFF，“克隆并激活”为 A-ON，将节点的“锚点”设置为右下角。

31）选择 Marker 7，单击“漫游节点标记”左边的小三角形，设置“漫游节点 / 标签”为“足球场 1”，“正常方式克隆”为 A-OFF，“克隆并激活”为 A-ON，将节点的“锚点”设置为右下角。

32）选择 Marker 8，单击“漫游节点标记”左边的小三角形，设置“漫游节点 / 标签”为“科学馆”，“正常方式克隆”为 A-OFF，“克隆并激活”为 A-ON，将节点的“锚点”设置为右下角。

33）选择 Marker 9，单击“漫游节点标记”左边的小三角形，设置“漫游节点 / 标签”为“广场 1”，“正常方式克隆”为 A-OFF，“克隆并激活”为 A-ON，将节点的“锚点”设置为右下角。

34）选择 Marker 10，单击“漫游节点标记”左边的小三角形，设置“漫游节点 / 标签”为“立德楼”，“正常方式克隆”为 A-OFF，“克隆并激活”为 A-ON，将节点的“锚点”设置为右下角。

35）选择 Marker 11，单击“漫游节点标记”左边的小三角形，设置“漫游节点 / 标签”为“北门内”，“正常方式克隆”为 A-OFF，“克隆并激活”为 A-ON，将节点的“锚点”设置为右下角。

36）选择 Marker 12，单击“漫游节点标记”左边的小三角形，设置“漫游节点 / 标签”为“北大门”，“正常方式克隆”为 A-OFF，“克隆并激活”为 A-ON，将节点的“锚点”设置为右下角，如图 4-91 所示。

37）单击“关闭”→Save 按钮，打开“出错”对话框，单击 OK 按钮，打开“保存皮肤”对话框，更改文件名为“校园漫游”，单击“保存”按钮。

38）单击 Generate OutPut 按钮，打开“创建输出”对话框，单击 Yes 按钮，开始输出，输出完毕，开始浏览，右下方会出现下层地形图，如图 4-92 所示。单击节点按钮，可以进入相应的全景图。

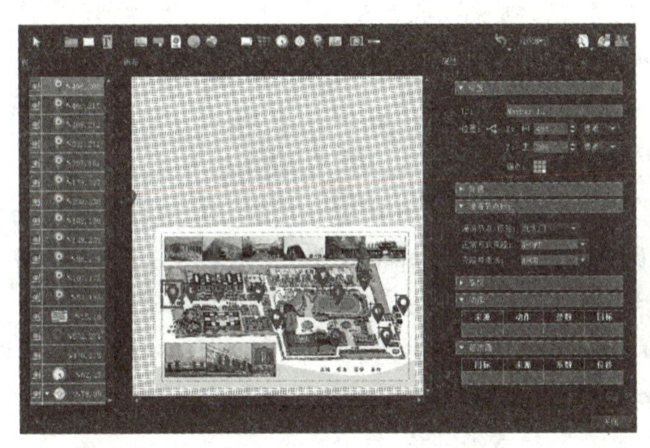

图 4-91 Marker 12 的设置

图 4-92 地形图

漫游制作到此结束。

【任务拓展】

1. 制作一个 8 张 VR 全景图的漫游，要有热点设置以及内部的缩略图。
2. 制作一个 10 张 VR 全景图的漫游，要有热点设置以及皮肤设置的箭头指向。

【思考与练习】

1. 怎样添加内部缩略图？
2. 怎样添加外部缩略图？
3. 怎样为热点添加方向箭头？

任务 4.2 使用 720 云制作全景漫游

【任务描述】

720 云是由北京微想科技有限公司开发运营的，面向全球的 VR 全景内容创作分享平台。该平台为全球的 VR 爱好者和创作者提供了包括上传、编辑、分享、互动功能在内的一站式 VR720 全景制作分享工具。针对不同的用户场景，该平台使用起来更简单高效，同时支持 Windows、Mac 多种操作环境，无论是对于初入门的摄影师还是专业摄影师来说都十分友好，只需采用单击或拖动的方式就可添加丰富的漫游效果。此外，用户可添加作品专属 ID 水印，让版权保护更完美，最大化保证创作者的利益不受侵害。

720 云的用户账户分为普通账户和商业账户。普通账户享有不限量素材库空间，热点、沙盘、音乐等多样化展示效果，以及快捷的分享功能，能够满足用户的日常需求。普通账户可按需升级为商业账户。

商业账户拥有电话导航链接、自定义 LOGO、密码访问、离线导出等功能，能够满足更多的商业需求和个性化、稳定性需求，有助于实现作品价值最大化。

播放视频是需要视频播放器的，VR 全景图和全景视频也需要专门的播放器才能实现 VR 全景图的展示。可以使用全景互动工具——720 云来进行展示，720 云是一站式的 VR 全景漫游交互式 H5（全称为 HTML5）在线制作、分享社区网站。VR 全景播放器与 VR 全景漫游又有什么关系呢?

在 VR 全景行业发展初期，VR 全景创作者面临的最大问题就是如何展示和分享自己的 VR 全景作品。为了解决创作者的这个痛点，720 云在 2014 年的时候就上线了一个可以在线播放 VR 全景图的工具，也就是 VR 全景播放器。而展示出来的 VR 全景图，在英文中被称为 Panorama Virtual Tour，中文翻译为 VR 全景虚拟漫游，简称 VR 全景漫游。

VR 全景播放器最初是为了满足创作者基础的 VR 全景展示需求，但是随着 VR 全景行业的发展，尤其是 VR 全景逐渐出现在商业应用中，出现了许多交互性的需求。基础的 VR 全景漫游就需要承载更多的交互式动作和媒体内容，所以 VR 全景播放器升级为 VR 全景漫游交互式 H5。VR 全景漫游交互式 H5 支持更多的交互动作和更多的媒体类型且以 H5 的形式展现，复制链接或者扫描作品的二维码即可将其快速分享给他人。

【任务要求】

- 了解注册 720 云平台。
- 了解 720 云平台的基础和视角设置。
- 掌握热点的添加。
- 掌握沙盘的互动制作。
- 了解嵌入和遮罩的使用。
- 掌握背景音乐、解说词的添加。
- 掌握特效的使用。
- 掌握导览和足迹的使用。
- 了解细节的使用。

【知识链接】

4.2.1 作品展示与分享

1. VR 全景展示平台

在众多的 VR 全景漫游制作平台中，为什么唯独给大家介绍 720 云呢? 720 云是 VR 全景行业中最早开始做线上 VR 全景播放器的平台之一。720 云最初是为了满足 VR 全景创作者的作品展示和分享需求而出现的工具类在线网站。经过几年的发展，720 云已经逐步成长为 VR 全景创作者和爱好者交流、学习、分享作品的 VR 全景社区，社区内汇聚了大量的优质全景内容，如图 4-93 所示。

同时，720 云 VR 功能可以满足更多商业需求，适合制作商业项目时使用，这部分功能会在 VR 全景漫游编辑部分进行详细讲解。

图 4-93　优质全景内容

2. VR 全景漫游 H5

所谓的 VR 全景漫游，从本质上来讲，就是带有 VR 全景播放功能的 H5 网页，所以它可以在线上传、生成、发布和分享作品。既然是 H5 网页，是不是只要带有浏览器，设备就可以访问、观看 VR 全景漫游 H5 作品呢？从理论上来说是这样的，但是，就目前来说，还有少数的浏览器使用较老版本的内核，例如 E7 及以下版本，可能会出现不能播放 VR 全景漫游 H5 作品的情况。而且，VR 全景漫游 H5 除了支持拖动观看作品，在手机端还支持重力感应观看作品，如果你的手机上恰好有可以连接手机的 VR 眼镜，单击屏幕上的 VR 眼镜按钮，就会进入 VR 模式（见图 4-94），手机会显示两个画面（见图 4-95），将 VR 眼镜连接到手机上就可以体验初级的 VR 全景漫游了。

图 4-94　VR 全景内容

图 4-95　双屏体验

VR 眼镜大致分为以下 3 种：

（1）移动端头显设备（VR 眼镜盒子）　这种眼镜仅提供带有双目眼镜片的盒子，适用于支持 VR 功能的手机。在使用的时候，打开支持 VR 交互的 VR 全景漫游 H5 作品或者支持 VR 交互的 APP，然后将手机插入盒子的手机放置区，再加上 VR 眼镜即可体验 VR 全景漫游。它的构造相对比较简单，一个装有凸透镜的盒子（见图 4-96），再加上一部手机，就可以把智能手机变成一个 VR 观看器，当然这种设备不适宜长时间佩戴。

（2）一体式头显设备（VR 一体机）　这种眼镜具有内置系统，不用借助手机等设备即可进行 VR 全景漫游体验。打开电源，戴上眼镜即可进入界面。它支持焦点单击、重力感应、机身按钮、遥控交互功能。部分 VR 一体机还配备 VR 耳机，支持 3D 立体声，带来的沉浸感会更加强烈。这种眼镜相比于 VR 眼镜盒子来说，可以给观看者更好的虚拟体验。也可以使用 Pico VR 一体机（见图 4-97），通过专用的浏览器体验 VR 全景漫游，这样沉浸感会更强烈。

图 4-96　VR 眼镜盒子

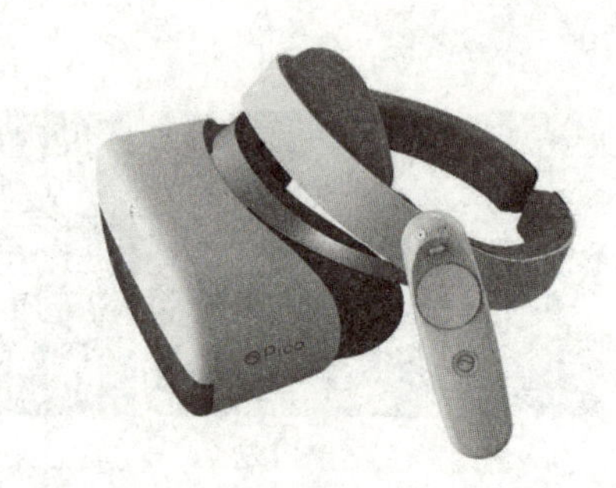

图 4-97　Pico VR 一体机

（3）外接式头显设备（PC 端头显）　这种设备的用户体验感比 VR 眼镜盒子要好很多。这类眼镜如图 4-98 所示，具备独立屏幕，产品结构复杂，技术含量较高，需要连接计算机。眼镜端主要承载的是显示功能，该设备还可以运行大型 VR 类游戏，因其技术含量较高，价格也相对较高。

有些政务单位或商业客户，需要将 VR 全景漫游 H5 文件放到自己的服务器或者内网的服务器上，而自身又没有相关的开发能力，应该如何解决呢？这时就需要用到 720 云的离线文件功能。

720 云平台支持 VR 全景漫游 H5 离线包下载，在“作品管理”中找到需要导出离线包的作品，单击右侧的“离线下载”（见图 4-99），即可获取离线包（升级为专业版后即可使用），下载完成以后，根据离线包内的说明书，将文件上传到自己的服务器上即可。

图 4-98　PC 端头显

图 4-99　离线下载

3. 分享 VR 全景图

在“作品管理”中可以看到自己创作的所有作品，单击“分享”按钮，就会弹出该作品对应的二维码和链接地址（见图 4-100），通过扫码转发或复制链接地址就可以将自己的作品分享出去。也可以将 VR 全景图嵌入其他网站，以窗口化的方式显示 VR 全景图。

720 云 APP 还具备卡片分享的功能，可以选择合适的角度，自动生成一张卡片，卡片附带作品的二维码和作者信息（见图 4-101），这样可以让受众先了解分享内容的部分信息，如果受众对这个内容感兴趣，可以扫码观看 VR 全景图。

图 4-101　卡片分享

图 4-100　二维码和链接地址

4. 互动制作工具介绍

通过 VR 全景互动制作工具生成的内容通常为富媒体。富媒体即 Rich Media 的英文直译，它本身并不是一种具体的互联网媒体形式，而是指具有动画、声音、视频和交互性信息的传播方法。常见的媒体传播内容，大多数都应用了富媒体传播方式。那么，应该如何在 VR 全景图中添加这些富媒体信息内容呢？

可以通过高效易用的全景互动制作工具进行制作，如图 4-102 所示。

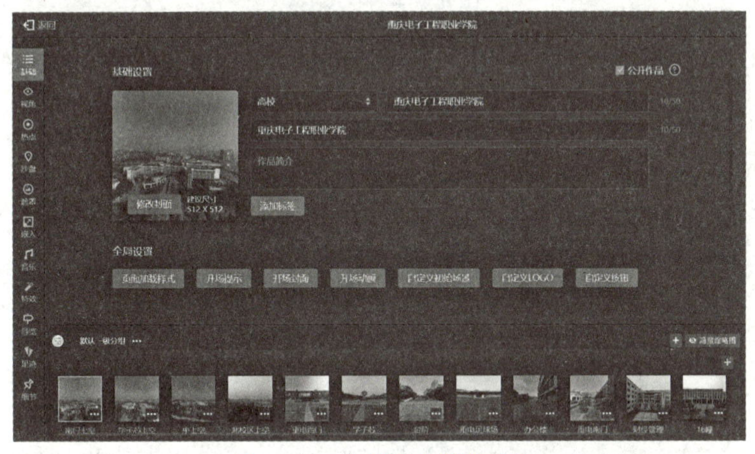

图 4-102　全景互动制作工具

下面以 720 云全景漫游工具为例，讲解以 VR 全景图为依托的富媒体展现形式及内容的添加，图 4-103 所示为一个内容相对丰富的案例，可扫码观看。

图 4-103　富媒体案例

4.2.2 实例 1 导入全景图

1）进入 https：//720yun.com，新用户单击“注册 / 登录”按钮，进入注册，老用户单击“注册 / 登录”按钮，进行登录。

2）将光标放在“进入工作台”按钮上，从弹出的快捷菜单中选择“工作台”选项，打开“个人主页”界面，如图 4-104 所示。

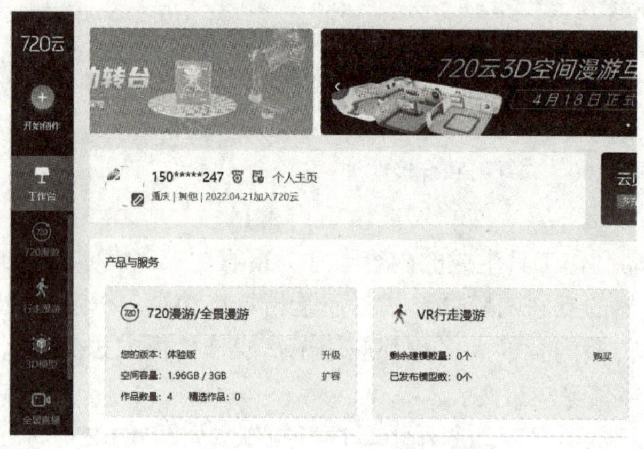

图 4-104 个人主页

3）单击“720 漫游”→“全景图片”按钮，打开“素材库”界面，如图 4-105 所示。单击“上传素材”按钮，打开“版权保护提醒”对话框，如图 4-106 所示。

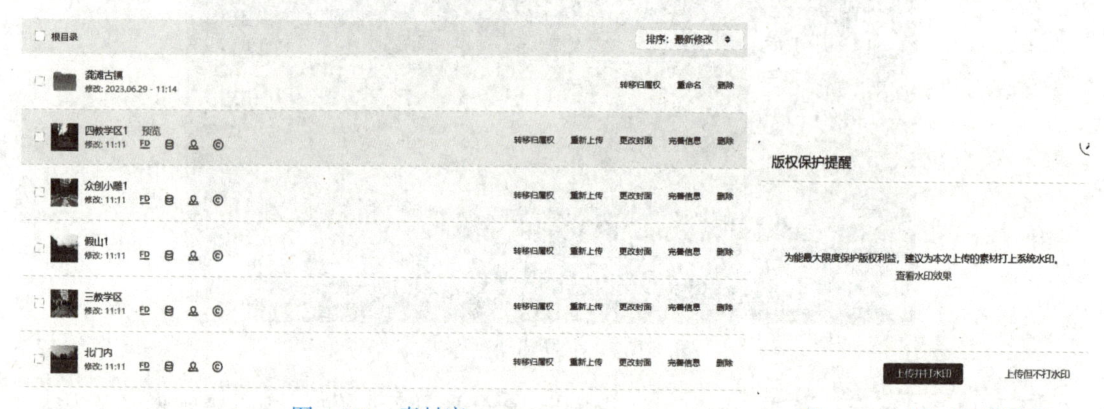

图 4-105 素材库　　图 4-106 版权保护提醒

4）单击“上传并打水印”按钮，打开“打开”对话框，选择要打开的文件，单击“打开”按钮，2：1 单张全景图片，文件不超过 120M。开始上传，上传完后开始制作。

5）素材传送完毕，单击“720 漫游”→“创建作品”，打开“创建 720 漫游作品”窗口，单击“从素材库添加”按钮，打开“作品素材库”对话框。

6）选择“建院南门”全景图片，单击“确认操作”按钮，设置“作品标题”为“VR 重建院”，“作品分类”为“教育机构”，“所在城市”为“重庆市”，如图 4-107 所示。单击“创建作品”→“编辑作品”按钮，单击“我知道了”按钮，进入“VR 重建院”界面，如图 4-108 所示。

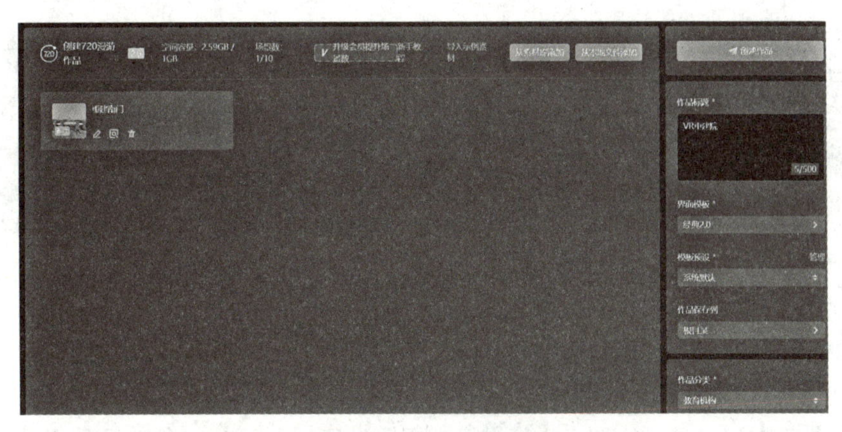

图 4-107　创建作品

图 4-108　编辑窗口

7）单击“添加场景”按钮，打开“作品素材库”对话框，选择要添加的“足球场”和“广场”全景图片，单击“确定操作”按钮，如图 4-109 所示。

图 4-109　作品素材库

8）需要移动位置，直接拖动全景图片，将其移动至合适的位置，如图 4-110 所示。

9）单击“开场封面”选项卡，单击“桌面端封面图”下方的“选择图片”按钮，打开“图片素材库”对话框，选择“建院标志”，单击“确认操作”按钮，界面如图 4-111 所示。单击“完成设置”按钮。

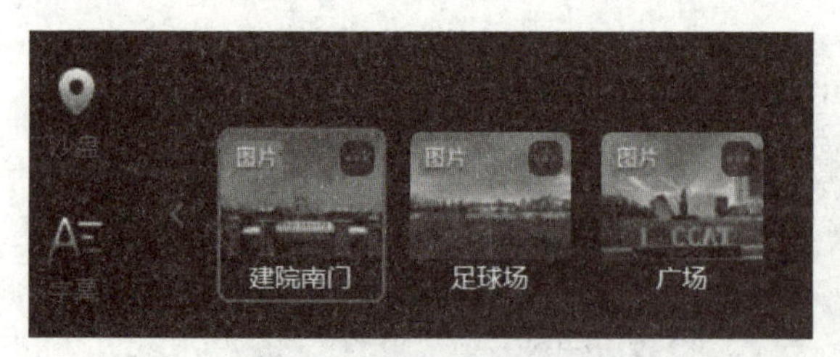

图 4-110　移动全景图片位置

图 4-111　建院标志

4.2.3　实例 2　视角功能模块

微课

调整视角范围和初始进入VR全景漫游的视野，可以把最好的角度展示给观看者。设置初始视角时，可以拖动画面，选择最佳的角度并将视域设置为第一视角。设置完成后，可以单击右下角的“选择场景”，添加视角场景应用。

1）单击“视角”按钮，选择“重建南门”场景图，拖动画面，选择最佳的角度，将视域设置为第一视角，单击“把当前视角设为初始视角”按钮，界面如图 4-112 所示。

图 4-112　开场标志

2）单击右下角的“应用到”按钮，打开“选择要应用到的场景”对话框，选择“足球场”，单击“确认操作”按钮，添加视角场景应用，如图 4-113 所示。

3）以此类推，为所有场景图选择一个最佳角度。

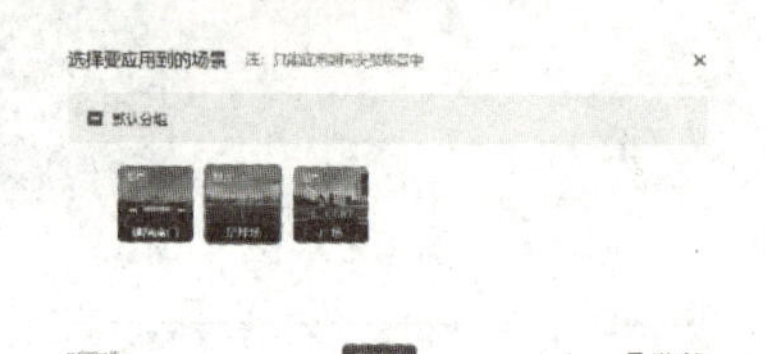

图 4-113　选择应用场景

4.2.4　实例 3　热点功能模块

微课

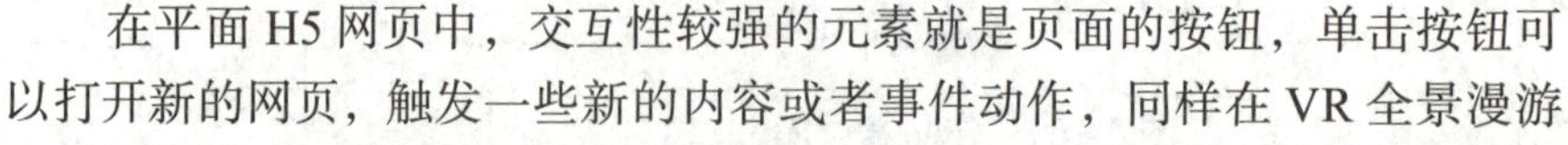

在平面H5网页中，交互性较强的元素就是页面的按钮，单击按钮可以打开新的网页，触发一些新的内容或者事件动作，同样在VR全景漫游H5作品中，也有这种与按钮功能类似的元素供观看者进行交互，展示内容，响应执行一些事件，称为“热点”。热点可以使用静态的图片、动态的GIF或者序列帧动画图片为图标，样式多变，动态图标更容易吸引观看者。

热点是VR全景漫游内最常用的交互方式之一。单击“热点”按钮，可以切换场景、跳转网页、弹出图文信息等。

1）选择热点模块，单击“建院南门”场景，单击右侧功能编辑区的“添加热点”按钮，弹出默认的双箭头图标（也可选择其他箭头），将其移动到进门位置，如图 4-114 所示。

2）“热点类型”有 14 种交互方式，默认为“场景切换”，单击右边的双向箭头按钮，从弹出的快捷菜单中选择任意选项，如图 4-115 所示。

图 4-114　添加热点图标

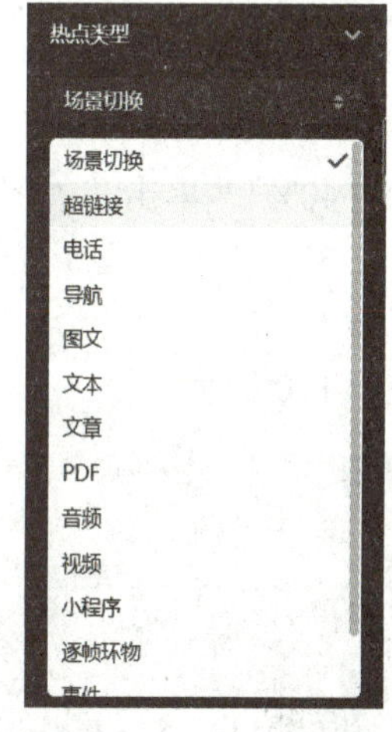

图 4-115　选择交互类型

3）在“场景切换设置”中单击“选择场景”按钮（见图 4-116），打开“选择目标场景”对话框，选择“足球场”场景，单击“确定”按钮。单击“图标高级设置”按钮，打开“图标高级设置”对话框，设置“缩放”为“40%”（见图 4-117），单击“关闭”按钮，单击“完成设置”按钮，完成一个热点的设置。

4）选择“足球场”全景图，单击“添加热点”按钮，弹出默认双箭头图标，将其移动到通向“建院南门”位置，如图 4-118 所示。

图 4-116　选择场景

图 4-117　缩放设置

图 4-118　热点设置位置

5）单击“选择场景”按钮，打开“选择目标场景”对话框，选择“建院南门”场景，单击“确定操作”按钮，单击“图标高级设置”按钮，打开“图标高级设置”对话框，设置“缩放”为“40%”，单击“关闭”按钮，单击“完成设置”按钮，完成第二个热点的设置。

6）选择“足球场”全景图，单击“添加热点”按钮，弹出默认双箭头图标，将其移动到合适位置，如图 4-119 所示。

7）单击“选择场景”按钮，打开“选择目标场景”对话框，选择“广场”场景，单击“确定”按钮，单击“图标高级设置”按钮，打开“图标高级设置”对话框，设置“缩放”为“40%”，单击“关闭”按钮，单击“完成设置”按钮，完成第三个热点的设置。

8）选择“广场”全景图，单击“添加热点”按钮，单击“选择图标”按钮，打开“图标素材库”对话框，选择图标，单击“确认操作”按钮，将其移动到合适位置，如图 4-120 所示。

图 4-119　设置第三个热点

图 4-120　设置第四个热点

9）单击“选择场景”按钮，打开“选择目标场景”对话框，选择“足球场”场景，单击“确定”按钮，单击“图标高级设置”按钮，打开“图标高级设置”对话框，设置“缩放”为“40%”，单击“关闭”按钮。

10）单击“切换动画设置”按钮，打开“场景切换动画高级设置”对话框，单击“无动作”右边的双向箭头按钮，从弹出的快捷菜单中选择“视角移动到热点”选项，单击“确认操作”按钮，单击“完成设置”按钮，完成第四个热点的设置。

11）选择“建院南门”场景，单击“添加热点”按钮，单击“场景切换”右边的双向箭头按钮，从弹出的快捷菜单中选择“超链接”选项，单击“选择图标”按钮，打开“图标素材库”对话框，选择图标，单击“确认操作”按钮，将其移动到合适位置，如图 4-121 所示。

12）设置“标题设置”为“重庆建筑科技职业学院网站首页”，超级链接为 http：//www.cqrec.edu.cn/，单击“完成设置”按钮，完成“超链接”热点设置，效果如图 4-122 所示。

图 4-121　设置超链接

图 4-122　超链接

13）单击“保存”→“预览”按钮，开始预览，效果如图 4-123 所示。

图 4-123　图片热点效果

微课

4.2.5　实例 4　音乐功能模块

单纯的视觉信息有时不能完整表达图片意境及传达更多信息，可以通过给 VR 全景漫游作品添加背景音乐来渲染意境。将声音媒体加入 VR 全景漫游作品中，可以从听觉方面调动观看者的情绪，进一步提升观看者在 VR 全景中的体验。

1）选择音乐功能模块，单击“选择音频”按钮，打开“音乐素材库”对话框，选择“昨日重现”音乐，单击“确认操作”按钮，导入音乐，如图 4-124 所示。

2）单击“把背景音乐应用到”按钮，打开“选择要应用到的场景”对话框，选择全部场景，单击“确认操作”按钮，设置“音量”为“50%”，如图 4-125 所示。

图 4-124　音频素材库

图 4-125　音量设置

微课

4.2.6　实例 5　导览功能模块

导览功能也是 720 云全景漫游工具的一大特色功能，可以在该功能模块录制动画路径，添加相应的音频、文字说明，系统会将录制好的动作和音频、文字设置记录在时间线内。

观看者单击“导览”系统就会按照其设置的时间线来展示作品，并播放设置的音频和文字内容。观看者会像看纪录片那样，看着画面的变换、听着创作者的讲述，最大限度地接收媒体信息。

操作步骤如下：

1）选择导览功能模块，单击第一张全景图片，“导览方式”选择“向右旋转”，“旋转速度”为“60 秒 / 圈”，如图 4-126 所示。单击“把导览方式应用到”按钮，打开“选择要应用到的场景”对话框，选择全部场景，单击“确认操作”按钮。

2）单击“选择视频”按钮，打开“视频素材库”对话框，选择建院南门视频，单击“确认操作”按钮，如图 4-127 所示。

3）选择“足球场”全景图，单击“选择视频”按钮，打开“视频素材库”对话框，选择足球场视频，单击“确认操作”按钮。

4）选择“广场”全景图，单击“选择视频”按钮，打开“视频素材库”对话框，选择广场视频，单击“确认操作”按钮。

5）选择“建院南门”全景图，单击“选择场景”按钮，打开“选择目标场景”对话框，选择“广场”，单击“确认操作”按钮，如图 4-128 所示。

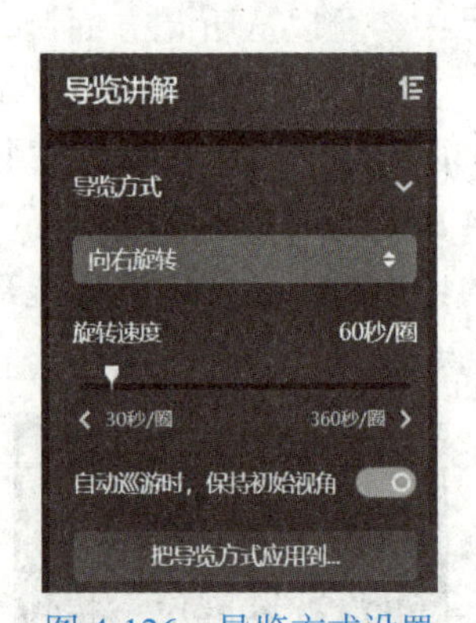

图 4-126　导览方式设置

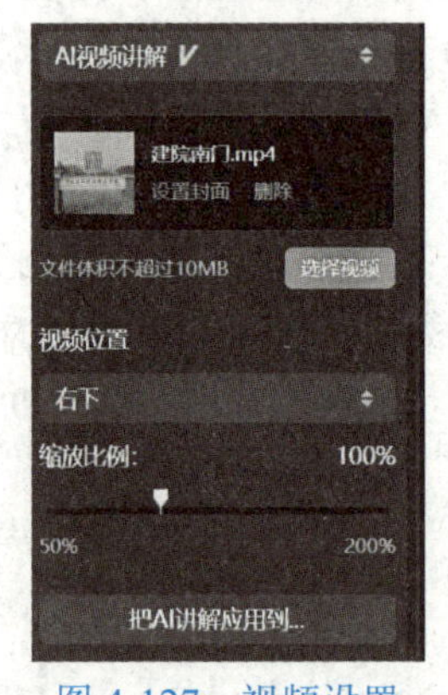

图 4-127　视频设置

图 4-128　导览交互设置

6）选择“足球场”全景图，单击“选择场景”按钮，打开“选择目标场景”对话框，选择“建院南门”，单击“确认操作”按钮，如图 4-129 所示。

7）选择“广场”全景图，单击“选择场景”按钮，打开“选择目标场景”对话框，选择“足球场”，单击“确认操作”按钮，如图 4-130 所示，单击“保存”按钮。

图 4-129　选择跳转场景 1

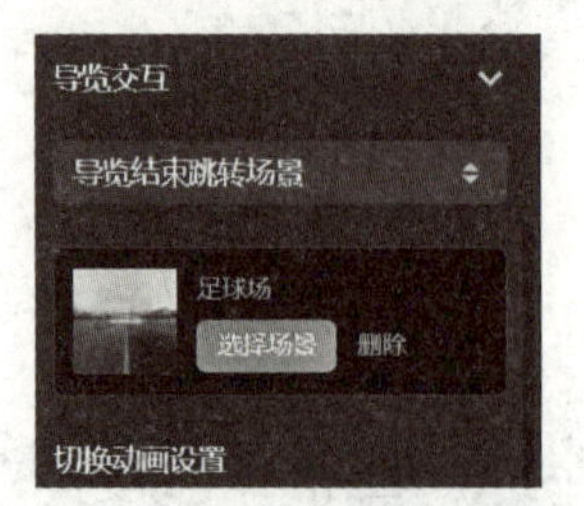

图 4-130　选择跳转场景 2

8）单击“预览”按钮，打开“作品预览”对话框，如图 4-131 所示。开始播放视频，全景图旋转三圈，自动跳转到下一场景。

图 4-131　预览效果

4.2.7　实例 6　沙盘功能模块

微课

在房产中心，可以通过常见的沙盘直观地看到房子整体的构造及其周围的环境等，但是如果要观看某一个房子的内部，在房产中心只能看到部分图片，如果想要看到全貌，就需要到实际的房子中去，这样时间成本、人力成本都会很高。

为了解决无法全局观看的痛点，720 云全景漫游工具提供了电子沙盘图功能。在电子沙盘图中标记 VR 全景场景点位，单击标记点位，即可切换到场景内部，从而可以观看场景的全貌。

1）选择沙盘模块，单击“添加沙盘”按钮，打开“操作提示”对话框，单击“去创建沙盘”按钮，打开编辑沙盘界面，单击“创建沙盘”按钮，打开“选择沙盘类型”对话框，单击“选择自定义图形”按钮，打开“素材库”对话框，选中“学校沙盘”复选框，单击“确认操作”按钮。

2）打开“拖动指北针为沙盘设置正北方向”界面，校正正北方向，单击“完成设置”按钮，如图 4-132 所示。

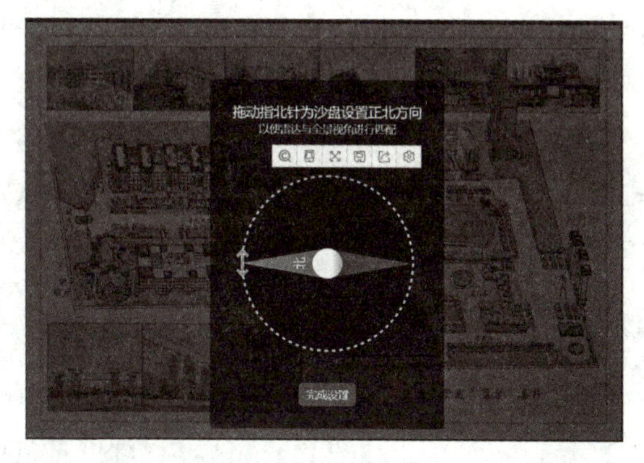

图 4-132　校正指北针

3）单击“添加标记点”按钮，从弹出的快捷菜单中选择“单个添加”选项，打开“添加标记”对话框，在“标记场景”中单击“选择场景”按钮，打开“选择要标记的场景”对话框，选择“建院南门”，单击“确认操作”按钮，将“图标缩放”设置为“60%”，图标移动到南门位置，如图 4-133 所示。在“标记场景”中，旋转图片为正北位置，单击“把当前视角设为正北”按钮（见图 4-134），单击“完成设置”按钮。

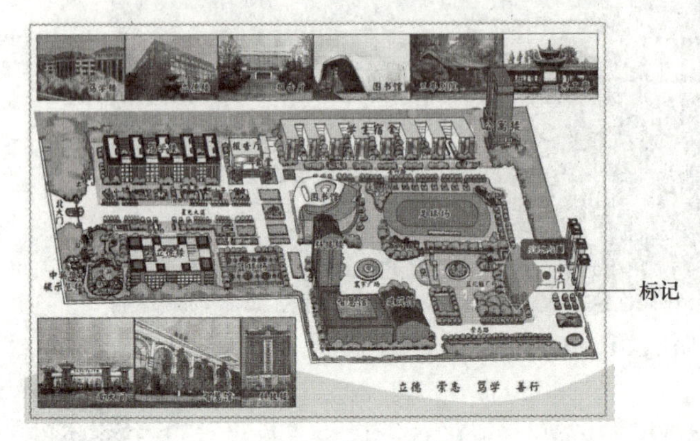

图 4-133 南门位置标记

图 4-134 校正正北位置（建院南门）

4）单击“添加标记点”按钮，从弹出的快捷菜单中选择“单个添加”选项，打开“添加标记”对话框，在“标记场景”中单击“选择场景”按钮，打开“选择要标记的场景”对话框，选择“足球场”，单击“确认操作”按钮，将“图标缩放”设置为“60%”，图标移动到足球场位置。在“标记场景”中，旋转图片为正北位置，单击“把当前视角设为正北”按钮（见图 4-135），单击“完成设置”按钮。

图 4-135 校正正北位置（足球场）

5）单击“添加标记点”按钮，从弹出的快捷菜单中选择“单个添加”选项，打开“添加标记”对话框，在“标记场景”中单击“选择场景”按钮，打开“选择要标记的场景”对话框，选择“广场”，单击“确认操作”按钮，将“图标缩放”设置为“60%”，图标移动到广场位置。在“标记场景”中，旋转图片为正北位置，单击“把当前视角设为正北”按钮（见图 4-136），单击“完成设置”按钮，沙盘图效果如图 4-137 所示。

图 4-136 校正正北位置（广场）

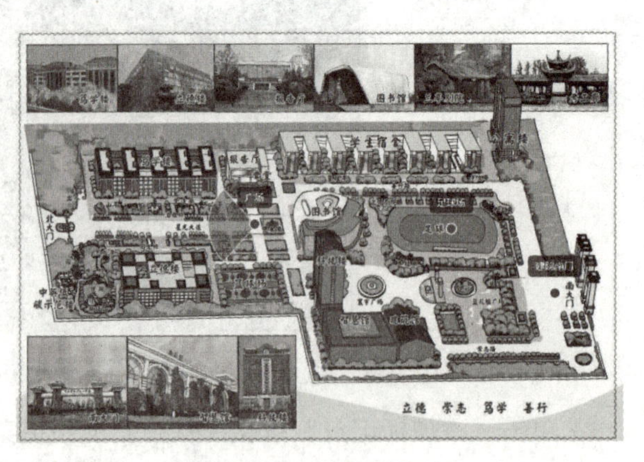

图 4-137 沙盘图效果

6）单击“基础设置”按钮，选择“建院南门”全景图，单击“添加沙盘”按钮，打开“选择沙盘”对话框，选择沙盘图，单击“确认操作”按钮。

7）选择“足球场”全景图，单击“添加沙盘”按钮，打开“选择沙盘”对话框，选择沙盘图，单击“确认操作”按钮。

8）选择“广场”全景图，单击“添加沙盘”按钮，打开“选择沙盘”对话框，选择沙盘图，单击“确认操作”按钮。

9）单击“保存”→“预览”按钮，选择南门内标记点，效果如图 4-138 所示。

图 4-138　预览效果（添加沙盘后）

沙盘不仅可以标记场景点位，还可以编辑标记点，编辑标记点时，在标记点上有一个小扇形，扇形转动的方向代表着场景的方向，我们使用 3D 地图，转动的方向为足球场朝西的方向，对应的实际物理空间也是朝西，这样可以方便快速地了解场景的东西位置。

4.2.8　实例 7　遮罩功能模块

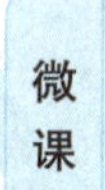

遮罩功能模块是指在 VR 全景场景的顶部或底部位置添加一个遮罩，可用于 LOGO、品牌等的展示，还可以用一张贴图直接盖住补地的瑕疵。

对于 VR 全景创作者来说，后期工作量最大的操作就是补天和补地。如果是较为简单的画面，补天或补地都比较容易，工作量也较小。但是对于图案较为复杂的地面来说，想做到完美补地，就很考验创作者的拍摄和修图功底。如果想将 VR 全景图作为个人作品输出，可以对地面进行简单修补，再在上面贴一个半透明的遮罩层，既能露出个人、品牌信息，又能遮盖地面的不完美，从而减少工作量。而且遮罩层使用起来很方便，可以随时替换图片，不用修改 VR 全景图本身；还可以设置遮罩层跟随场景的转动而转动，让观看者在看到各个位置的遮罩图时感到更加舒适。

1）选择遮罩功能模块，单击“天空遮罩”下边的“选择图片”按钮，打开“图片素材库”对话框，选择“重建校徽”图片，单击“确认操作”按钮。

2）单击“把遮罩应用到”按钮，打开“选择要应用到的场景”对话框，选择“建院南门”全景图，单击“确认操作”按钮，“缩放比例”为“50%”，取消勾选“遮罩跟随场景转动”复选框。

3）单击“地面遮罩”下边的“选择图片”按钮，打开“图片素材库”对话框，选择“红图标”图片，单击“确认操作”按钮，调整“缩放比例”为“50%”，取消“遮罩跟随场景转动”选择。

4）单击“把遮罩应用到”按钮，打开“选择需应用到的场景”对话框，选择“建院南门”全景图，单击“确认操作”按钮。

5）单击“保存”→“预览”按钮，打开“作品预览”对话框，旋转到地面，就可看到如图 4-139 所示的标识，天空也是如此。

图 4-139 遮罩效果

4.2.9 实例 8 特效和字幕功能模块

微课

720 云全景漫游工具的功能模块里，有一个能让 VR 全景场景更接近于真实的功能模块——特效，特效素材库中有阳光、下雨、下雪等特效，可以模拟真实的场景，如添加太阳光，在转动 VR 全景时光束会随场景的转动而转动。如果是雨天或者雪天，可以添加下雨或者下雪的特效，模拟场景的真实天气。

如果特效素材库中没有你喜欢的素材，也可以选择上传需要的素材，生成新的特效。

1）选择特效功能模块，选择“建院南门”，单击“添加特效”，在“特效类型”下单击“请选择”右边的双向箭头按钮，从弹出的快捷菜单中选择“飘落特效”选项，单击“下铜钱”按钮，单击“完成设置”按钮。效果如图 4-140 所示。

2）选择字幕功能模块，单击“添加字幕”按钮，在“字幕内容”文本框中输入“生源兴隆通四海，财源茂盛达三江”，单击“完成设置”按钮。效果如图 4-141 所示。

图 4-140 特效效果

图 4-141 滚动文字效果

4.2.10 实例 9 图层功能模块

微课

在全景图上可添加一个标记，操作如下：

1）选择“图层”模块，单击“建院南门”全景图片，单击“添加图层”→“选择图片”

按钮，打开“图标素材库”对话框，选择“重建校徽”，单击“确认操作”按钮。

2）设置“宽度”和“高度”为 100，“图片位置”为“左上”，如图 4-142 所示，单击“完成设置”按钮。

3）单击“保存”→“预览”按钮，打开“作品预览”对话框，效果如图 4-143 所示。

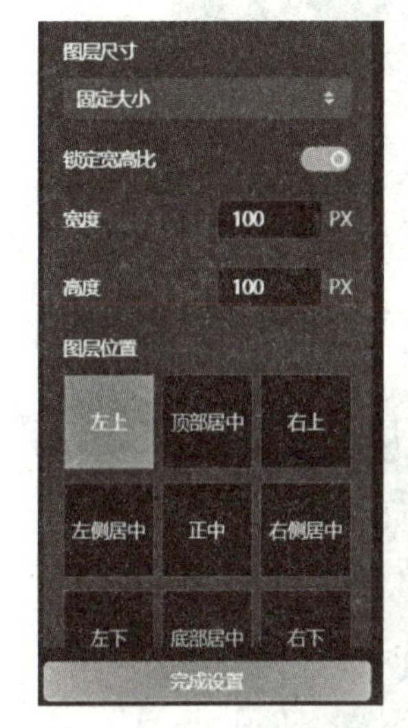

图 4-142　图层尺寸及位置

图 4-143　预览效果

【任务实施】

实训　用 720 云工具制作 24 张全景图的漫游

选择 24 张学校 VR 全景图片，用 720 云工具来制作 720 云全景漫游，通过添加热点、沙盘、音乐、导览及足迹等，制作一个完整功能的学校 VR 全景漫游图，起到宣传学校的作用。

1. 基础设置

1）进入 https://720yun.com，单击“进入工作台”按钮，从弹出的快捷菜单中选择“工作台”选项，单击“开始创作”按钮，从弹出的快捷菜单中选择“全景漫游”选项（见图 4-144），打开全景漫游界面。

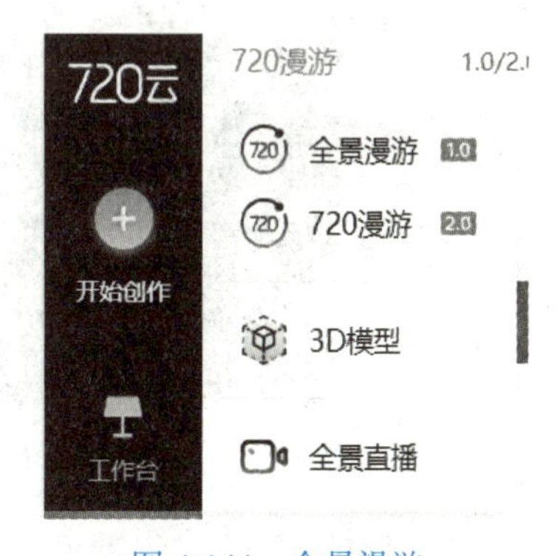

图 4-144　全景漫游

2）单击“创建作品”按钮，打开“创建全景漫游作品”窗口，单击“从素材库添加”按钮，选择第一张图片，如建院南门，设置“作品标题”为“重建 VR”，“作品分类”为“高校”，“高校名称”为“重庆建筑科技职业学院”，如图 4-145 所示，单击“创建作品”→“编辑作品”按钮，打开“重建 VR”界面，如图 4-146 所示。

3）在场景界面右上角，单击“创建二级分组”按钮（见图 4-147），打开“新建二级分组”对话框，在文本框内输入“校园南区”，单击“确认”按钮，如图 4-148 所示。单击“默认二级分组”右边的三点按钮，从弹出的快捷菜单中选择“重命名”选项，打开“分组重命名”对话框，在文本框中输入“航拍”，单击“确认”按钮。

图 4-145　创建全景漫游作品

图 4-146　编辑窗口

图 4-147　创建二级分组

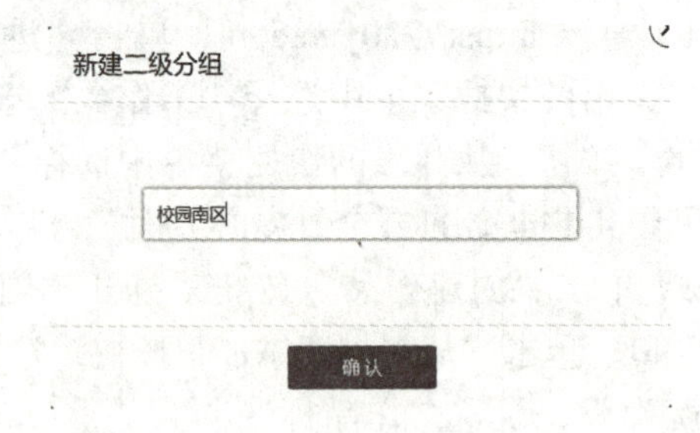

图 4-148　新建二级分组

4）单击“创建二级分组”按钮，打开“新建二级分组”对话框，在文本框内输入“校园北区”，单击“确认”按钮。

5）单击“默认一级分组”右边的三点按钮，从弹出的快捷菜单中选择“重命名”选项，打开“分组重命名”对话框，在文本框中输入“重庆建筑科技职业学院”，单击“确认”按钮。

6）在“航拍”二级分组中单击“添加场景”按钮，打开“全景素材库”对话框，选择“足球场上空”“图书馆上空”“北大门上空”VR 全景图，单击“确定”按钮，如图 4-149 所示。

7）选择“校园南区”二级分组，单击“添加场景”按钮，打开“全景素材库”对话框，选择“建院南门”“南门内”“考工廊”“兰亭别院”“建筑馆”“放眼世界”“足球场”“信息馆”“智慧大厅”“科技楼”VR 全景图，单击“确定”按钮，如图 4-150 所示。

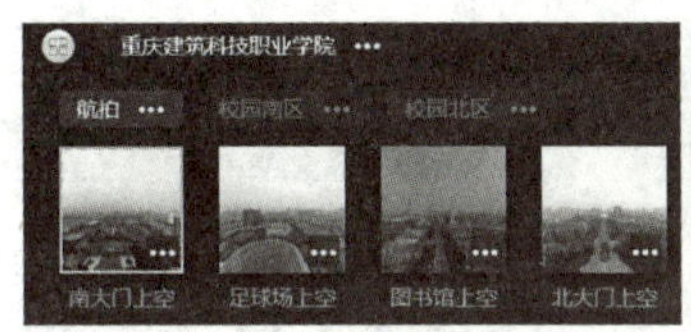

图 4-149　添加场景（航拍）

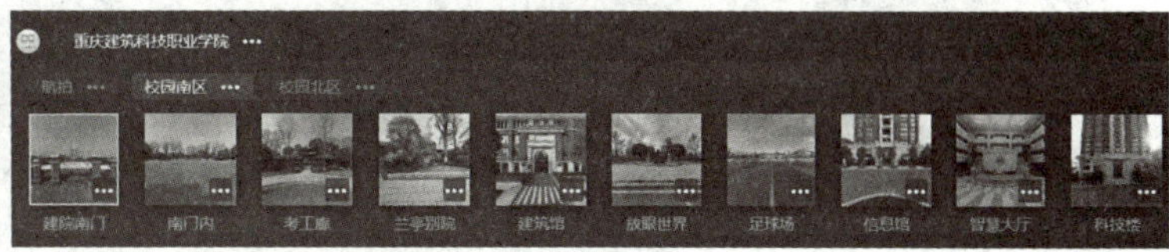

图 4-150　添加场景（校园南区）

8）选择“校园北区”二级分组，单击“添加场景”按钮，打开“全景素材库”对话框，选择“广场”“四教学区”“三教学区”“笃学楼”“立德楼”“笃学楼内”“假山”“众创小雕”“北门内”“北大门”VR 全景图，单击“确定”按钮，如图 4-151 所示。

9）单击“修改封面”按钮，打开“打开”对话框，选择“重建校徽”图，单击“打开”按钮，修改封面如图 4-152 所示。

图 4-151　添加场景（校园北区）

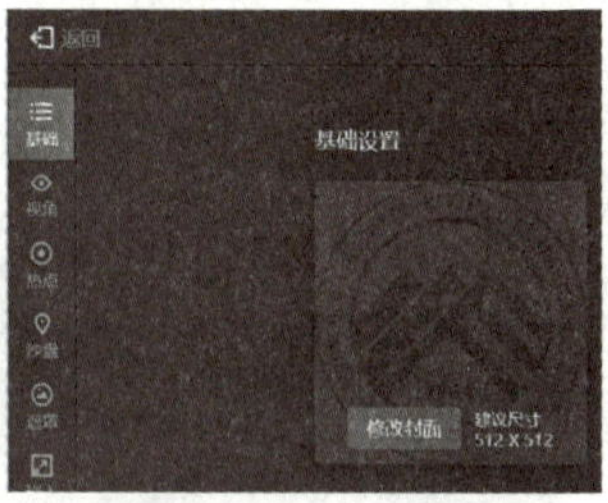

图 4-152　修改封面

10）单击“自动巡游”按钮，打开“自动巡游”对话框，设置“场景旋转时间”为“1 分钟”，选中“旋转一圈自动跳转下一场景”复选框（见图 4-153），单击下方的“完成”按钮。

11）将重庆建筑科技职业学院简介复制到“作品简介”处，如图 4-154 所示。

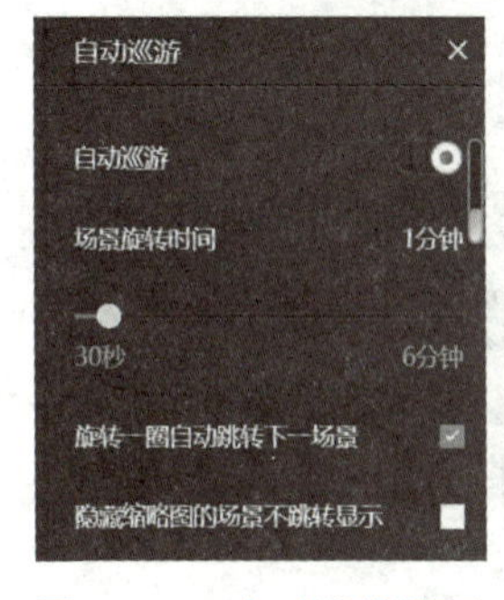

图 4-153　自动巡游设置

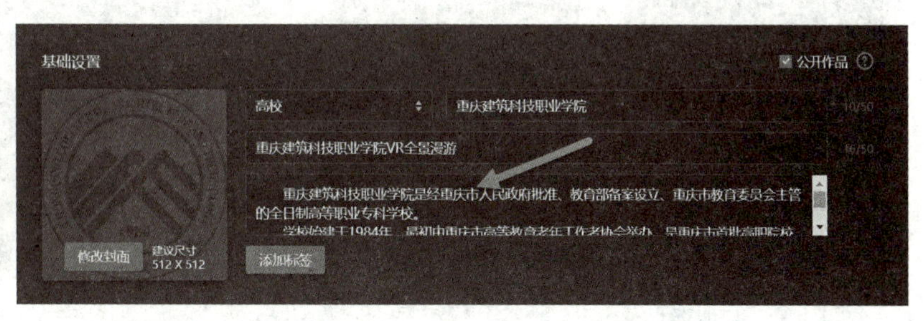

图 4-154　作品简介

12）单击“保存”→“返回”按钮，选择“市场”→“进入工作台”，从弹出的快捷菜单中选择“个人主页”选项，即可找到“重建 VR”全景，如图 4-155 所示。

2. 视角设置

选择“视角”选项卡，选择“南门上空”，先调整好角度，单击“把当前视角设为初始视角”按钮，如图 4-156 所示。以此类推，设置其他 VR 全景图片的初始视角。

图 4-155 “重建 VR”全景

图 4-156 设置初始视角

3. 热点设置

1）选择“热点”选项卡，选择“南大门上空”，单击“添加热点”按钮，选择“系统图标”中图标，“图标大小”为“0.7”，单击“选择一种热点类型以继续”右边的按钮，从弹出的快捷菜单中选择“全景切换”选项，单击“选择场景”按钮，打开“选择目标场景”对话框，选择“足球场上空”，单击“确定”按钮，单击“完成”按钮。

2）以此类推，分别添加“建院南门”“北大门上空”“足球场”“信息馆”“建筑馆”“考工廊”“兰亭别院”“图书馆上空”（见图 4-157），“图书馆上空”的“图标大小”为“0.6”，“北大门上空”的“图标大小”为“0.5”，效果如图 4-158 所示。

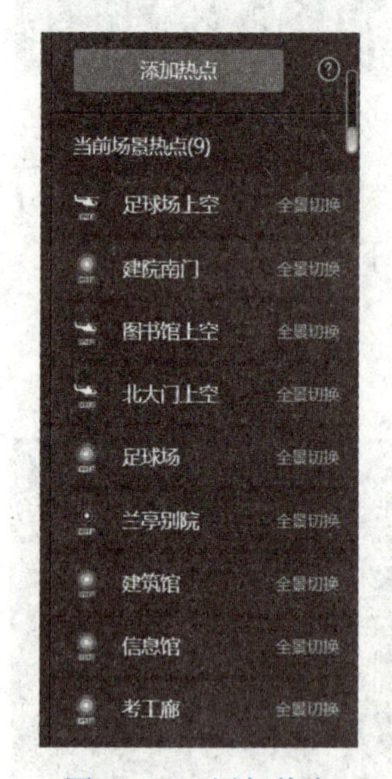

图 4-157 添加热点

图 4-158 “北大门上空”的热点

3）选择“足球场上空”全景图，为其添加“图书馆上空”“北大门上空”“南大门上空”三个热点，如图 4-159 所示。

4）选择“图书馆上空”全景图，为其添加“北大门上空”热点，如图 4-160 所示。

5）选择“北大门上空”全景图，为其添加“图书馆上空”“笃学楼”“假山”“北大门”四个热点，如图 4-161 所示。

图 4-159　“足球场上空”的热点

图 4-160　“图书馆上空”的热点

图 4-161　“北大门上空”的热点

6）选择“校园南区”分组，单击“建院南门”场景，单击右侧功能编辑区的“添加热点”→“选择图标”→“系统图标”，默认出现双箭头图标，将其移动到进门位置，如图 4-162 所示。

7）在“选择热点类型”下单击“选择一种热点类型以继续”，从弹出的快捷菜单中选择“全景切换”选项，如图 4-163 所示。

图 4-162　建院南门添加热点

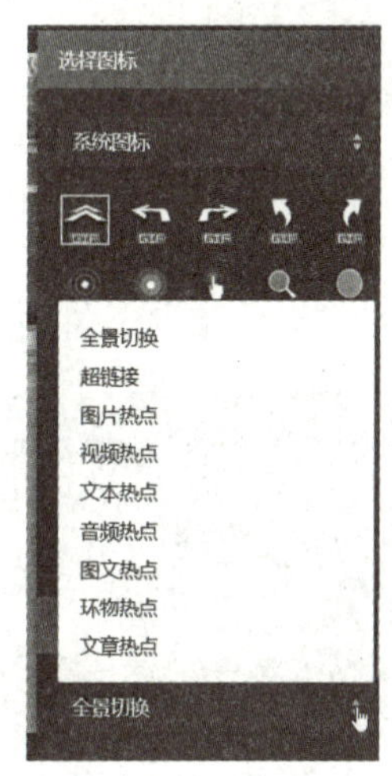

图 4-163　选择热点类型

8）单击“选择场景”按钮，打开“选择目标场景”对话框，选择“南门内”场景，单击“确定”按钮，完成后如图 4-164 所示，单击“完成”按钮。

9）选择“南门内”全景图，添加“足球场”和“考工廊”两个热点，拖动箭头画面，将热点拖动到合适位置（见图 4-165），单击“完成”按钮，完成第二个热点设置。

10）拖动画面，添加“建筑馆”热点，将热点拖动到合适位置（见图 4-166），单击“完成”按钮，完成第三个热点的设置。

11）拖动画面，添加“建院南门”热点，将热点拖动到合适位置（见图 4-167），单击“完成”按钮，完成第四个热点的设置。

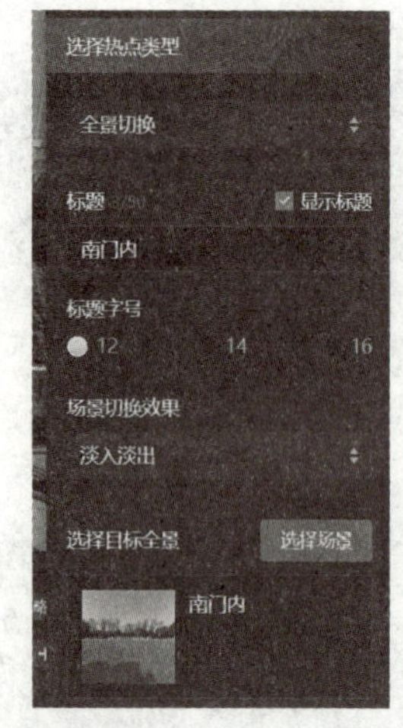

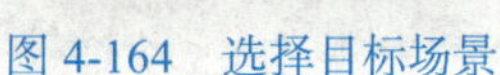

图 4-164 选择目标场景

图 4-165 南门内添加两个热点

图 4-166 南门内添加第三个热点

图 4-167 南门内添加第四个热点

12）选择“考工廊”全景图，添加“兰亭别院”热点，将热点拖动到合适位置（见图 4-168），单击“完成”按钮，完成第一个热点的设置。

13）拖动画面，添加“南门内”热点，将热点拖动到合适位置（见图 4-169），单击“完成”按钮，完成第二个热点的设置。

图 4-168 考工廊添加第一个热点

图 4-169 考工廊添加第二个热点

14）选择“兰亭别院”全景图，添加“广场”热点，将热点拖动到合适位置（见图 4-170），单击“完成”按钮，完成第一个热点的设置。

15）拖动画面，添加“考工廊”热点，将热点拖动到合适位置（见图 4-171），单击“完成”按钮，完成第二个热点的设置。

16）选择“建筑馆”全景图，添加“放眼世界”热点，将热点拖动到合适位置（见图 4-172），单击“完成”按钮，完成第一个热点的设置。

17）拖动画面，添加“南门内”热点，将热点拖动到合适位置（见图 4-173），单击“完成”按钮，完成第二个热点的设置。

图 4-170　兰亭别院添加第一个热点

图 4-171　兰亭别院添加第二个热点

图 4-172　建筑馆添加第一个热点

图 4-173　建筑馆添加第二个热点

18）选择“放眼世界”全景图，添加“建筑馆”热点，将热点拖动到合适位置（见图 4-174），单击“完成”按钮，完成第一个热点的设置。

19）拖动画面，添加“信息馆”热点，将热点拖动到合适位置（见图 4-175），单击“完成”按钮，完成第二个热点的设置。

图 4-174　放眼世界添加第一个热点

图 4-175　放眼世界添加第二个热点

20）选择“足球场”全景图，拖动画面，添加“南门内”热点，将热点拖动到合适位置（见图 4-176），单击“完成”按钮，完成第一个热点的设置。

21）拖动画面，添加“兰亭别院”热点，将热点拖动到合适位置（见图 4-177），单击“完成”按钮，完成第二个热点的设置。

图 4-176　足球场添加第一个热点

图 4-177　足球场添加第二个热点

22）拖动画面，添加“信息馆”热点，将热点拖动到合适位置（见图 4-178），单击“完成”按钮，完成第三个热点的设置。

23）选择“信息馆”全景图，添加“智慧大厅”热点，将热点拖动到合适位置（见图 4-179），单击“完成”按钮，完成第一个热点的设置。

图 4-178 足球场添加第三个热点

图 4-179 信息馆添加第一个热点

24）拖动画面，添加“科技楼”热点，将热点拖动到合适位置（见图 4-180），单击“完成”按钮，完成第二个热点的设置。

25）拖动画面，添加“足球场”热点，将热点拖动到合适位置（见图 4-181），单击“完成”按钮，完成第三个热点的设置。

图 4-180 信息馆添加第二个热点

图 4-181 信息馆添加第三个热点

26）拖动画面，添加“放眼世界”热点，将热点拖动到合适位置（见图 4-182），单击“完成”按钮，完成第四个热点的设置。

27）选择“智慧大厅”全景图，添加“信息馆”（右边）和“科技楼”（左边）两个热点，将热点拖动到合适位置（见图 4-183），单击“完成”按钮，完成两个热点的设置。

图 4-182 信息馆添加第四个热点

图 4-183 智慧大厅添加两个热点

28）选择“科技楼”全景图，添加“智慧大厅”热点，将热点拖动到合适位置（见图 4-184），单击“完成”按钮，完成第一个热点的设置。

29）拖动画面，添加“广场”（左边）和“信息馆”（右边）热点，将热点拖动到合适位置（见图 4-185），单击“完成”按钮，完成第二、三个热点的设置。

30）选择“广场”全景图，拖动画面，添加“科技楼”热点，将热点拖动到合适位置（见图 4-186），单击“完成”按钮，完成第一个热点的设置。

31）拖动画面，添加“笃学楼”热点，将热点拖动到合适位置（见图 4-187），单击“完成”按钮，完成第二个热点的设置。

图 4-184　科技楼添加第一个热点

图 4-185　科技楼添加第二、三个热点

图 4-186　广场添加第一个热点

图 4-187　广场添加第二个热点

32）拖动画面，添加“兰亭别院”热点，将热点拖动到合适位置（见图 4-188），单击“完成”按钮，完成第三个热点的设置。

33）选择“四教学区”全景图，添加“广场”（左边）和“三教学区”（右边）热点，将热点拖动到合适位置（见图 4-189），单击“完成”按钮，完成第一、二个热点的设置。

图 4-188　广场添加第三个热点

图 4-189　四教学区添加第一、二个热点

34）拖动画面，添加“三教学区”热点，将热点拖动到合适位置（见图 4-190），单击“完成”按钮，完成第三个热点的设置。

35）拖动画面，添加“广场”热点，将热点拖动到合适位置（见图 4-191），单击“完成”按钮，完成第四个热点的设置。

图 4-190　四教学区添加第三个热点

图 4-191　四教学区添加第四个热点

36）选择“三教学区”全景图，添加“四教学区”（左边）和“笃学楼”（右边）热点，将热点拖动到合适位置（见图 4-192），单击“完成”按钮，完成第一、二个热点的设置。

37）拖动画面，添加“四教学区”（右边）和“笃学楼”（左边）热点，将热点拖动到合适位置（见图 4-193），单击“完成”按钮，完成第三、四个热点的设置。

图 4-192　三教学区添加第一、二个热点

图 4-193　三教学区添加第三、四个热点

38）选择“笃学楼”全景图，拖动画面，添加“广场”热点，将热点拖动到合适位置（见图 4-194），单击“完成”按钮，完成第一个热点的设置。

39）拖动画面，添加“立德楼”热点，将热点拖动到合适位置（见图 4-195），单击“完成”按钮，完成第二个热点的设置。

图 4-194　笃学楼添加第一个热点

图 4-195　笃学楼添加第二个热点

40）拖动画面，添加“北门内”热点，将热点拖动到合适位置（见图 4-196），单击“完成”按钮，完成第三个热点的设置。

41）选择“立德楼”全景图，添加“笃学楼”热点，将热点拖动到合适位置（见图 4-197），单击“完成”按钮，完成热点设置。

图 4-196　笃学楼添加第三个热点

图 4-197　立德楼添加热点

42）选择“笃学楼内”全景图，添加“三教学区”（左边）和“北门内”（右边）热点，将热点拖动到合适位置（见图 4-198），单击“完成”按钮，完成两个热点的设置。

43）选择“假山”全景图，拖动画面，添加“众创小雕”热点，将热点拖动到合适位置（见图 4-199），单击“完成”按钮，完成第一个热点的设置。

44）拖动画面，添加“北门内”热点，将热点拖动到合适位置（见图 4-200），单击“完成”按钮，完成第二个热点的设置。

45）选择“众创小雕”全景图，拖动画面，添加“假山”热点，将热点拖动到合适位置（见图 4-201），单击“完成”按钮，完成热点设置。

图 4-198　笃学楼内添加两个热点

图 4-199　假山添加第一个热点

图 4-200　假山添加第二个热点

图 4-201　众创小雕添加热点

46）选择“北门内”全景图，拖动画面，添加“广场”热点，将热点拖动到合适位置（见图 4-202），单击“完成”按钮，完成第一个热点的设置。

47）拖动画面，添加“假山”热点，将热点拖动到合适位置（见图 4-203），单击“完成”按钮，完成第二个热点的设置。

图 4-202　北门内添加第一个热点

图 4-203　北门内添加第二个热点

48）拖动画面，添加“笃学楼内”热点，将热点拖动到合适位置（见图 4-204），单击“完成”按钮，完成第三个热点的设置。

49）选择“北大门”全景图，拖动画面，添加“北门内”热点，将热点拖动到合适位置（见图 4-205），单击“完成”按钮，完成热点设置。

图 4-204　北门内添加第三个热点

图 4-205　北大门添加热点

50）选择“笃学楼”全景图，拖动画面，单击“添加热点”→“选择一种热点类型以继续”，从弹出的快捷菜单中选择“图片热点”选项，单击“选择图片”按钮，打开“图片素材库”对话框，单击“上传素材”按钮，选择“喷泉1”图片，单击“确定”→“完成”按钮，完成笃学楼图片热点设置，如图4-206所示。

4. 添加沙盘

1）选择“沙盘”选项卡，单击“选择图片”按钮，打开“图片素材库”对话框，选择“学校沙盘”图片，单击“确定”按钮。

2）单击“添加标记点”按钮，打开“选择场景并添加到沙盘中”对话框，选择“建院南门”全景图（见图4-207），单击“确定”按钮。拖动黄点到“建院南门”位置，拖动红点匹配全景视角。

图4-206 笃学楼添加一个图片热点

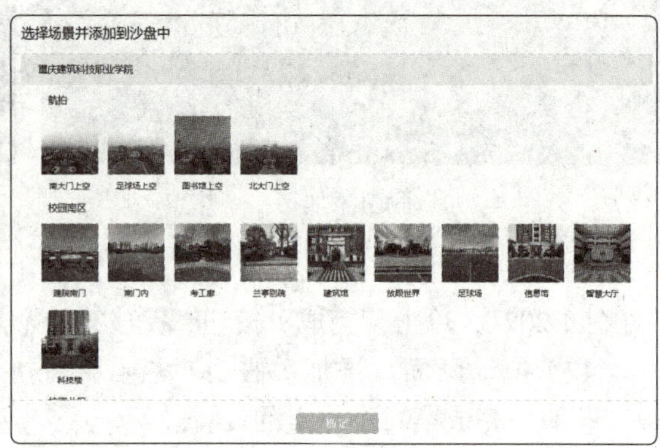

图4-207 选择“建院南门”全景图

3）单击“添加标记点”按钮，打开“选择场景并添加到沙盘中”对话框，选择“南门内”全景图，单击“确定”按钮。拖动黄点到“南门内”位置，拖动红点匹配全景视角，如图4-208所示。

4）单击“添加标记点”按钮，打开“选择场景并添加到沙盘中”对话框，选择“考工廊”全景图，单击“确定”按钮。拖动黄点到“考工廊”位置，拖动红点匹配全景视角，如图4-209所示。

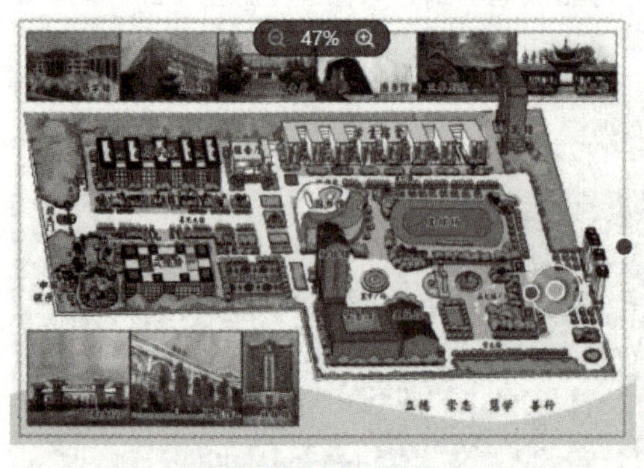

图4-208 南门内拖动黄点、红点

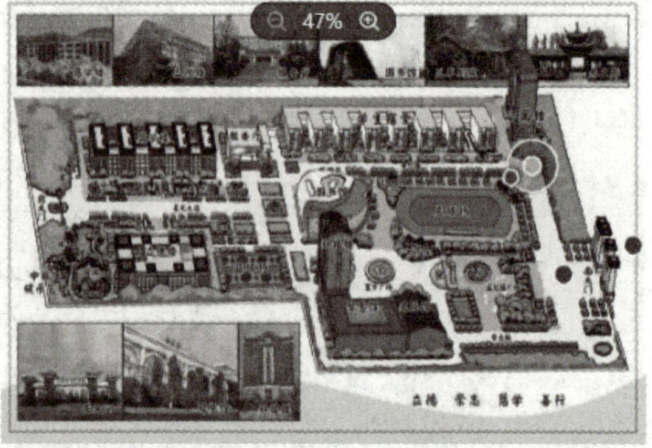

图4-209 考工廊拖动黄点、红点

5）单击“添加标记点”按钮，打开“选择场景并添加到沙盘中”对话框，选择“兰亭别院”全景图，单击“确定”按钮。拖动黄点到“兰亭别院”位置，拖动红点匹配全景视角，如图4-210所示。

6）单击“添加标记点”按钮，打开“选择场景并添加到沙盘中”对话框，选择“建筑馆”全景图，单击“确定”按钮。拖动黄点到“建筑馆”位置，拖动红点匹配全景视角，如图4-211所示。

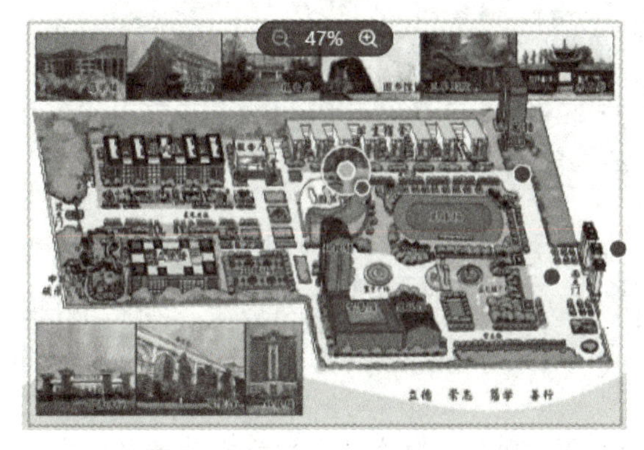

图4-210 兰亭别院拖动黄点、红点

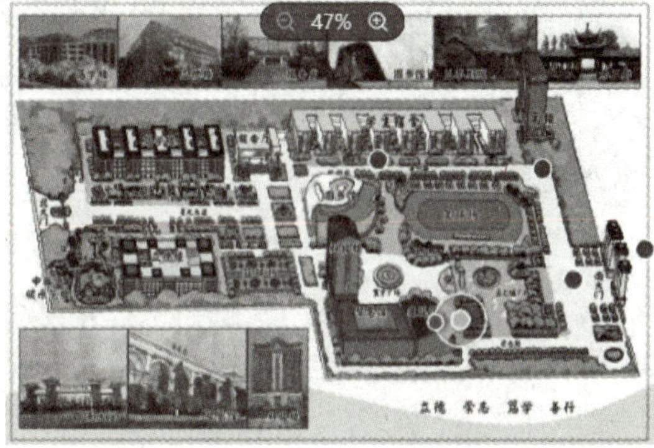

图4-211 建筑馆拖动黄点、红点

7）单击“添加标记点”按钮，打开“选择场景并添加到沙盘中”对话框，选择“放眼世界”全景图，单击“确定”按钮。拖动黄点到“放眼世界”位置，拖动红点匹配全景视角，如图4-212所示。

8）单击“添加标记点”按钮，打开“选择场景并添加到沙盘中”对话框，选择“足球场”全景图，单击“确定”按钮。拖动黄点到“足球场”位置，拖动红点匹配全景视角，如图4-213所示。

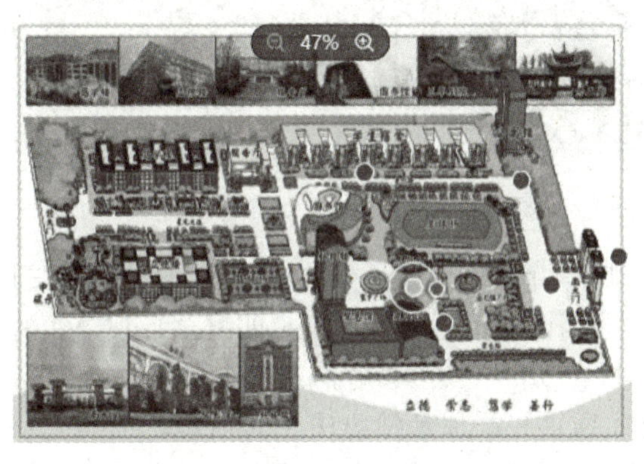

图4-212 放眼世界拖动黄点、红点

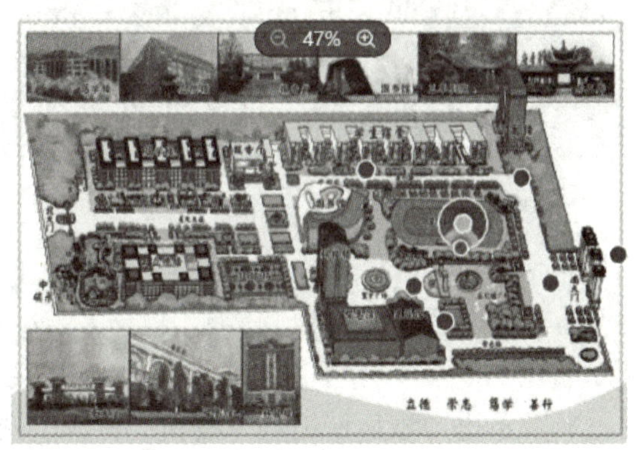

图4-213 足球场拖动黄点、红点

9）单击“添加标记点”按钮，打开“选择场景并添加到沙盘中”对话框，选择“信息馆”全景图，单击“确定”按钮。拖动黄点到“信息馆”位置，拖动红点匹配全景视角，如图4-214所示。

10）单击“添加标记点”按钮，打开“选择场景并添加到沙盘中”对话框，选择“智慧大厅”全景图，单击“确定”按钮。拖动黄点到“智慧大厅”位置，拖动红点匹配全景视角，如图4-215所示。

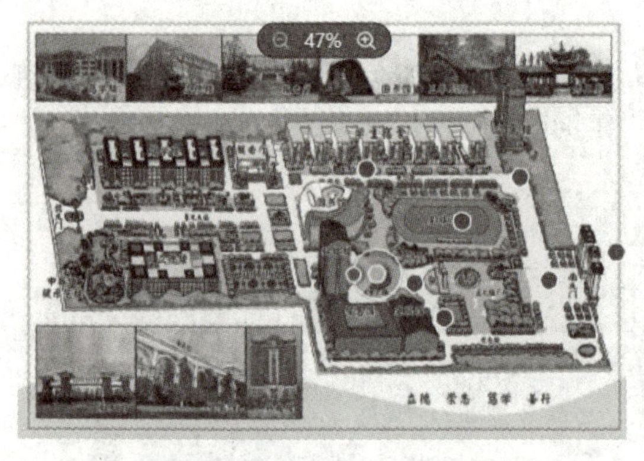

图 4-214　信息馆拖动黄点、红点

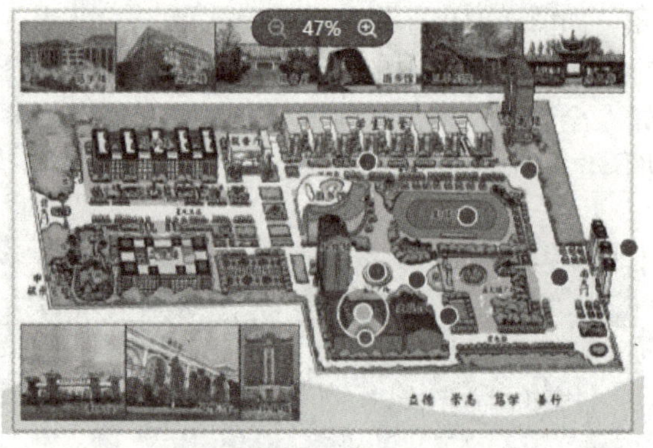

图 4-215　智慧大厅拖动黄点、红点

11）单击“添加标记点”按钮，打开“选择场景并添加到沙盘中”对话框，选择“科技楼”全景图，单击“确定”按钮。拖动黄点到“科技楼”位置，拖动红点匹配全景视角，如图 4-216 所示。

12）单击“添加标记点”按钮，打开“选择场景并添加到沙盘中”对话框，选择“北大门”全景图，单击“确定”按钮。拖动黄点到“北大门”位置，拖动红点匹配全景视角，如图 4-217 所示。

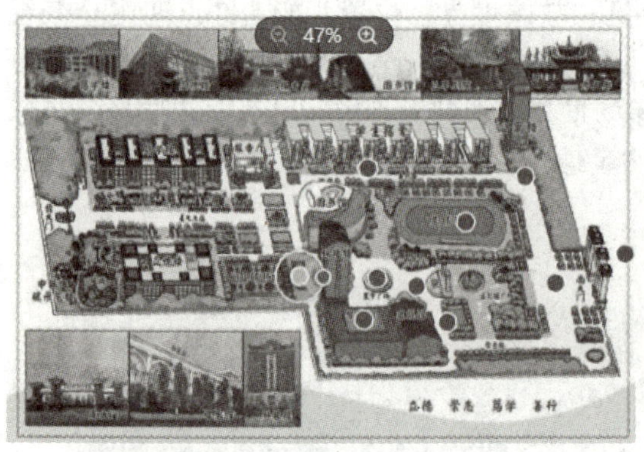

图 4-216　科技楼拖动黄点、红点

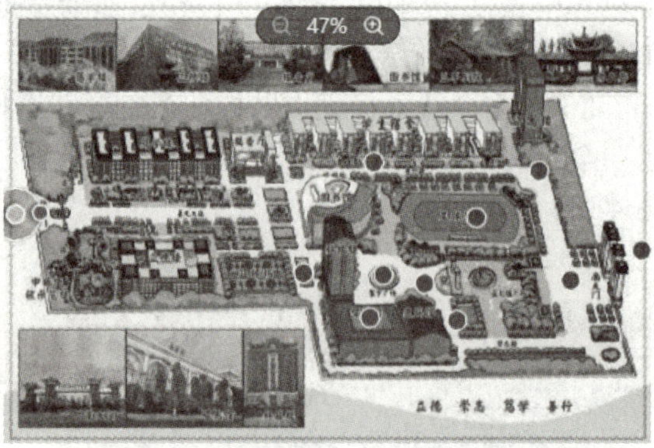

图 4-217　北大门拖动黄点、红点

13）单击“添加标记点”按钮，打开“选择场景并添加到沙盘中”对话框，选择“北门内”全景图，单击“确定”按钮。拖动黄点到“北门内”位置，拖动红点匹配全景视角，如图 4-218 所示。

14）单击“添加标记点”按钮，打开“选择场景并添加到沙盘中”对话框，选择“众创小雕”全景图，单击“确定”按钮。拖动黄点到“众创小雕”位置，拖动红点匹配全景视角，如图 4-219 所示。

15）单击“添加标记点”按钮，打开“选择场景并添加到沙盘中”对话框，选择“假山”全景图，单击“确定”按钮。拖动黄点到“假山”位置，拖动红点匹配全景视角，如图 4-220 所示。

16）单击“添加标记点”按钮，打开“选择场景并添加到沙盘中”对话框，选择“笃学楼内”全景图，单击“确定”按钮。拖动黄点到“笃学楼内”位置，拖动红点匹配全景视角，如图 4-221 所示。

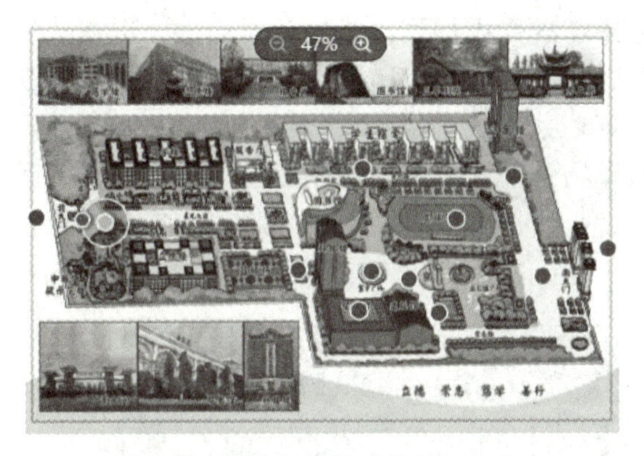

图 4-218 北门内拖动黄点、红点

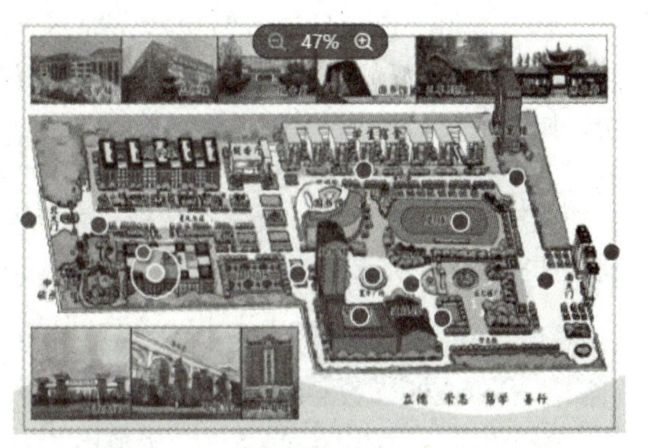

图 4-219 众创小雕拖动黄点、红点

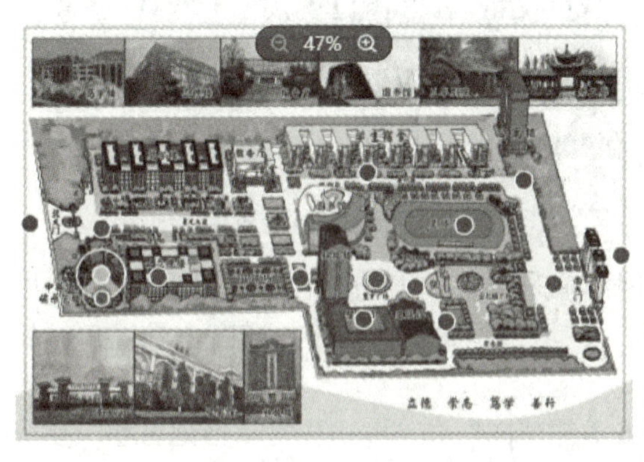

图 4-220 假山拖动黄点、红点

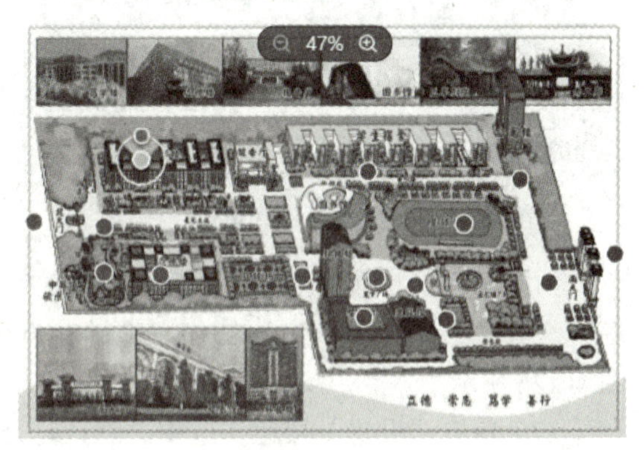

图 4-221 笃学楼内拖动黄点、红点

17）单击“添加标记点”按钮，打开“选择场景并添加到沙盘中”对话框，选择“立德楼”全景图，单击“确定”按钮。拖动黄点到“立德楼”位置，拖动红点匹配全景视角，如图 4-222 所示。

18）单击“添加标记点”按钮，打开“选择场景并添加到沙盘中”对话框，选择“笃学楼”全景图，单击“确定”按钮。拖动黄点到“笃学楼”位置，拖动红点匹配全景视角，如图 4-223 所示。

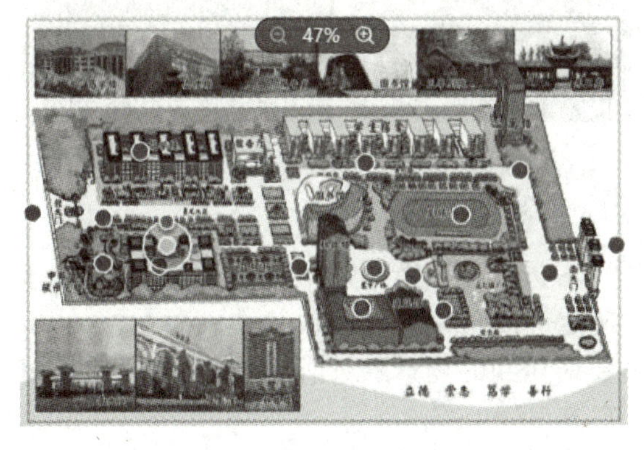

图 4-222 立德楼拖动黄点、红点

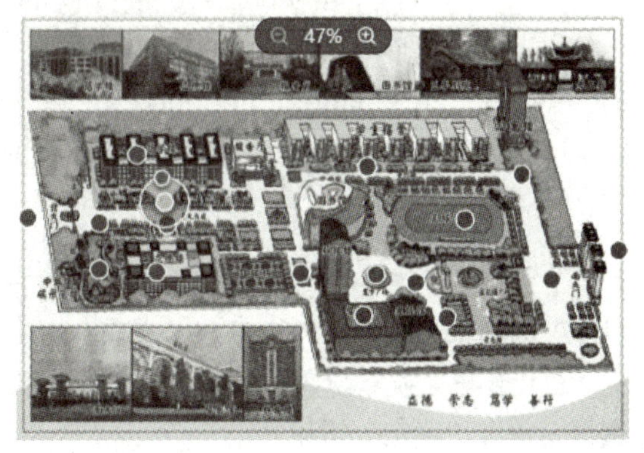

图 4-223 笃学楼拖动黄点、红点

19）单击“添加标记点”按钮，打开“选择场景并添加到沙盘中”对话框，选择“三教学区”全景图，单击“确定”按钮。拖动黄点到“三教学区”位置，拖动红点匹配全景视角，如图 4-224 所示。

20）单击“添加标记点”按钮，打开“选择场景并添加到沙盘中”对话框，选择“四教学区”全景图，单击“确定”按钮。拖动黄点到“四教学区”位置，拖动红点匹配全景视角，如图 4-225 所示。

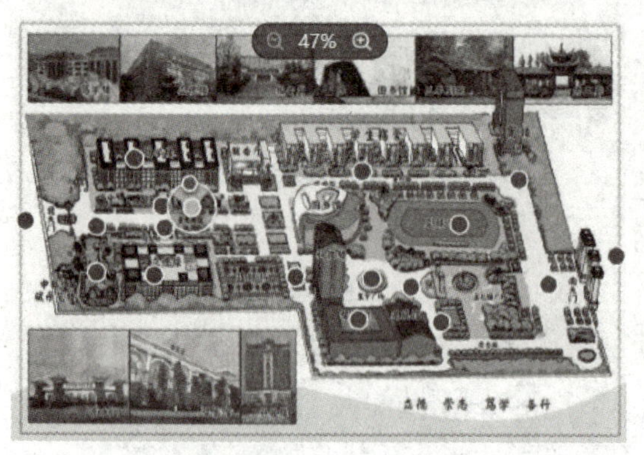

图 4-224　三教学区拖动黄点、红点

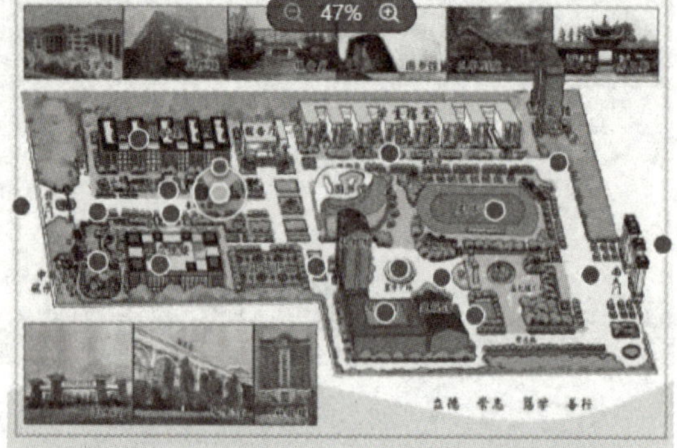

图 4-225　四教学区拖动黄点、红点

21）单击“添加标记点”按钮，打开“选择场景并添加到沙盘中”对话框，选择“广场”全景图，单击“确定”按钮。拖动黄点到“广场”位置，拖动红点匹配全景视角，如图 4-226 所示。

22）单击“设置”按钮，选中“默认打开沙盘缩略图”和“沙盘中显示标记名称”复选框，设置“标记点大小”为“0.5”，如图 4-227 所示。然后单击“完成”→“保存”按钮。

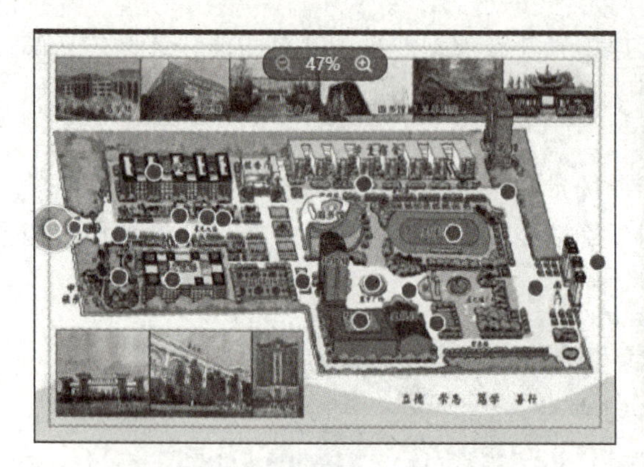

图 4-226　广场拖动黄点、红点

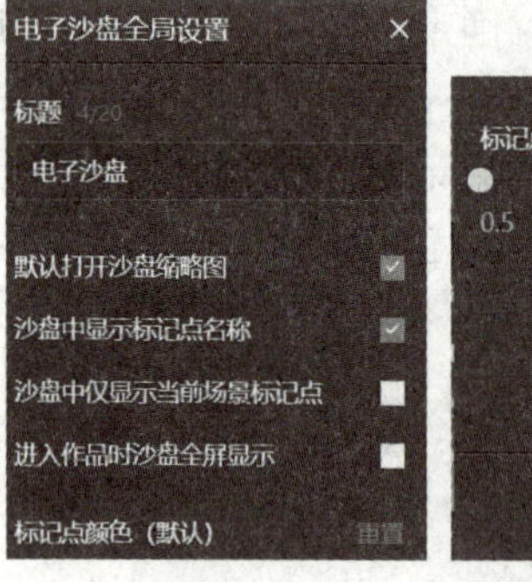

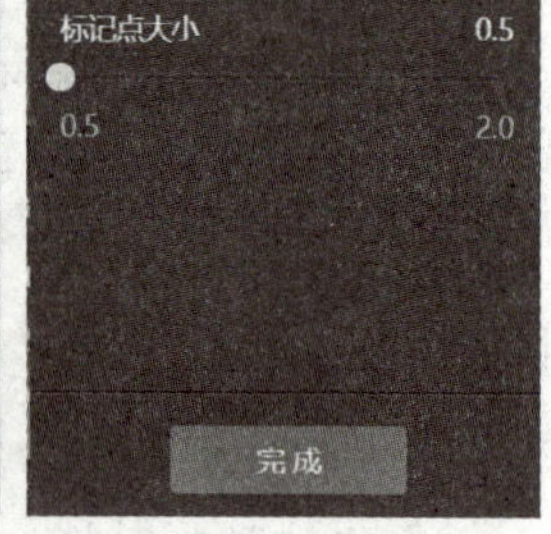

图 4-227　电子沙盘全局设置

5. 添加音乐

1）选择“音乐”选项卡，单击“背景音乐”右边的“选择音频”按钮，打开“音频素材库”对话框，选择“昨日重现”音频，单击“确定”按钮。

2）单击“选择场景”按钮，打开“选择需要应用到的场景”对话框，选中“全选”复选框，单击“确定”按钮。

3）单击“语音讲解”右边的“选择音频”按钮，打开“音频素材库”对话框，选择

“配音简介”音频，单击“确定”按钮。

4）单击“选择场景”按钮，打开“选择需要应用到的场景”对话框，选中“全选”复选框，单击“确定”按钮。

5）设置背景音乐“音量”为“50%”，选中“背景音乐”和“语音讲解”的“默认开启”和“循环播放”复选框，如图 4-228 所示。设置完成后，单击“保存”按钮。

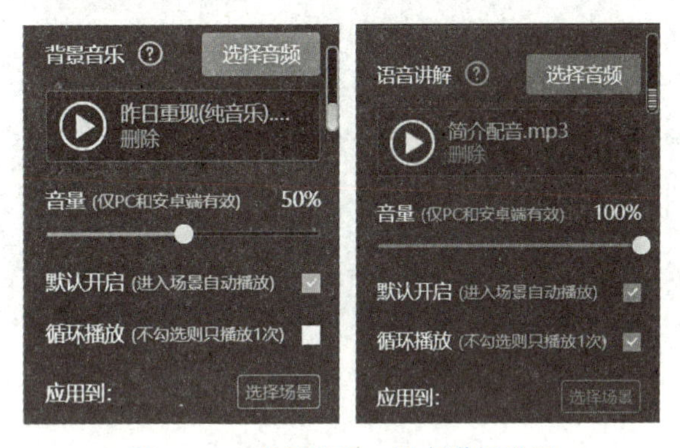

图 4-228　背景音乐、语音讲解设置

6. 添加导览

1）选择“导览”选项卡，选择“建院南门”全景图，单击“开始记录”按钮，单击“添加节点”，如图 4-229 所示。选择“南门内”全景图，单击“添加节点”，选择“考工廊”全景图，单击“添加节点”，如图 4-230 所示。

图 4-229　建院南门“添加节点”

图 4-230　考工廊“添加节点”

2）选择“兰亭别院”全景图，单击“添加节点”；选择“建筑馆”全景图，单击“添加节点”。

3）选择“放眼世界”全景图，单击“添加节点”；选择“足球场”全景图，单击“添加节点”；选择“信息馆”全景图，单击“添加节点”；选择“智慧大厅”全景图，单击“添加节点”。

4）选择“科技楼”全景图，单击“添加节点”；选择“广场”全景图，单击“添加节点”；选择“四教学区”全景图，单击“添加节点”。

5）选择“三教学区”全景图，单击“添加节点”；选择“笃学楼”全景图，单击“添加节点”；选择“立德楼”全景图，单击“添加节点”；选择“笃学楼内”全景图，单击“添加节点”。

6）选择“假山”全景图，单击“添加节点”；选择“众创小雕”全景图，单击“添加节点”；选择“北门内”全景图，单击“添加节点”；选择“北大门”全景图，单击“添加节点”。

7）单击“设置”按钮，打开“一键导览全局设置”对话框，选中“播放结束后回到起始场景”复选框（见图 4-231），单击“完成”→“保存”按钮。单击“预览”按钮，开始浏览，如图 4-232 所示。

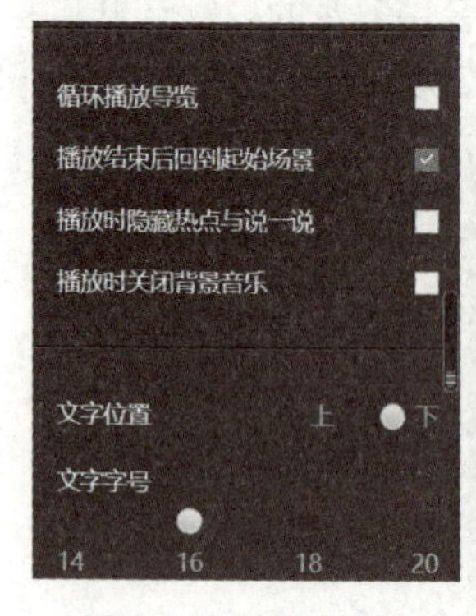

图 4-231 导览设置

图 4-232 VR 全景漫游

7. 添加足迹

1）选择“足迹”选项卡，选择“建院南门”全景图片，单击“设置足迹地图”按钮，打开“添加足迹”对话框，在地图上找到学校所在的位置。在“建院南门”处单击进行标记，如图 4-233 所示，单击“确定”按钮，完成第一个足迹的设置。

2）选择“南门内”全景图，单击“设置足迹地图”按钮，打开“添加足迹”对话框，在“南门内”处单击进行标记，如图 4-234 所示，单击“确定”按钮，完成第二个足迹的设置。

3）选择“考工廊”全景图，单击“设置足迹地图”按钮，打开“添加足迹”对话框，在“考工廊”处单击进行标记，如图 4-235 所示，单击“确定”按钮，完成第三个足迹的设置。

图 4-233 建院南门标记

图 4-234 南门内标记

图 4-235 考工廊标记

4）选择“兰亭别院”全景图，单击“设置足迹地图”按钮，打开“添加足迹”对话框，在“兰亭别院”处单击进行标记，如图 4-236 所示，单击“确定”按钮，完成第四个足迹的设置。

5）选择“建筑馆”全景图，单击“设置足迹地图”按钮，打开“添加足迹”对话框，在“建筑馆”处单击进行标记，如图 4-237 所示，单击“确定”按钮，完成第五个足迹的设置。

6）选择“放眼世界”全景图，单击“设置足迹地图”按钮，打开“添加足迹”对话框，在“放眼世界”处单击进行标记，如图 4-238 所示，单击“确定”按钮，完成第六个足迹的设置。

图 4-236　兰亭别院标记

图 4-237　建筑馆标记

图 4-238　放眼世界标记

7）选择“足球场”全景图，单击“设置足迹地图”按钮，打开“添加足迹”对话框，在“足球场”处单击进行标记，如图 4-239 所示，单击“确定”按钮，完成第七个足迹的设置。

8）选择“信息馆”全景图，单击“设置足迹地图”按钮，打开“添加足迹”对话框，在“信息馆”处单击进行标记，如图 4-240 所示，单击“确定”按钮，完成第八个足迹的设置。

9）选择“智慧大厅”全景图，单击“设置足迹地图”按钮，打开“添加足迹”对话框，在“智慧大厅”处单击进行标记，如图 4-241 所示，单击“确定”按钮，完成第九个足迹的设置。

图 4-239　足球场标记

图 4-240　信息馆标记

图 4-241　智慧大厅标记

10）选择“科技楼”全景图，单击“设置足迹地图”按钮，打开“添加足迹”对话框，在“科技楼”处单击进行标记，如图 4-242 所示，单击“确定”按钮，完成第十个足迹的设置。

11）选择“广场”全景图，单击“设置足迹地图”按钮，打开“添加足迹”对话框，在“广场”处单击进行标记，如图 4-243 所示，单击“确定”按钮，完成第十一个足迹的设置。

12）选择“四教学区”全景图，单击“设置足迹地图”按钮，打开“添加足迹”对话框，在“四教学区”处单击进行标记，如图 4-244 所示，单击“确定”按钮，完成第十二个足迹的设置。

图 4-242 科技楼标记

图 4-243 广场标记

图 4-244 四教学区标记

13）选择“三教学区”全景图，单击“设置足迹地图”按钮，打开“添加足迹”对话框，在“三教学区”处单击进行标记，如图 4-245 所示，单击“确定”按钮，完成第十三个足迹的设置。

14）选择“笃学楼”全景图，单击“设置足迹地图”按钮，打开“添加足迹”对话框，在“笃学楼”处单击进行标记，如图 4-246 所示，单击“确定”按钮，完成第十四个足迹的设置。

15）选择“立德楼”全景图，单击“设置足迹地图”按钮，打开“添加足迹”对话框，在“立德楼”处单击进行标记，如图 4-247 所示，单击“确定”按钮，完成第十五个足迹的设置。

图 4-245 三教学区标记

图 4-246 笃学楼标记

图 4-247 立德楼标记

16）选择“笃学楼内”全景图，单击“设置足迹地图”按钮，打开“添加足迹”对话框，在“笃学楼内”处单击进行标记，如图 4-248 所示，单击“确定”按钮，完成第十六个足迹的设置。

17）选择“假山”全景图，单击“设置足迹地图”按钮，打开“添加足迹”对话框，在“假山”处单击进行标记，如图 4-249 所示，单击“确定”按钮，完成第十七个足迹的设置。

18）选择“众创小雕”全景图，单击“设置足迹地图”按钮，打开“添加足迹”对话框，在“众创小雕”处单击进行标记，如图 4-250 所示，单击“确定”按钮，完成第十八个足迹的设置。

图 4-248　笃学楼内标记

图 4-249　假山标记

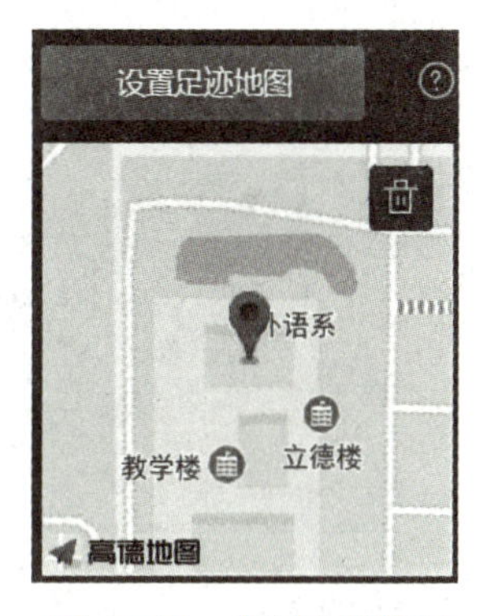

图 4-250　众创小雕标记

19）选择“北门内”全景图，单击“设置足迹地图”按钮，打开“添加足迹”对话框，在“北门内”处单击进行标记，如图 4-251 所示，单击“确定”按钮，完成第十九个足迹的设置。

20）选择“北大门”全景图，单击“设置足迹地图”按钮，打开“添加足迹”对话框，在“北大门”处单击进行标记，如图 4-252 所示，单击“确定”按钮，完成第二十个足迹的设置。

图 4-251　北门内标记

图 4-252　北大门标记

21）单击“保存”→“预览”按钮，开始预览。单击“简介”按钮，进入“Ta 的地图足迹”窗口，如图 4-253 所示。

重建VR

重庆建筑科技职业学院是经重庆市人民政府批准、教育部备案设立、重庆市教育委员会主管的全日制高等职业专科学校。

学校始建于1984年，最初由重庆市高等教育老年工作者协会举办，是重庆市首批高职院校之一。2005年6月，转由重庆鸥鹏实业有限公司举办，2008年11月更名为重庆房地产职业学院，2020年5月更为现用名。

学校位于西部（重庆）科学城、重庆大学城，占地903亩，建筑面积约30万平方米。校园廊亭水榭，绿树成荫，建筑恢弘大气，形成“一环、二路、三广场、四亭、五廊”的景观特色。

学校以建筑现代化为主线，以绿色建筑智能化、新型建筑工业化、建筑产业信息化为重点，构建了以装配式建筑技术为特色的土建类、以工业机器人及新能源汽车为特色的装备制造类、以大数据和虚拟现实技术为特色的信息技术类、以跨境电商及幼儿发展与健康管

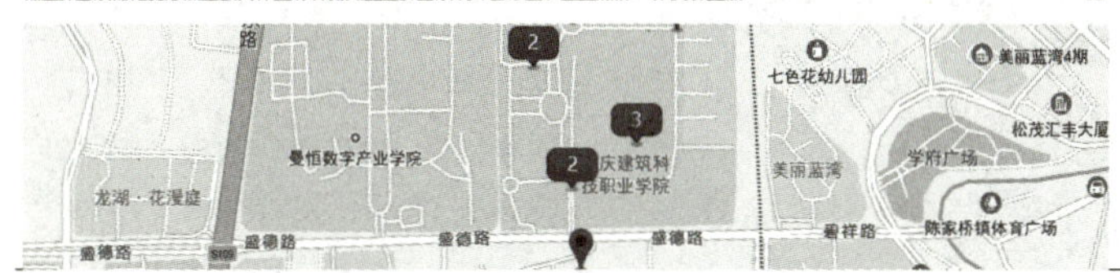

图 4-253　“Ta 的地图足迹”窗口

22）单击“足球场”足迹标记，打开“足球场”标记（见图 4-254），单击“切换至该场景”按钮，进入“足球场”全景图，如图 4-255 所示。

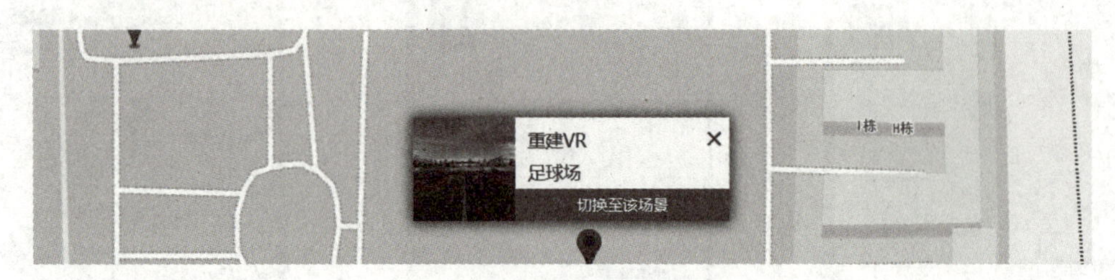

图 4-254 “足球场”标记

图 4-255 “足球场”全景图

至此 VR 全景漫游制作完毕。链接网址：https://www.720yun.com/t/6avk6bp9079，可打开观看效果。

【任务拓展】

用 12 张 VR 全景图制作漫游，并添加自动巡游、热点、沙盘、导览及足迹等功能。

【思考与练习】

1. 什么是 VR 全景图漫游？
2. 热点的作用是什么？
3. 沙盘的功能是什么？
4. 足迹的功能是什么？

参 考 文 献

[1] 朱富宁，刘纲 .VR 全景拍摄一本通 [M]. 北京：人民邮电出版社，2021.
[2] 冯欢 .VR 全景视频基础教程 [M]. 南京：江苏凤凰科学技术出版社，2021.
[3] 许倩倩，孙静，曾珍 . VR 全景拍摄实用教程 [M]. 南京：南京大学出版社，2022.